土壤风蚀监测系统与关键技术

◎ 陈 智 刘海洋 宋 涛 著

四川大学出版社

责任编辑:梁 平
责任校对:杜 彬
封面设计:优盛文化
责任印制:王 炜

图书在版编目(CIP)数据

土壤风蚀监测系统与关键技术 / 陈智，刘海洋，宋
涛著. —成都：四川大学出版社，2017.10
　ISBN 978-7-5690-1269-9

Ⅰ.①土… Ⅱ.①陈… ②刘… ③宋… Ⅲ.①土壤侵
蚀-风蚀-土壤监测-监测系统 Ⅳ.①S157.1②X833

中国版本图书馆 CIP 数据核字（2017）第 265792 号

书　名	**土壤风蚀监测系统与关键技术**	
著　者	陈　智　刘海洋　宋　涛	
出　版	四川大学出版社	
地　址	成都市一环路南一段 24 号 (610065)	
发　行	四川大学出版社	
书　号	ISBN 978-7-5690-1269-9	
印　刷	北京一鑫印务有限责任公司	
成品尺寸	170 mm×240 mm	
印　张	20.75	
字　数	380 千字	
版　次	2018 年 6 月第 1 版	
印　次	2018 年 6 月第 1 次印刷	
定　价	75.00 元	

◆读者邮购本书,请与本社发行科联系。
电话:(028)85408408/(028)85401670/
(028)85408023　邮政编码:610065
◆本社图书如有印装质量问题,请
寄回出版社调换。
◆网址:http://www.scupress.net

前　言

　　土壤风蚀是干旱、半干旱及部分半湿润地区的主要生态与环境问题之一。干旱的气候、强劲的风力、疏松的土质、裸露的地表以及人为的过度经济活动等诸条件一旦具备，土壤风蚀必然会发生与发展。也可以说土壤风蚀是风力、土壤特性、植被覆盖、地表微地形和人类活动等多因素交互作用的结果。严重的土壤风蚀不仅会导致土壤有机质丧失，肥土层减薄，土壤颗粒粗化，土地生产力大幅下降，也可导致扬沙、沙尘暴等天气灾害，加剧土地荒漠化，从而污染空气、水质，严重影响人类健康与生存环境。

　　在我国耕地资源日益减少，水资源严重短缺，人口不断膨胀，需求快速增加，环境问题日益突出的大背景下，如何保证土地资源的生产能力，使农牧业产量与品质与人口的增长与需求同步增长，是今后必须面对和解决的重大问题。而加大对土壤风蚀研究的投入，采取科学有效的措施防治土壤风蚀，保持风蚀土地的可持续利用，建设高质量的土壤环境，提高土地生产潜力，则是解决这一重大问题的有效途径之一。

　　开展土壤风蚀研究必须借助于必要的监测手段和方法，以获得不同区域在不同时间大量而精确的风蚀数据。研制稳定、可靠的能实时采集、传输和处理风蚀数据的土壤风蚀监测设备，构建具有自主知识产权的土壤风蚀监测系统，有效揭示土壤风蚀机理，建立能够预测不同时空尺度的土壤风蚀模型，并根据影响风蚀各主要因素特别是人为可控因素的变化规律，采取有效措施，有针对性地防治土壤风蚀，才是土壤风蚀研究的最终目标。

　　本书是国家自然科学基金"基于无线传感网络的土壤风蚀监测系统及其关键技术研究（41361058）""分流对冲式集沙仪结构参数及其内流场特性研究"（41661058）和内蒙古自治区应用技术研究与开发资金计划"基于灌草带状配置的退化草地工程修复技术研究与示范"（20110518）等项目研究成果的系统总结。针对目前土壤风蚀测试或监测方法存在的劳动强度大、风蚀监测数据不稳定、跨区域尺度内实时采集风蚀数据难度大等缺点与不足，综合了无线传感网络技术、传感器技术、电子信息技术和分布式数据处理技术等，突破具有自组网和实时自动数据采集处理功能的多通道风速廓线仪和集沙仪的关键技术难题，设计了无线传感网络分层体系结构，建立了传感器节点与汇聚节点的优化部署模型，制定了基于数据流的应用层低功耗数据访问策略，从而构建了基于无线传感网络的土壤风蚀监测系统，实现了对土壤风蚀区域环境温度、湿度、大气压力、近地表风速廓线和风沙流结构等数据的实时采集、传输和处理。该监测系统通过在研究区域内有序布设多个观测点，可对风蚀指标进行长期定位观测，为实现跨区域、大尺度的土壤风蚀实时监测提供理论与技术依据，对于提升土壤风蚀研究水平，科学防治土壤风蚀具有重要意义。

全书以土壤风蚀为主线，探讨了土壤风蚀监测的国内外研究进展与存在问题，介绍了目前常用的风沙两相流体测量方法和风蚀颗粒的测速方法以及相应的流体基本知识，揭示气流分流对冲与多级扩容组合降速机理，研究了气流降速、内流场特性与风沙流气固分离规律之间的关系，设计了分流对冲与多级扩容组合式多通道自动集沙仪和热敏式多通道风速廓线仪。在此基础上，构建了基于无线传感网络的土壤风蚀监测系统，并编制了土壤风蚀监测系统数据处理软件。

参加本书撰写的人员有内蒙古农业大学机电工程学院陈智教授、刘海洋博士、泰山学院机械与建筑工程学院宋涛博士和内蒙古农业大学材料与艺术设计学院吴恒志副教授。全书由陈智教授负责统稿。在撰写过程中，参考了大量有关论著，所引用文献均标在各章之后，在此向原作者表示谢意。对参加过与本书内容相关研究的司志民硕士、常佳丽硕士、商晓彬硕士所付出的辛勤劳动表示感谢。

本书可供从事土壤风蚀研究的科技工作者使用参考。在撰写过程中我们力求科学完整准确，但由于作者水平有限，书中难免存在缺点甚至错误，恳请读者批评指正，也敬请各位专家学者不吝赐教。

编　者

2017 年 10 月 8 日

目　　录

第1章 概论

土壤风蚀是指土壤及其母质在风力作用下剥蚀、分选、搬运的过程，是塑造地球景观的基本地貌过程之一，不仅会对自然环境和社会发展造成严重影响，也是发生于干旱、半干旱地区及部分半湿润地区土地退化和土地荒漠化的重要原因和首要环节。目前，全球有9亿多人、100多个国家和地区受到土壤风蚀的影响，每年经济损失400多亿美元。中国是受土壤风蚀危害最严重的国家之一，其北方干旱、半干旱及部分湿润地区土壤风蚀和土地沙漠化的面积占国土总面积的1/2以上，其中60%已严重退化，严重影响这些地区的资源开发和社会经济持续稳定发展。2015年《第五次中国荒漠化和沙化土地监测》数据显示，截至2014年，中国荒漠化土地面积为 $2.611\ 6 \times 10^6\ km^2$，占国土面积的27.20%，其中风蚀化土地面积为 $1.721\ 2 \times 10^6\ km^2$，占荒漠化土地总面积的65.91%。

严重的土壤风蚀不仅引起土壤质地变粗，结构变坏，土壤肥力下降，可持续生产能力下降，而且也导致沙尘暴、扬沙等天气（图1.1），污染空气和水质，损坏交通、通信、建筑等设施，影响人类生产和健康。

（a）2015年5月内蒙古锡林郭勒盟沙尘暴　　　（b）2015年8月美国凤凰城沙尘暴

图 1.1　沙尘暴

在干旱半干旱地区，由于自然和人为等因素，该地区呈现出以风蚀为主要标志的土地退化格局。许多农田处于中度和强度风蚀的作用下，农田的年风蚀量为 1～3mm。部分草地植被覆盖率由无放牧的42.1%下降到目前的3.1%，草原群落高度由过去的22cm下降到目前的4cm。地表沙质土壤几乎完全裸露，草地防风护土、涵养水源的综合生态功能大幅降低，草地产草量和抵抗自然灾害的能力急剧下降（图 1.2）。当风蚀深度为 1.5mm 时，仅由土壤风蚀所造成的土壤有机质损失量就大于植物的吸收量。风蚀破坏了地表土层，使得耕层变薄，沃土被吹蚀，土壤肥力大幅度下降，生态环境的严重恶化势必导致自然灾害频繁发生，进而加剧土地退化与荒漠化。土壤风蚀自然进程的加速，超出了人类的承载能力，成为制约干旱半干旱地区农牧业可持续发展的突出环境问题。因此，研究并防治农田和草地土壤风蚀的任务十分紧迫。

图 1.2　退化、沙化的农田和草地

　　开展土壤风蚀研究必须借助于必要的监测手段和方法，以获得不同区域在不同时间大量而精确的风蚀数据。目前，围绕土壤风蚀进行的野外观测、风洞实验等研究在世界主要风蚀地区获得了空前的发展，并成为生态环境监测的重点项目。研究人员相继从风沙地貌与荒漠化、风蚀动力学、风蚀影响因子、风蚀测定与评估模型、风蚀防治技术等方面阐述了风蚀过程，并进行了大量的实验研究，揭示了各种因素对风蚀过程的影响，尤其是人为因素对风蚀的加剧作用，并提出了不同地区的风蚀防治措施。但是，由于土壤风蚀自身具有时间上的突发性、空间上的无边界性、物理机制的复杂性且在时空上变异巨大，加之受风蚀监测环境本身条件的限制，研究人员不能在现场进行长时间、连续的观测，还有测试设备的滞后，在很大程度上影响了土壤风蚀的研究水平。因此，研制稳定、可靠的能实时采集、传输和处理风蚀数据的土壤风蚀监测设备，建立高效、专业的土壤风蚀监测系统，有效揭示风蚀产生的机理与风蚀物的组成、结构、能量流动和物质循环，掌握土壤风蚀状况及其动态变化过程，阐明风蚀过程的发生、发展和演化规律，据此研究相应的土壤风蚀防治措施，才是土壤风蚀研究的根本目的。将无线传感网络技术、电子信息技术和分布式数据处理技术等引入土壤风蚀监测领域，建立基于无线传感网络的土壤风蚀监测系统，对于提升土壤风蚀研究水平，科学防治土壤风蚀具有重要意义。

1.1 国内外研究现状

随着风蚀对人类生存环境构成的威胁日益加剧，土壤风蚀研究也越来越受到重视，对方便、快捷、准确、可靠的土壤风蚀测试手段和采集设备的需求也更加迫切。当前，各种实验和观测设备相继问世，土壤风蚀测试方法也在不断完善。风速传感器、风速廓线仪和集沙仪等分别用来测量风速、近地表风速廓线和风沙流结构特性的关键设备，在土壤风蚀研究当中起着至关重要的作用，并随着传感器技术、电子信息技术、计算机技术和无线传感网络技术的发展也在朝着低功耗、小体积、自动化、智能化和网络化的方向发展。

1.1.1 土壤风蚀监测及网络监测研究现状

无线传感器网络（WSN）是一种新兴的低功耗、低成本的无线通信技术，综合了传感器技术、计算机技术、互联网技术和无线通信技术等，能够协作地实时监测、感知和采集网络覆盖区域内的各种环境信息，其巨大的科学意义和应用价值受到高度重视。

目前，世界上许多国家已经对 WSN 在农业中的应用进行了大量研究。20世纪初，美国德克萨斯州首次建立了基于无线传感网络的土壤风蚀野外观测试验站。20 世纪 40 年代苏联在中亚地区也建立了类似的野外土壤风蚀试验站。20世纪 90 年代，葡萄牙、西班牙、法国、意大利和希腊 5 国利用遥感和 GIS 技术，对欧洲南部地中海沿岸的沙化土地利用、植被生产力和土地退化状况进行了监测。巴西将 WSN 应用于 1500 公顷大面积农田灌溉的中央远程控制与监测系统；2002 年，英特尔率先在俄勒冈建立了世界上第一个无线葡萄园，传感器节点被分布在葡萄园的每个角落，每隔一分钟检测一次土壤温度、湿度或该区域有害物的数量，以确保葡萄的健康生长；美国、以色列和澳大利亚等国利用卫星及3S 技术对荒漠生态系统的发展进行了大尺度的监测评价，采用同位素示踪技术对各种环境下土壤风蚀速率进行了定量评价。2003 年，麻省理工学院主办的非营利性技术评论杂志将传感器网络总结为改变未来世界的十种新兴技术之一。2006 年韩国济州岛的一家渔场与现代公司合作开发了基于无线传感器网络的鱼池环境监测管理系统。

2008 年，冯道训、马福昌等建立了基于 ZigBee 和 GPRS 技术的无线水纹检测系统，采用感应式数字水位传感器构建终端节点，并实现了无线组网测量的功能。2011 年，郎需强、侯加林等利用 ZigBee 和 GPRS 通信技术实现了基于 Web 数据管理的果园土壤旱情远程自动监测记录以及智能化灌溉。2012 年，盛平、郭洋洋等设计了基于 ZigBee 和 3G 技术的设施农业智能测控系统；邓小蕾、李民赞等设计了集成 GPRS、GPS、ZigBee 的土壤水分移动监测系统；李立扬、王华斌等基于 ZigBee 和 GPRS 网络技术设计了温室环境远距离实时监测系统，对各个温室大棚内的温湿度、pH 值、CO_2 浓度和光照强度等环境数据进行监测。2013 年，陈世超在研制风速传感器的基础上，结合无线通信技术和其他先进的风蚀测量传感器研制了风蚀监测系统，克服了以往风蚀监测存在的数据数量与质量不足等缺陷，实现了全自动的连续实时监测，但仍然存在诸多需要改进的问题。2014 年，肖乾虎、翁绍捷等采用 ZigBee 网络、GPRS 和组态软件开发了一套由 7 个监测点组成的作物生长环境信息远程监测系统，实现了对土壤温湿度、光照度、CO_2 浓度和空气温湿度等 6 个参数的实时监测，取得了良好的效果。2015 年，王航、任传胜等设计了基于 ZigBee 和 GPRS 无线网络的智能精准农业监控系统，实现了对国家生态农业园温度、湿度、光照强度、雨量等土壤信息的数据监控、采集与处理功能。

中国土壤风蚀研究起步较晚，1956 年建立了第一个荒漠化生态站即中国科学院沙波头实验研究站，其后又相继建立了民勤站、阜康站等荒漠生态系统野外定位观测站；同时为了积极响应联合国防止荒漠化公约，1995 年组建了防止荒漠化监测中心。目前，我国已经形成了一个由宏观观测、重点地区监测和定位监测组成的覆盖全国的荒漠化监测体系网络。

1.1.2 风速传感器研究现状

目前，常用的风速测量仪器主要有机械式风速仪、压差式风速仪、热线/热膜式风速仪、多普勒风速仪和超声波风速仪等。近年来，随着电子技术和传感器技术的发展，出现了一些新型的风速传感器设计方法。

2002 年，Kofi A.A.Makinwa 和 John H.Huijsing 利用热式 sigma-delta 调制原理设计了一种热式风速传感器，如图 1.3（a）所示。2003 年，F.Kohla 和 R.Faschingb 等人设计了一种通过测量加热器两侧的温度差来确定流速大小和方向的微型半导体流量传感器。2004 年，Nam-Trung Nguyen 设计了一种热像风速传感器，通过测量加热器周围的温度场分布来计算风速和风向，如图 1.3（b）所示。2005 年，贺桂芳、张佰力设计了基于数字温度传感器的风速测量仪。田丰、李威等人设计了基于热电偶原理的风速传感器，通过热电偶测量铂金丝的温度变化来测量风速。杨朝辉、杨长业等人采用DCXL05型硅压阻微差压传感器设计了一种硅压阻固态风速测量仪。2009年，韩有君、赵湛等人研制了基于MEMS技术的微型悬板式风速传感器；A.Talić、S.Ćerimović和R.Beigelbeck等人将四个热敏电阻接入惠斯通电桥的四个桥臂上制成风速测量元件，通过测量四个热敏电阻的阻值变化来确定气体流速大小和方向，如图1.3（c）所示；中科院传感器技术国家重点实验室研制了一种阻力微型固态硅板风速传感器，如图1.3（d）所示。

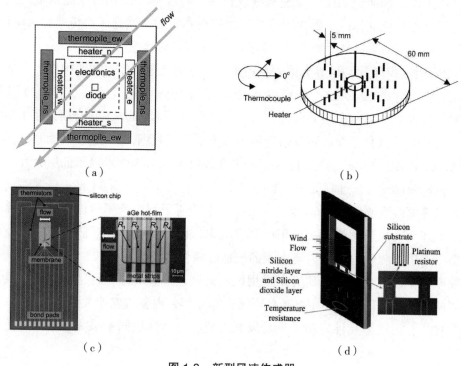

（a）   （b）

（c）   （d）

图1.3 新型风速传感器

2010年，清华大学Zhang Qi等人设计了一种压电悬臂梁式风速传感器；陈进、王惠龄等人采用风速矢量合成原理设计了三维风速传感器，可同步采集六个方向上的风速信号；孙萍，秦明设计了基于光点位置敏感器件的风速风向测试系统。2011年，我国台湾地区勤益科技大学Wen-Tsai Sung、Kuan-Yu Chen等人设计了电容式二维风速风向传感器。2012年，赵文杰、施云波等人采用微机电系统技术设计了四阵列热流量风速风向传感器。2013年，孙锴、丁喜波等人设计了基于恒温差热膜风速测量系统。维也纳技术大学的Samir Cerimovic等人利用非晶锗设计了一种热膜型双向微型机械流量传感器。2014年，林志伟等人以PT电阻为敏感测温元件设计了一种恒功率热敏风速计，有效解决了环境温度对测量精度的影响，提高了测量精度。2015 年，冉霞、游青山等设计了基于时差法的矿用超声波风速传感器；景霞、刘爱莲等人设计了计数式光纤 Bragg 光栅风速仪；梁龙兵、刘辉等人基于超声波旋涡原理设计了适用于煤矿环境的井下超声波风速传感器。

1.1.3　风速廓线仪研究现状

在土壤风蚀研究当中，风速廓线仪作为一种能够方便、快捷地测量近地表风速随高度变化规律的仪器得到了广泛的应用和发展，然而风速传感器的体积、功耗及高标准的测量环境要求等导致其研究进展相对缓慢。

20 世纪 70 年代，世界上第一台用于实验性的风速廓线仪在美国诞生，美国国家海洋大气局（NOAA）分别与于 1980 年和 1989 年通过布设 6 部和 32 部风速廓线仪组建了风速廓线实验网。芬兰维萨拉公司和 NOAA 联合研制了 LAP-3000 型号风廓线仪系统，可提供连续的边界层大气数据，并生成风场的廓线图。德国 SCINTEC 公司研制的 SFAS 系列风廓线仪用来对 500 米以下低层大气的风向、风速和扰动进行远程测量。2003 年，日本建立了一个由 31 部风速廓线仪组成的风速廓线观测网。2004 年，中电集团十四所研制生产了对流层 II 型风廓线仪。上述几种风速廓线仪主要用于高空气象方面的研究，针对满足土壤风蚀研究需求，用于测量近地表风速廓线的风速廓线仪的研究相对较少。2003 年，中科院寒区旱区环境与工程研究所采用风杯式风速传感器组设计了一种 8 路风速的风向自动采集仪，如图 1.4（a）所示；2004 年，内蒙古农业大学以 AST-1 型标准皮托管为敏感元件研制了满足风洞近地表风速廓线同步采集要求的皮托管式风速廓线仪，如图 1.4（b）所示。

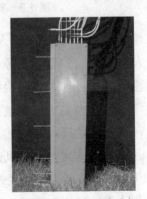

（a）风杯式风速廓线仪　　　　　（b）皮托管式风速廓线仪

图 1.4　常用风速廓线仪

上述两种近地表风速廓线仪虽然实现了多通道风速信息的同步采集，完成了近地表风速廓线的绘制，但在实验过程中发现，风杯式风速传感器由于惯性作用，仪器的启动风速较大，强风作用下的测量误差较大，且在风沙环境下容易发生卡滞现象，大大降低了测量精度；皮托管风速传感器由于连接管路导致的气压沿程损失和在风沙流中导致的皮托管堵塞等现象，风速的测量精度也不够高。另外，在数据采集和传输过程中采用的有线连接方式，造成线路连接复杂，易出现折弯和折断等问题，不仅影响了测量精度，同时给安装、测试和检修等带来诸多不便。

为了解决上述问题，陈智、宣传忠等人于2012年首次提出将无线传感网络技术应用到风速廓线仪的设计当中，并采用热膜式风速传感器成功设计了RW-64型热膜式无线风速廓线仪，如图1.5所示。该风速廓线仪通过YD06-1无线数据采集模块对距地面2cm、4cm、8cm、16cm、32cm和64cm高度上的风速信号进行采集，并采用MODBUS无线通信协议实现无线传输，同时编写相应的数据处理软件绘制出风速廓线。上述方法虽然解决了复杂布线等问题，提高了测量精度，但其自身也存在诸多亟须解决的现实问题：该风速廓线仪没有旋转装置，无法实时对准风向，导致风速测量结果不准确；传感器热敏元件功耗过高且不具备温度自动补偿功能，受环境温度影响较大，无法满足长期野外测量且增大了测量误差。

图1.5 RW-64型无线风速廓线仪

综上所述，现有风速廓线仪大都以单点测量为主，虽然在土壤风蚀研究中起到了至关重要的作用，但是其缺点也尤为明显，尚不能完全满足现代土壤风蚀研究的需求，特别是在大面积、跨区域的土壤风蚀研究当中。因此，将无线

传感网络技术、传感器技术、计算机技术和互联网技术等应用到风速廓线仪的设计当中，研制并开发工作稳定、功耗低、测量精度高且具有温度补偿和自组网功能的无线风速廓线仪已成为当今土壤风蚀设备研究的重要课题。

1.1.4　集沙仪研究现状

集沙仪主要用于采集土壤风蚀过程中不同高度上随风搬运的沙蚀量，是研究近地表风沙流结构特性及其运动规律的关键设备。自 Bagnol 设计了最早用于野外风沙观测的垂直长口形集沙仪以来，多种不同类型和用途的集沙仪相继问世，其结构更加合理，功能不断增强，自动化程度不断提升，集沙效率和采集精度也得到进一步提高。

20 世纪 30 年代，英国学者 Bagnold 设计了垂直长口形集沙仪是最早的风沙野外观测仪器，该集沙仪没有设计排气和旋转导向装置。无排气装置的集沙仪容易在其进气口前方形成阻滞气流，产生阻滞压力，使气流在进气口附近发生分离，部分颗粒会跟随分离气流运动而不进入集沙仪；无旋转导向装置的集沙仪不能随侵蚀风向自由旋转，只能采集一个方向的风蚀量，无法适应风向复杂多变的野外观测。20 世纪 40 年代，Chepil 将 Bagnold 集沙仪进行了改进，设计了旋转导向装置，改进后的集沙仪可以随风向自由转动，能够采集各个侵蚀风向上的风蚀量；20 世纪 80 年代，Merva 和 Peterson 对 Bagnold 集沙仪做了更进一步的改进，既可以随侵蚀风向自由旋转，又可以排气，有效减缓了集沙仪的内部压力和进气口处阻滞气流对采集效率的影响；20 世纪 90 年代，Shao 等人在 Bagnold 集沙仪上设计了主动排气装置，即在排气口末端安装了一个真空泵，由真空泵对集沙仪内部气流进行抽吸驱动，使其具备了主动排气功能，集沙效率有所提高。

1976 年 May 等人设计了旋转杆式集沙仪，该集沙仪的 U 形杆由 12V 直流电驱动，对于不同粒径的颗粒，其集沙效率不同；对于风蚀面积较小的区域，其采集效率偏低；对于风速超过 10m/s 时，采集效率也会有所下降。1978 年 Leatherman 等人研制了垂直管狭缝集沙仪，该集沙仪由一个设计了 2 个狭缝的聚乙烯管构成，一个狭缝作为进气口，另一个狭缝附着 65μm 的筛网作为通风屏，结构简单，对风向较敏感，但是当在较易发生风蚀的农田上采集土壤颗粒时，需要频繁地维护。1980 年，Wilson 和 Cooke 设计了 MWAC 集沙仪，该集沙仪设计了排气装置，有效地减缓了集沙仪的内部压力和进气口阻滞气流对采集效率的影响，但是由于该集沙仪没有设计旋转导向装置，所以无法满足风向

复杂多变的野外风蚀研究的需要（图 1.6）。1982 年，Greeley 设计了最早的楔形集沙仪，该集沙仪可以采集到同一位置的垂直面上不同高度的土壤颗粒，虽然可以一次性获得输沙量在垂直面上的分布特征，但是由于该集沙仪没有设计旋转导向装置，所以只适用于风洞试验研究（图 1.7）。

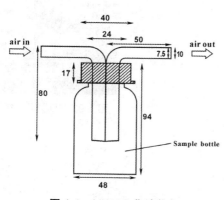

图 1.6　MWAC 集沙仪

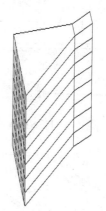

图 1.7　楔形集沙仪

1986 年，Fryrear 设计了 BSNE 集沙仪，该集沙仪设计了排气和旋转导向装置，进气口可以始终指向侵蚀风向，可满足风向复杂多变的野外风蚀观测需要（图 1.8）。1989 年，H.Kuntze、R.T.Beinhauer 等人设计了 SUSTRA 集沙仪，该集沙仪进气口和导向装置的独特设计可以较好地满足野外风蚀观测需求（图 1.9）。1994 年，Hall 等人设计了 WDFG 集沙仪，该集沙仪的中间部位设计了一个挡板，利用土壤颗粒撞击挡板的方法，既可以降低气流速度，又可以减小沙尘的惯性力，保证了风沙的快速分离，有利于集沙效率的提高（图 1.10）。Ames 垂直点阵式集沙仪的每个集沙单元呈楔形状，可以有效降低集沙仪内气流的速度，有利于风沙的快速分离；而 Aarhus 垂直点阵式集沙仪的每个集沙单元呈矩形状，则不利于风沙的快速分离（图 1.11）。1995 年，Rasmussen 和 Mikkelsen 利用等动力抽吸式集沙仪和激光多普勒测速仪测到的输沙量垂线分布数据为标准，对 Ames 和 Aarhus 集沙仪的集沙效率进行了研究。

近年来，德国 UGT 公司设计了 SUSTRA 风蚀测量系统，该系统不仅可以采集各侵蚀风向上的沙尘，也可以通过电子天平对收集到的沙尘进行实时称重，并自动记录收集沙尘的时间和重量。此外，Nickling 和 McKenna Neuman 的研究表明，没有排气口的集沙仪，气流在其进气口两侧分离，在进气口前面形成一个气压阻滞区，集沙仪两侧及尾部形成较高的静压梯度，集沙仪的排气口能显著缓减进气口处的阻滞气流，并且消除气流在集沙仪两侧的分离，减少集沙仪前端和尾端之间的压力梯度。

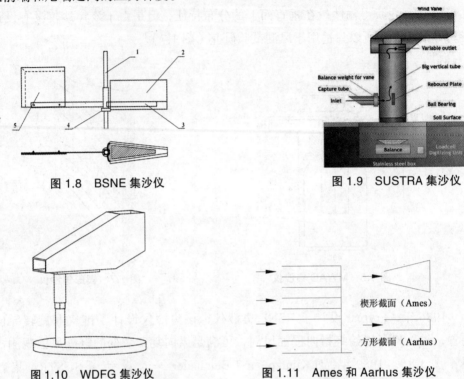

图 1.8　BSNE 集沙仪

图 1.9　SUSTRA 集沙仪

图 1.10　WDFG 集沙仪

图 1.11　Ames 和 Aarhus 集沙仪

　　与国外相比，中国对集沙仪的研究起步较晚，但发展较快，也取得了丰硕的成果。1983 年，中国科学院兰州沙漠研究所高征锐等人设计了 YC-82 型遥测集沙仪，通过集沙传感器、遥测发射机、接收控制器和记录器，可实现输沙通量的远程采集和自动记录。在发生沙尘暴时观测人员无须到现场就可以实现输沙通量的长期观测并利用风向、风速自记钟，完成了输沙通量的自动记录。

　　2003 年，赵满全等人设计了布袋式集沙仪，该集沙仪由集沙布袋、支架、导向板等组成，布袋采用流线状，可使风沙流在干扰较小的情况下进入集沙布袋，布袋上方设计了通透性良好的纱网结构，缓解了集沙布袋的内部压力；垂直分布的进气口和灵活的导向装置，不但可以在同一位置多点采集，而且还可以采集各侵蚀风向上的土样，集沙效率为 80.91%（图 1.12）。

　　2004 年董治宝等人设计了 WITSEG 集沙仪，该集沙仪由活动保护盖板、楔形入口段、支架和 60 个集沙盒组成，总高 700mm，总宽 160mm，总厚 25mm，楔形入口段的 60 个进沙口与 60 个集沙盒相连，每个集沙盒两侧都留有直径为

2mm 的排气孔，每个排气孔都有不锈钢过滤网，垂直分布的进气口可以同时获得垂直方向上 60 个采集高度的风蚀量，总体集沙效率为 91%（图 1.13）。

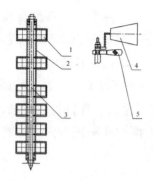

图 1.12　布袋式集沙仪

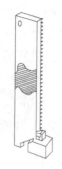

图 1.13　WITSEG 集沙仪

2005 年，范贵生等人设计了旋风分离式集沙仪，该集沙仪由进气管、旋风分离器、集沙盒、支撑座、导向板等组成，旋风分离器是集沙仪的关键部件，它主要利用高速旋风形成的离心力作用来分离气流中的土样，风速为 6m/s 时的集沙效率为 83.41%，风速为 18m/s 时的集沙效率为 90.53%（图 1.14）。2006 年，顾正萌等人设计了一种新型主动式竖直集沙仪，该集沙仪由取样管排和外壳组成，取样管排与传统竖直集沙仪结构类似，由 20 根长 250mm、宽 20mm、高 10mm 和壁厚 0.6mm 的不锈钢薄壁方管层叠而成，取样管排两侧是金属滤网，其外壳尺寸为宽 200mm、高 280mm 和厚 60mm，两端为 60° 楔形，取样管下面是储沙仓，该集沙仪能明显降低集沙仪对气流的阻碍作用，对不同风速具有很好的适应性（图 1.15）。

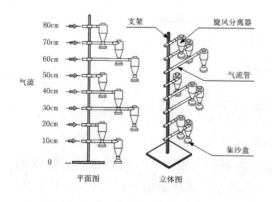

图 1.14　旋风分离式集沙仪

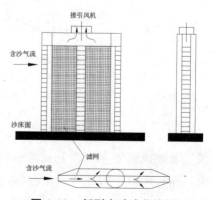

图 1.15　新型主动式集沙仪

2010 年，何清等人设计了三种类型的集沙仪，并申请了专利。第一种是便携式自动称重集沙仪，它由集沙盒、连杆、尾翼、转动轴、轴承、伸出臂等组成，排气口设计在集沙盒顶部，内部安装了一个过滤网，进沙口位于集沙盒的顶部和过滤网之间，集沙盒底部是沙尘称重器，沙尘称重器与微型自动记录仪相连，可以实时自动记录沙尘重量（图 1.16）。第二种是全自动高精度沙尘收集器，它由风向标、进气管、自动翻斗、集沙盒、自动称重系统等组成，可以实现多级称重，提高了集沙仪的集沙测量量程和精度（图 1.17）。第三种是可实时测定进沙口朝向方位的集沙仪，它由沙尘收集器、尾翼、连杆、旋转轴、轴承、支撑横臂、风向定位器等组成，通过尾翼可以准确对准来风方向，提高了集沙效率（图 1.18）。

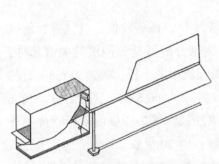

图 1.16　便携式自动称重集沙仪

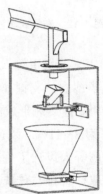

图 1.17　全自动高精度沙尘收集器

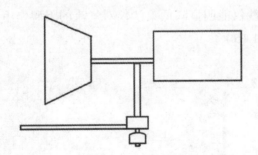

图 1.18　可实时测定进沙口朝向方位集沙仪

2011 年，李荧等人设计了全风向梯度集沙仪，该集沙仪的集沙箱可以通过风尾翼随风向变化而自动调整，使集沙口始终朝向迎风面，满足全风向观测要求，而且可以适应于 9 级（约 20.8m/s）的起沙环境，采集 2m 以内的土样，能满足兰新铁路风区现场风沙观测的使用要求（图 1.19）。2013 年，林剑辉等人设计了土壤风蚀沙化监测集沙仪，它由支架、风沙通道、集沙筒、电机、控制器、称重传感器等组成，可以保证集沙筒实时、连续地收集沙尘，实现了低能耗的自动卸沙和收集沙尘功能（图1.20）。2014年，夏开伟等设计了由动态沙尘收集系统和静态沙尘测量系统组成的全自动高精度集沙仪。

图1.19　全风向梯度集沙仪

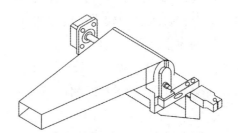

图1.20　土壤风蚀沙化监测集沙仪

随着电子信息技术、单片机技术和无线传感器技术的快速发展，对土壤风蚀的研究不断深入，研制功耗低、结构合理、功能全面、采集精度和自动化程度高、运行稳定可靠，同时具有自动采集和远程无线传输功能的集沙仪及其网络监测系统将是未来的重要课题。

1.2　存在的主要问题

目前，常用的土壤风蚀研究方法有实验室和野外风洞测试、野外监测与网络监测等。

实验室测试是将野外采集到的土样放入风洞实验段内，并模拟自然界的各级风力对风蚀的物理机制进行试验研究。试验不受气候条件的约束，单次成本低，重复性好，试验效率高，参数调控方便，可在较短时间内获得大量数据。但由于采样和运输过程中改变了土样的真实表层结构，实验中土样规模小、风蚀作用时间短、缺乏磨蚀作用等，使风洞因变量与野外因变量之间存在较大差异，也无法模拟土样所在地的自然气候条件。

野外风洞测试是将移动式风蚀风洞直接置于被测地表上进行的风蚀试验，

克服了室内风洞测试的缺点和不足，被测地表完全真实，能够完成室内风洞的各项风蚀实验，但其与野外风沙环境仍存在着较大差异，且设备移动不便，线路连接复杂，测试难度较大，投资成本较高，难以获得长时间、大尺度的土壤风蚀数据。

野外测试是通过在野外实验场设置温湿度传感器、风速廓线仪和集沙仪以及更为先进的设备对风蚀环境相关参数进行直接观测，可获得长时间、大面积的记录，能提供自然风况下土壤风蚀的真实有效数据，利用所测数据绘制近地表风速廓线、风沙流结构曲线，并对风沙流强度及地面影响因子进行研究。但该方法只有在自然风力较大，能够吹起地表土壤颗粒时才能够采集到土样，由于自然风的短暂性和大范围的可变性，所测数据的分辨率比较粗糙，在空间分布上很不均匀，加之数据采集设备比较落后，无法完成风蚀数据的实时采集、记录、传输与处理，所以很难保证在不同被测地表、相同风况下数据采集的同步性。

网络监测是在一定地域内有序地布设多个观测站点，通过无线传感网络技术和互联网技术连接成网络监测系统，对被测区域内的环境信息进行长期、定时观测，可提供从土壤风蚀起沙、运移到沉降等各个过程的观测数据值，从而有效地反映了风蚀过程的整体动态和区域差异。然而，目前多数网络监测研究是以气象部门或环保部门的监测台站网络系统为依托，由于气象站点选站的原则与专门研究土壤风蚀的观测站点不同，且其布局以及站点的观测内容亦与风蚀研究存在较大差异，导致观测结果无法真实、客观地反映土壤风蚀的运动过程。

综上所述，传统的风蚀观测方法受到了自然条件和技术条件的影响与限制，很难实现同一地表在不同风速吹蚀或不同地表在同一风速吹蚀下相关数据的获取，特别对自然条件恶劣、干旱多风的大范围风蚀区域，尚未形成技术上可行、经济上有效的监测方法与手段。因此，为掌握风蚀发生发展规律，从总体上及时、全面并准确地掌握土壤风蚀与荒漠生态系统的动态变化，就必须借助现代化技术手段，克服上述方法的缺点与不足，建立高效、专业的土壤风蚀监测系统，研制必要的前端自动采集处理设备，实时监测、感知和采集被测区域内的各种环境或监测对象的信息，并分析影响区域风蚀差异的原因。

开展土壤风蚀研究除优化改进研究方法外，还必须借助必要的监测设备，实现风蚀数据的实时采集与处理。但目前与土壤风蚀研究相关的风速传感器、风速廓线仪和集沙仪等关键设备的研究相对较少且进展缓慢，自动化程度不高。

虽然美国、德国等发达国家对土壤风蚀监测系统的研究中取得了明显进展，但其配套测试仪器基本上属于单测点、单通道数据采集设备，不具备组网测量能力；采用有线连接方式进行数据采集，不但功能单一、体积庞大、铺线复杂、检修困难，而且无法实现多测点数据同步采集功能。以机械式和压差式风速传感器为基础研制的风速廓线仪在风沙环境下容易发生卡滞和堵塞等现象，严重影响了测量结果的准确性和系统运行的稳定性。虽然热膜风速传感器具有小体积、高精度、工作稳定、不易损坏等优点，但其功耗大、成本高等问题使其在大面积布点测量上受到限制。集沙仪的研究则主要以改进与优化机械结构为主，不能实时记录集沙量数据，尚不能完全满足野外监测的需要，给研究起沙过程中不同阶段的沙粒运移特性等问题带来诸多不便；同时，人工称重方法在取沙和称重过程造成的集沙量损失，严重地影响了测量和研究结果准确性。

因此，融合无线传感网络技术、电子信息技术、互联网技术和计算机技术等，研究基于无线传感网络的土壤风蚀监测系统及其关键技术，实现大尺度、跨区域土壤风蚀数据的实时采集、传输与处理，可以解决土壤风蚀研究中的诸多问题。

参考文献

[1] 麻硕士, 陈智. 土壤风蚀测试与控制技术 [M]. 北京：科学出版社, 2010: 32–36, 113–115.

[2] 陈智. 阴山北麓农牧交错区地表土壤抗风蚀能力测试研究 [D]. 呼和浩特：内蒙古农业大学, 2006: 2–3.

[3] 李诚志. 新疆土地沙漠化监测与预警研究 [D]. 乌鲁木齐：新疆大学, 2012: 1–2.

[4] 廖允成. 中国北方农牧交错带土地沙漠化成因及防治技术 [J]. 干旱地区农业研究, 2002, 20(2): 34–37.

[5] Keay–Bright J, Boardman J. Evidence from field–based studies of rates of soil erosion on degraded land in the central Karoo, South Africa[J]. Geomorphology, 2009, 103(3): 455–465.

[6] 史培军. 中国土壤风蚀研究的现状与展望 [R]. 北京：第十二届国际水土保持大会邀请学术报告, 2002: 1–5.

[7] 戴海伦, 金复鑫, 张科利. 国内外风蚀监测方法回顾与评述 [J]. 地球科学进展, 2011, 26(4): 401-408.

[8] 陈渭南, 董光荣, 董治宝. 中国北方土壤风蚀问题的研究进展与趋势 [J]. 地球科学进展, 1994, 9(5): 6-12.

[9] 国家林业局. 中国荒漠化和沙化土地图集 [M]. 北京: 科学出版社, 2009: 22.

[10] 杨斌, 王元, 王大伟. 风沙两相流测量技术研究进展 [J]. 力学进展, 2006, 36(4): 580-590.

[11] 刘卉, 汪懋华, 王跃宣, 等. 基于无线传感器网络的农田土壤温湿度监测系统的设计与开发 [J]. 农业工程学报, 2008, 38(3): 604-608.

[12] 张大踪, 杨涛, 魏东梅. 无线传感器网络低功耗设计综述 [J]. 传感器与微系统, 2006, 25(5): 10-14.

[13] 李建中, 李金宝, 石胜飞. 传感器网络及其数据管理的概念、问题与进展 [J]. 软件学报, 2003, 14(10): 1717-1727.

[14] Wanzhi Qiu, Saleem K, Minh Pham, et al. Robust Multi-path links for wireless sensor networks in irrigation applications[C].// Intelligent Sensors, Sensor Networks and Information, 3rd International Conference, 2007: 95-100.

[15] Wark T, Corke P, Sikka P, et al. Transforming Agriculture through Pervasive Wireless Sensor Networks[J]. Pervasive Computing, IEEE, 2007, 6(2): 50-57.

[16] Langendoen K, Baggio A, Visser O. Murphy loves potatoes: experiences from a pilot senso rnetwork deployment in precision agriculture[C].// Parallel and Distributed Processing Symposium, 20th International, 2006: 8.

[17] Li Xuemei, Deng Yuyan, Ding Lixing. Study on precision agriculture monitoring framework based on WSN[C].// Anti-counterfeiting, Security and Identification, 2nd International Conference, 2008: 182-185.

[18] Konstantinos Katsalis, Apostolis Xenakis, Panagiotis Kikiras, et al. Topology Optimization in Wireless Sensor Networks for Precision Agriculture Applications[C]. // Sensor Technologies and Applications, SensorComm 2007 International Conference, 2007: 526-530.

[19] Anurag D, Siuli Roy. Som Prakash Bandyopadhyay. Agro-sense: Precision agriculture using sensor-based wireless mesh networks[C].// Innovations in NGN: Future Network and Services, 2008, First ITU-T Kaleidoscope Academic Conference, 2008: 383-388.

[20] 赵峰. 农牧交错区沙化土地监测与评估技术研究 [D]. 乌鲁木齐: 中国林业科学研

究院新疆分院 , 2003: 6–7.

[21]　汪懋华 . 信息通信技术在农业和乡镇企业的应用 [EB/OL]. [2005–09–22]. http: // tech. tom. com/1126/3477/2005922–252828. html.

[22]　王新忠 , 顾开新 , 陆海燕 . 基于无线传感的丘陵葡萄园环境监测系统研究 [J]. 农机化研究 , 2011,(11): 191–194.

[23]　孙保平 , 关文斌 , 岳德鹏 . 中国荒漠化研究现状和展望 [EB/OL]. [2015–06–09]. http: //www. docin. com/p–1178320194. html.

[24]　任丰原 . 无线传感器网络中时间同步机制与算法的研究 [EB/OL]. [2011–01–17]. http: //wenku. baidu. com/link?url=qfPcWaRI7E6eYF859NvgWE0rheepGIgKE8Vr–L0Xfn50njXyaesnjuJYseU9iA1q0yQg–bwFF6vrES_NxVCxjSiIPYdCfj21WBYBuPWn2oC.

[25]　韩颖 . 基于无线传感器网络的室内环境监控系统 [D]. 沈阳 : 沈阳工业大学 , 2010: 6–7.

[26]　冯道训 . ZigBee 和 GPRS 技术在无线水文监测系统中的应用研究 [D]. 太原 : 太原理工大学 , 2008.

[27]　郎需强 . 基于 ZigBee 和 GPRS 的远程果园智能灌溉系统的设计与实现 [D]. 济南 : 山东农业大学 , 2011.

[28]　盛平 , 郭洋洋 , 李萍萍 . 基于 ZigBee 和 3G 技术的设施农业智能测控系统 [J]. 农业机械学报 , 2012, 43(12): 229–233.

[29]　邓小蕾 , 李民赞 , 武佳 , 等 . 集成 GPRS、GPS、ZigBee 的土壤水分移动监测系统 [J]. 农业工程学报 , 2012, 28(9): 130–135.

[30]　李立扬 , 王华斌 , 白凤山 . 基于 ZigBee 和 GPRS 网络的温室大棚无线监测系统设计 [J]. 计算机测量与控制 . 2013, 20(12): 3148–3150.

[31]　肖乾虎 . 基于 ZigBee/GPRS 的作物生长环境因子远程监测系统研究 [D]. 海口 : 海南大学 , 2014.

[32]　王航 . 基于 ZigBee 的智能精准农业系统关键技术研究及应用 [D]. 合肥 : 中国科学技术大学 , 2015.

[33]　贺桂芳 , 张佰力 . 基于数字温度传感器的风速测量仪 [J]. 传感器技术 , 2005, 24(12): 69–70, 73.

[34]　田丰 , 李威 , 李高鹏 . 基于热电偶原理风速传感器检测特性的研究 [J]. 煤矿机械 , 2005(3): 23–24.

[35]　杨朝辉 , 杨长业 , 韩晓锋 . 硅压阻固态测风仪的设计与研究 [J]. 气象水文海洋仪器 , 2005(2): 17–21.

[36] 韩有君，赵湛，杜利东，等．基于三层悬臂梁结构的电容式风速传感器设计 [J]. 仪表技术与传感器，2009(10): 1–3.

[37] 陈进，王惠龄，夏峰，等．方向选择性流速传感器研制 [J]. 微计算机信息，2010, 26(3): 38–39, 53.

[38] 孙萍，秦明．一种基于光点位置敏感器件的风速风向测试系统设计 [J]. 东南大学学报 (自然科学版)，2010, 40(6): 1222–1225.

[39] 赵文杰，施云波，罗毅，等．一种 AlN 基热隔离 MEMS 阵列风速传感器设计 [J]. 仪器仪表学报，2012, 33(12): 2819–2824.

[40] 孙锴．基于恒温差的热膜风速计设计 [D]. 哈尔滨 : 哈尔滨理工大学，2013.

[41] Samir Cerimovic, Almir Talic, Roman Beigelbeck, etc. Bidirectional micromachined flow sensor featuring a hot film made of amorphous germanium[J]. Measurement Science And Technology, 2013(24): 1–16.

[42] 林志伟．恒功率式热膜风速计设计 [D]. 哈尔滨 : 哈尔滨理工大学，2014.

[43] 冉霞，游青山．基于时差法的矿用超声波风速传感器 [J]. 煤矿安全，2015, 46(7): 116–119.

[44] 景霞，刘爱莲，赵振刚，等．计数式光纤 Bragg 光栅风速仪设计 [J]. 传感器与微系统，2015, 34(6): 79–81.

[45] 梁龙兵，刘辉，卓然，等．煤矿井下超声波风速传感器的设计 [J]. 煤矿机械，2015, 36(4): 25–27.

[46] 胡明宝，李妙英．风廓线雷达的发展与现状 [J]. 气象科学．2010, 10(5): 724–728.

[47] 邵德民，吴志根．上海的 LAP-3000 大气风廓线仪 [C] // 首届气象仪器与观测技术交流和研讨会学术论文集，2001.

[48] 陈智，麻硕士，范贵生．麦薯带状间作农田地表土壤抗风蚀效应研究 [J]. 农业工程学报，2007, 23(3): 51–54.

[49] 陈智，郭旺，宣传忠，等．热膜式无线风速廓线仪 [J]. 农业机械学报，2012, 43(9): 99–102, 110.

[50] 宣传忠，陈智，武佩，等．便携式近地表风速廓线仪的研制 [J]. 农机化研究，2011, (11): 124–129.

[51] 冬梅．可移动式风蚀风洞集沙仪及排沙器的性能试验研究 [D]. 呼和浩特 : 内蒙古农业大学，2005.

[52] 荣妓凤．移动式风蚀风洞研制与应用 [D]. 北京 : 中国农业大学，2004.

[53] 王金莲. 布袋式集沙仪结构参数对集沙效率影响的试验研究 [D]. 呼和浩特：内蒙古农业大学, 2008.

[54] 付丽宏, 赵满全. 旋风分离式集沙仪设计与试验研究 [J]. 农机化研究, 2007(10): 102–105.

[55] 顾正萌, 郭烈锦, 张西民. 新型主动式竖直集沙仪研制 [J]. 西安交通大学学报, 2006, 40(9): 1088–1089.

[56] 李茭, 史永革, 蒋富强. 全风向梯度集沙仪的研制 [J]. 铁道技术监督, 2012, 40(2): 41–43.

[57] 刘其伟. 复杂地形下的风沙流场模拟及输沙率的计算 [D]. 兰州：兰州大学, 2008.

第 2 章　流体与土壤风蚀

2.1 　研究流体运动的方法

用数学工具来分析流体运动，通常有两种不同的方法，即拉格朗日法和欧拉法。

2.1.1 　拉格朗日法

拉格朗日法是研究充满运动流体的空间内，个别流体质点在不同时间过程中，其位置和速度等的变化。既然研究的对象是流体质点，那就要有一个能够识别个别流体质点的方法，以便能够自始至终跟踪它。因为每一时刻、每一质点都占有唯一确定的空间位置，通常采用某时刻 $t = t_0$ 各质点的空间坐标（a, b, c）表征它们。显然，不同的质点将有不同的（a, b, c）值。（a, b, c）可以是曲线坐标，也可以是直角坐标。为了方便，这里在直角坐标系中进行讨论。

某一质点（a_1, b_1, c_1）在空间运动时，运动规律为：

$$x = x(a_1, b_1, c_1, t)$$
$$y = y(a_1, b_1, c_1, t)$$
$$z = z(a_1, b_1, c_1, t)$$

任意流体质点在任意时刻空间位置，将是（a, b, c, t）这四个量的函数，即：

$$x = x(a, b, c, t)$$
$$y = y(a, b, c, t)$$

或

$$r = r(a, b, c, t)$$
$$z = z(a, b, c, t)$$

流体质点速度、加速度及其他物理量表示的是流体质点、轨迹线的参数方程式。根据理论力学概念，速度是同一质点在单位时间内位移变化率，而对于同一质点（a, b, c）不随 t 变，因此得到质点的速度、加速度及其他物理量表达式。

速度：$v_x = \lim\limits_{\Delta t \to 0} \dfrac{\Delta x}{\Delta t} = \lim\limits_{\Delta t \to 0} \dfrac{x(a, b, c, t + \Delta t) - x(a, b, c, t)}{\Delta t} = \dfrac{\partial x}{\partial t} = v_x(a, b, c, t)$

$$v_y = \frac{\partial y}{\partial t} = v_y(a, b, c, t)$$

$$v_z = \frac{\partial z}{\partial t} = v_z(a, b, c, t)$$

加速度：
$$a_x = \frac{\partial v_x}{\partial t} = \frac{\partial^2 x}{\partial t^2} = a_x(a, b, c, t)$$

$$a_y = \frac{\partial v_y}{\partial t} = \frac{\partial^2 y}{\partial t^2} = a_y(a, b, c, t)$$

$$a_z = \frac{\partial v_z}{\partial t} = \frac{\partial^2 z}{\partial t^2} = a_z(a, b, c, t)$$

同样，流体密度、压力、温度也可表示为（a, b, c, t）的函数：

$$\rho = \rho(a, b, c, t)$$
$$p = p(a, b, c, t)$$
$$T = T(a, b, c, t)$$

　　拉格朗日法在理论力学中得到广泛采用，因为它便于识别质点（如质点系质量中心）。而在流体力学中，它看起来似乎很简单，但实际上计算工作量大，且提供的信息有些是我们不感兴趣的。此外，拉格朗日法中速度、加速度等物理量都是（a, b, c, t）函数，而不是空间坐标（x, y, z, t）函数，构不成场，因而无法采用场论知识以简化问题。因此，拉格朗日法在整个流体力学研究中应用较少。

2.1.2　欧拉法

　　欧拉法和拉格朗日法不同，欧拉方法着眼于空间点，设法在空间每一点上描述流体运动随时间的变化状况。用欧拉变量确定的速度函数是定义在时间和空间点上，其运动速度是空间坐标 x, y, z 及时间 t 的函数。

$$v_x = v_x(x, y, z, t)$$
$$v_y = v_y(x, y, z, t)$$
$$v_z = v_z(x, y, z, t)$$

有了这个具体表达式，就可完全描述描述流动空间的流动情况。式中（x, y, z, t）称为欧拉变数。

这里需要注意，欧拉变数 x, y, z 与拉格朗日法中质点位置 x, y, z 有所区别，空间点 x, y, z 是 t 独立变量即与 t 无关，而质点位置 x, y, z 是 t 的函数。

知道了流速分布，就能进一步求出空间各点的加速度。我们在运动空间上，在 dt 时间内跟踪某一质点一段距离 $M-M'$ 来观察它的速度变化。此时质点速度分量应为：

$$v'_x = v'_x \left(x+dx, y+dy, z+dz, t+dt \right)$$
$$v'_y = v'_y \left(x+dx, y+dy, z+dz, t+dt \right)$$
$$v'_z = v'_z \left(x+dx, y+dy, z+dz, t+dt \right)$$

则流体质点速度的增量为：

$$dv_x = v'_x \left(x+dx, y+dy, z+dz, t+dt \right) - v_x \left(x, y, z, t \right)$$

略去高阶无限小，这个增量就是速度 $v_x \left(x, y, z, t \right)$ 的全微分，即：

$$dv_x = \frac{\partial v_x}{\partial x}dx + \frac{\partial v_x}{\partial y}dy + \frac{\partial v_x}{\partial z}dz + \frac{\partial v_x}{\partial t}dt$$

如果将速度增量除以 dt，并因 $v_x = \frac{dx}{dt}$、$v_y = \frac{dy}{dt}$、$v_z = \frac{dz}{dt}$，可得加速度分量 a_x 为：

$$a_x = \frac{dv_x}{dt} = \frac{\partial v_x}{\partial t} + v_x\frac{\partial v_x}{\partial x} + v_y\frac{\partial v_x}{\partial y} + v_z\frac{\partial v_x}{\partial z}$$

同理：

$$a_y = \frac{dv_y}{dt} = \frac{\partial v_y}{\partial t} + v_x\frac{\partial v_y}{\partial x} + v_y\frac{\partial v_y}{\partial y} + v_z\frac{\partial v_y}{\partial z}$$

$$a_z = \frac{dv_z}{dt} = \frac{\partial v_z}{\partial t} + v_x\frac{\partial v_z}{\partial x} + v_y\frac{\partial v_z}{\partial y} + v_z\frac{\partial v_z}{\partial z}$$

此处偏导数 $\frac{\partial v_x}{\partial t}$, $\frac{\partial v_y}{\partial t}$, $\frac{\partial v_z}{\partial t}$ 等代表速度在空间各固定点随时间的变化率，称作局部加速度分量。而 $v_x\frac{\partial v_x}{\partial x} + v_y\frac{\partial v_x}{\partial y} + v_z\frac{\partial v_x}{\partial z}$，$v_x\frac{\partial v_y}{\partial x} + v_y\frac{\partial v_y}{\partial y} + v_z\frac{\partial v_y}{\partial z}$，$v_x\frac{\partial v_z}{\partial x} + v_y\frac{\partial v_z}{\partial y} + v_z\frac{\partial v_z}{\partial z}$ 等代表速度随空间坐标的变化率，称为迁移加速度分量，也称对流加速度或位移加速度分量。

为了全面论述流体运动，包括可压缩流体在内，其他运动状态参数如压强和密度也是上述 4 个自变量的连续性函数：

$$p = p(x, y, z, t)$$
$$\rho = \rho(x, y, z, t)$$

可见，在欧拉方法中，由于加速度是一阶导数，所以运动方程组是一阶偏微分方程组，比拉格朗日方法中的二阶偏微分方程组容易处理。

2.2 流量和平均速度

所谓流量是指单位时间内流过有效断面的流体数量。流体数量以质量计算则称质量流量，单位为 $m^3 \cdot s^{-1}$。若流体数量以体积计算则称体积流量单位为 $kg \cdot s^{-1}$。

按定义，流过一面积元的体积流量 $dQ = (v \cdot n)dA = v \cdot \cos\theta \cdot dA$，其中，$(v \cdot n) = v\cos\theta = v_n$。$(v \cdot n)$ 表示速度矢量 v 在面积元单位外法矢量 n 方向的投影（如图 2.1 所示）。

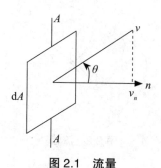

图 2.1　流量

体积流量：
$$Q = \int_A (v \cdot n)dA = \int_A v_n dA$$

质量流量：
$$Q = \int_A \rho v_n dA$$

在计算流量时，必须先确定有效断面上质点速度的分布关系，但在实际问题中，除了个别情况外，有效断面上流速分布是不容易确定的。在此，我们假定有效断面上有一个平均速度存在，用这个平均速度来确定总流的流量与用上述公式计算得到的流量是相等的。即：

$$v = \frac{Q}{A} = \frac{1}{A} \int_A v_n \, \mathrm{d}A$$

所以，有效断面上的平均速度是个设想的概念，只有断面上的速度是均匀的，平均速度才与质点速度相同。

2.3 连续性方程

连续性方程是物理学上质量守恒定律在流体运动学内的数学表达式。连续性的意义在于我们把运动流体看成是连续介质，质点间无空隙，在流动的范围内充满着流体质点，所以这一定律应用到流体运动时，称为连续性原理。

2.3.1 一维流体的连续性方程

图 2.2 代表所取流管的一微小段，流体从管的一端流入，从另一端流出。设以 A 表示流束任何一个有效断面的面积，v 表示 A 上的平均速度，假定流体是

图 2.2 流管

可压缩的，即密度 ρ 是变量。这样就可以确定在 $\mathrm{d}t$ 时间内，进入与流出这一微小流管的流体质量。

单位时间内流入该流管的流体质量为 $\rho v A$，因 $\rho v A$ 是位移 s 的函数，所以在另一端流出的流体流量为 $\rho v A + \frac{\partial}{\partial s}(\rho v A)\mathrm{d}s$，在 $\mathrm{d}t$ 时间内流出与流入的流体质量差是：

$$\left[\rho v A + \frac{\partial}{\partial s}(\rho v A)\mathrm{d}s \right]\mathrm{d}t - \rho v A \mathrm{d}t = \frac{\partial}{\partial s}(\rho v A)\mathrm{d}s\mathrm{d}t$$

按照质量守恒定律，这个质量差必与 $\mathrm{d}t$ 时间内该段流管中流体密度 ρ 和有效断面积 A 因时间的变化所形成的质量差相等。这一质量差还可以写成：

$$\rho A \mathrm{d}s - \left[\rho A \mathrm{d}s + \frac{\partial(\rho A)}{\partial t} \mathrm{d}t \mathrm{d}s \right] = -\frac{\partial(\rho A)}{\partial t} \mathrm{d}t \mathrm{d}s$$

由此可得：

$$\frac{\partial(\rho A)}{\partial t} + \frac{\partial}{\partial s}(\rho v A) = 0$$

这就是一维非稳定流的连续方程。

而对于稳定流，因为 $\frac{\partial(\rho A)}{\partial t} = 0$，故 $\frac{\partial(\rho v A)}{\partial s} = 0$，积分后得 $\rho v A =$ 常数。这就说明，在稳定流的情况下，单位时间内通过任一有效断面的流体质量总是一个定值，即质量流量等于常数。它是可压缩流体稳定流动时沿流束的连续方程。

2.3.2 二维、三维流体的连续性方程

对于平面运动，可压缩流体非稳定流二维运动的连续性方程为：

$$\frac{\partial \rho}{\partial t} + \frac{\partial(\rho v_x)}{\partial x} + \frac{\partial(\rho v_y)}{\partial y} = 0$$

在稳定流动的情况下，$\frac{\partial \rho}{\partial t} = 0$，可压缩流体的连续性方程为：

$$\frac{\partial(\rho v_x)}{\partial x} + \frac{\partial(\rho v_y)}{\partial y} = 0$$

而对于不可压缩流体，流体密度 ρ 等于常数，也就是说，在流动中所有各点流体密度都相同，且不随时间而改变。故其连续性方程为：

$$\frac{\partial v_x}{\partial x} + \frac{\partial v_y}{\partial y} = 0$$

对于空间运动，可压缩流体非稳定流三维运动的连续性方程为：

$$\frac{\partial \rho}{\partial t} + \frac{\partial(\rho v_x)}{\partial x} + \frac{\partial(\rho v_y)}{\partial y} + \frac{\partial(\rho v_z)}{\partial z} = 0$$

在稳定流动状态下，$\frac{\partial \rho}{\partial t} = 0$，可压缩流体的连续性方程为下列形式：

$$\frac{\partial(\rho v_x)}{\partial x} + \frac{\partial(\rho v_y)}{\partial y} + \frac{\partial(\rho v_z)}{\partial z} = 0$$

而对不可压缩流体，其连续性方程为：

$$\frac{\partial v_x}{\partial x} + \frac{\partial v_y}{\partial y} + \frac{\partial v_z}{\partial z} = 0$$

2.4 相似原理

实际工程中，有时流动现象极为复杂，即使经过简化，也难以通过解析的方法求解。在这种情况下，就必须通过实验的方法来解决。而工程原型有时尺寸巨大，在工程原型上进行实验，会耗费大量的人力与物力，有时则完全是不可能的。所以，通常利用缩小的模型进行实验。当然，如果原型尺寸很小，也可利用放大的模型进行实验。而进行模型实验，首先必须解决两类问题：一是如何正确地设计和布置模型实验，如模型形状与尺寸的确定、介质的选取等；二是如何整理模型实验所得的结果，如实验数据的整理以及如何将实验的结果推广到与实验相似的流动现象上等。

2.4.1 相似物理现象

在流体力学的研究中，所谓相似是指流动的力学相似，而构成力学相似的两个流动：一个是指实际的流动现象，称为原型；另一个是在实验室中进行重演或预演的流动现象，称为模型。而力学相似是指原型流动与模型流动在对应物理量之间应互应平行（指矢量物理量如力、加速度等），并保持一定的比例关系（指矢量与标量物理量的数值如力的数值、时间与压力的数值等）。对于一般流体运动，力学相似包括以下三个方面。

（1）几何相似

相似现象最早出现在几何学中，如两个相似三角形，应具有对应夹角相等，对应边互成比例，那么，这两个三角形便是几何相似的。几何相似又叫空间相似，要求模型的边界形状与原型的边界形状相似，且对应的线性尺寸成相同的比例。

如果以下标 1 表示原型流动，下标 2 表示模型流动，则几何相似包括：

线性比例尺：
$$\delta_L = \frac{L_1}{L_2} = 常数$$

面积比例尺：
$$\delta_A = \frac{A_1}{A_2} = \frac{L_1^2}{L_2^2} = \delta_L^2 = 常数$$

体积比例尺：
$$\delta_V = \frac{V_1}{V_2} = \frac{L_1^3}{L_2^3} = \delta_L^3 = 常数$$

严格地说，几何相似还包括原型与模型表面的粗糙度相似，但这一点一般情况下不易做到，只有在流体阻力实验、边界层实验等情况下才考虑物体表面的粗糙相似，一般情况下不予考虑。这样，当知道了原型的尺过后，就可按照 δ_L 来求得模型的几何尺寸。

（2）运动相似

在力学的研究中，除了几何相似概念外，还有运动相似。两系统的运动相似是指在系统的任何对应点上，原型流动与模型流动对应的速度场、加速度场相似，包括速度与加速度方向一致，大小互成比例。运动相似包括：

速度比例尺：

$$\delta_v = \frac{v_1}{v_2} = 常数$$

时间比例尺：

$$\frac{t_1}{t_2} = \frac{L_1/v_1}{L_2/v_2} = \frac{\delta_L}{\delta_v} = \delta_t = 常数$$

加速度比例尺：

$$\frac{a_1}{a_2} = \frac{v_1/t_1}{v_2/t_2} = \frac{\delta_v}{\delta_t} = \delta_a = 常数$$

（3）动力相似

在力学研究中，要保持几何相似和运动相似，还必须有动力相似。动力相似是指在几何相似的条件下，原型与模型流动中，对应点上所作用的同性质的力方向相同，且大小互成比例。由牛顿第二定律，则：

力比例尺：

$$\frac{F_1}{F_2} = \frac{m_1 a_1}{m_2 a_2} = \frac{\rho_1 V_1 a_1}{\rho_2 V_2 a_2} = \delta_\rho \delta_L^3 \delta_a = \delta_\rho \delta_L^2 \delta_v^2 = \delta_F = 常数$$

式中，m —— 流体的质量；

　　　ρ —— 为流体的密度；

　　　δ_ρ —— 为密度比例尺。

则动力相似也可以认为作用在原型与模型上所有外力的力多边形几何相似。要使模型中流动与原型相似，除了上述的三个相似条件之外，还必须使两个流动的边界条件与起始条件相似。符合上述全部条件的这种物理相似则称为流动的力学相似。

这里需要说明的是两个力学相似的流动还应该具有相同的运动微分方程式。因为流体运动微分方程实质上就是惯性力、压力、黏性阻力以及其他外力的平衡关系式。两个流动相似，则对应点上这些力应当方向一致，大小互成比例。因此，如果两个流动相似，应满足同一运动微分方程。反之，如果两流动具有相同的运动微分方程，则它们就具有运动相似与动力相似的性质，而几何相似已包含在运动相似与动力相似之中。因此，如果两个流动满足同一运动微分方程，且具有相似的边界条件与起始条件，那么，这两个流动就是力学相似的。

综上所述，在相似系统的一切点上，其同类物理量的比是一个常数。这个常数称作相似常数。相似常数是同类物理量的比值，所以它们是无量纲的。

2.4.2 相似定理

在工程实际中，判定两个流动是否相似，用检查各种比例尺的方法确定往往是很烦琐的。在此，我们引入一个更简便的方法来判定两个流动是否相似，即相似定理。

前已述及，相似现象必须满足下述条件：一是描述现象的微分方程组必须相同。二是单值条件相似。单值条件又分为几何条件（几何形状及大小）、物性条件（密度与黏度）、边界条件（进出口及壁面处流速的大小分布）、起始条件（初始状态的速度、温度等），在稳定流动的情况下，如果模型与原型采用同样的流体，则单值条件就是几何条件与边界条件。三是同名准则数相等。这三个条件，是相似现象的必要与充分条件。

因为在同一系统中，某一时刻，不同点或不同截面上的相似准则会有不同的数值；而彼此相似的系统，在对应时刻，对应点或对应截面上，相似准则数应该相等。因此，相似准则不是常量，而称为不变量，例如，在图 2.3 所示的两个相似流动中 $Re_1 \neq Re_1'$，$Re_2 \neq Re_2'$，但是，$Re_1=Re_2$，$Re_1'=Re_2'$。其中，Re 即雷诺数，在这里又称为雷诺准则。

雷诺准则又称层流黏性阻力相似的准则 $Re = \dfrac{\rho v L}{\mu}$，此外还有：均时性准则（又称为时间相似准则）$S_t = \dfrac{v t}{L}$、紊流阻力相似准则 $\delta_\lambda = \dfrac{\lambda_1}{\lambda_2}$、重力相似准则（佛汝德相似准则）$F_r = \dfrac{v^2}{g L}$ 等。

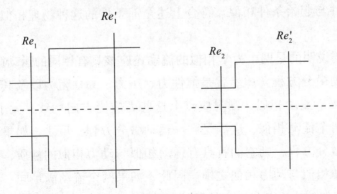

图 2.3　相似原理

探讨几何相似、运动相似和动力相似等方面的内容，甚至可包括其他物理或化学变化的过程，就构成了相似理论。概括地讲，几何相似是流体力学相似的前提，运动相似是流体力学相似的目的，动力相似是实现运动相似的保障。而动力相似则通过保持原型流动和模型流动相似准数相等来实现的。在这个意义上，如何获得动力相似准数就成了解决问题的第一步。

　　（1）相似第一定理

　　相似第一定理：彼此相似的现象，同名准则数必定相等。

　　该定理又称为相似正定理，指出了实验时应该测量哪些量的问题。严格地说，两个流动相似，即所有对应的同名准则数应该相等。换句话说，除包括几何相似与运动相似之外，还应包括作用于流体上的所有外力相似。但实际上同时满足所有的外力相似是不可能的。对于具体的流动，虽然同时作用着各种不同性质的外力，但总有一种或两种外力起主要作用，它们决定着流体的运动状态。因此，在模型实验中，只要使主要外力满足相似条件，或主要的相似准则相等，这个实验就可进行下去。例如，管内流动是在压差作用下克服管道摩擦而产生的流动，黏性力决定压差的大小，而其他力均是无足轻重的次要因素，此时，主要的相似准应该是雷诺准则。

　　（2）相似第二定理

　　相似第二定理：凡同一种类现象（即可用同一微分方程组描述的现象），若单值性条件相似，并且由单值性条件中的物理量所组成的相似准则在数值上相等，则这些现象就必定相似。

　　该定理又称为相似逆定理，指出了模型实验应遵守的条件。但是，在实际工作中，要求模型与原型的单值性条件全部相似是很困难的。因此，在保证一定精度的情况下，可允许单值性条件部分相似或近似相似。

　　（3）相似第三定理

　　相似第三定理：某一物理现象中，共有 i 个物理量（这些物理量不能由其他物理量组合而成），这些物理量的基本量纲为 j 个，则 i 个物理量存在某种函数关系 $f(x_1, x_2, \cdots, x_i) = 0$，如果用 $\Pi_1, \Pi_2, \cdots, \Pi_{ij}$ 表示由 $x_1, x_2, \cdots x_i$ 组成的无量纲量，则有 $F(\Pi_1, \Pi_2, \cdots, \Pi_{ij}) = 0$。

　　相似第三定理又叫 π 定理或柏金汉定理。在 π 定理的应用中，通常在变量 $x_1, x_2, \cdots, x_i$ 中选择 j 个不同的物理量作为重复变量，连同其余的 $i-j$ 个变量组合成 $\Pi_1, \Pi_2, \cdots, \Pi_{ij}$。

　　在流体力学中，为了保证几何相似，常选择一个长度量纲，例如 I 或 d；为了保证运动相似，常选择一个速度量纲，例如速度 v；为了保证动力相似，常选择一个质量有关的量纲，例如流体的密度 ρ。

所谓量纲（也称为因次）即物理量单位的种类。例如，小时、分、秒、是时间的不同测量单位，但这些单位属于同一种类，均为时间单位，用 [T] 表示。则 T 就是上述时间单位的量纲。米、厘米、毫米等同属长度单位，用 [L] 表示长度量纲。吨、千克、克同属质量单位，用 [M] 表示质量量纲。在国际单位制中，这三个量纲又称为基本量纲，而其他物理量的量纲，均可用基本量纲的不同指数幂乘积形式来表示。例如：速度 = 长度 / 时间 $=L/T=LT^{-1}$，力 = 质量 × 加速度 $=MLT^{-2}$。在流体力学中，取长度、质量、时间作为基本物理量，而其他物理量则是由基本量纲根据一定的物理方程导出的。因此，在量纲分析中，也取 L、M、T 作为基本量纲。

而量纲分析法指出：一个物理方程式的等式两边应该具有相同的量纲。否则，则不是正确的物理程式。然而，量纲分析法也有其不足之处，因为物理量的基本量纲只有 M、L、T，所以，只有当影响流动的参数也只有三个时，才能用三个等式来求解三个未知数（即三个指数）。如果影响流动的参数更多，那么就有更多的待定指数。所以，这种方法使我们在指数的选取上存在着困难。为此，柏金汉（E.Bucking.Ham）提出了改进的量纲分析法，即解决上述问题的另外一种更为普遍的方法，这就是著名的 π 的定理。

需要指出的是，相似理论或量纲分析的应用，必须要求对所要研究的物理问题有细致的观察和深刻的了解，这样才能有效地运用量纲分析或 π 定理，换句话说，这种方法归根到底只能从实验中来到实验中去，若缺乏实验资料，而单纯依靠量纲分析是得不出正确结果的。

2.5 气固两相流

气固两相流是指气体与固体颗粒两相流动，其中固相为团体颗粒群。通常把气固两相流体运动分为两类：一是气固两相均匀或不均匀混合的气固两相流；二是气固两相界面上，由于相互作用而形成的不均匀混合的气固两相流。第一类按两相容积比的不同，其运动分为沉积运动、孔隙介质运动和流化运动。沉积运动是固相容积比气相容积少得多的气固两相流体运动，孔隙介质运动指固相容积比气相容积大得多的气固两相流体运动，流化运动则为两相所占容积比相当的两相流体运动。而第二类通常又分为密相、弹状化和稀相 3 个阶段。

气固两相都有各自的流动参数，如速度、压强、密度、温度等。两相之间具有相互作用和动量、能量的交换，许多内部和外部的因素都会影响气固两相流参数的测量。因此，气固两相流的流动特性要比单相流的流动特性复杂，特征参数也要比单相流系统丰富，且有较高难度的数学描述，气固两相流的参数检测难度也较大。要理解气固两相流系统的复杂现象，揭示气固两相流的运动机理，气固两相流的流动模型的建立，对流动过程的预测和控制，气固两相流的检测技术是首先要解决的问题。

2.5.1 气固两相流测量的影响因素

气固两相流本身有其自身特性，许多内部和外部的因素都会影响气固两相流参数的测量，主要表现在以下方面。

（1）不均匀的固相颗粒分布

流场中气固两相界面的相互作用，导致固相颗粒在不同的区域分布是高度不均匀的，使得对气固两相流参数的检测非常困难。

（2）不规则的速度分布

伴随着固相颗粒分布的不均匀，颗粒在流场横截面上的速度分布也是不均匀的。当固相载量变大时，这种不均匀的速度分布特别显著。当固体颗粒在水平方向上输送时，流场底部的速度要比上部的小。此外，小颗粒的速度会比大颗粒的速度大。

（3）变化的颗粒尺寸和形状

颗粒的尺寸很小，一般会在几微米到几毫米范围内变化，而且颗粒的形状也会多种多样，从而增加了气固两相流参数测量的难度。

（4）湿度成分

根据不同物质的来源、存储状态及处理过程的需要，固体颗粒可能包含一定水分。这就意味着气固两相流测量所用传感器对物质的水分不敏感，如电容传感器就不适合对含水量较高的固体颗粒的流动参数进行测量。

（5）化学成分

对于如静电、电容及微波等传感器，其性能会受到固体颗粒化学成分的影响。颗粒的化学成分在理想情况下不应该影响传感器的输出信号。

（6）非透明性

当采用光学的方法测量时，若被测区域透光性不好，比如流化床底部固相颗粒浓度大时，光学测量方法就变得无能为力。这将限制利用激光、PIV 等光学性质的非接触式测量的实际应用。

（7）接触式测量

接触式测量会干扰流场，引起测量偏差。接触式的气固两相流体测量元件容易产生堵塞及磨损，从而妨碍仪器正常工作，减少仪器使用寿命。

（8）气固两相流多样化的流型

气固两相流的流型不仅多样化，而且不同流型之间会有无明显过渡的转换，加之流动中不可避免要受噪声、振动等非测量因素的干扰，使得测量结果不能反映真实情况。

2.5.2 气固两相流测量方法

在过去几十年中，在气固两相流流动参数的测量方面出现了多种不同的方法，但是每种方法在不同的应用条件时都有各自的优势和缺点。

（1）微波法

微波法的测量原理是将低能量的微波发送到流场，接收器接收由运动颗粒反射的微波，固体颗粒的浓度可以通过微波信号的衰减来推算，颗粒的速度可以通过上下游微波信号的相关计算得到。这种微波发送接收器的优点是成本低，易于安装，适用于恶劣的测量环境，但是这种传感器不能均匀的覆盖整个流场，需要在流场四周安装多个传感器。微波法容易受到固体颗粒性质（固体颗粒的化学成分和湿度等）的影响，并且在测量截面内堆积的固体颗粒也会造成系统误差。

（2）放射法

放射法使用 γ 射线或 X 射线等放射源来扫描流体介质，射线通过流体介质的衰减主要受其轨迹中单位面积物质总体有效重量的影响，与固体颗粒在射线中的分布无关，并且固体颗粒的湿度对这种方法的影响较小。但是这种方法测量仪器比较昂贵，难于管理，其主要用途是作为绝对标准为低成本的固体颗粒流量测量传感器在离线和实际应用中提供标定和验证。对于固体颗粒分布不均匀的流场，单束发散射线源和探测器的结构会在流场截面的空间灵敏度分布上造成误差，并不能代表固体颗粒的总体浓度。旋转扫描式的结构只适用于稳定状态的测量，并不适合在线瞬时测量。

（3）超声波法

超声波垂直透射流体时，其强度会发生衰减，基于这个原理可得到不同衰减强度下两相流的浓度信号。由于复杂的相间作用，气固两相流在流动过程中会在一定的频率范围内发出声波，该声波的强度与流速存在一定的关系，声波的频率大致分布在 3k ~ 100kHz 范围内。通过对该频率范围内的噪声信号进行频谱分析，可以得到一个与两相流体浓度信号相关的输出信号，该输出信号也是两相流质量流量的某个函数。超声波在介质中的传播速度比较慢，因而多次反射对数据的测量精度有不良的影响，为了避免这种不良影响，超声波传感器在每次发射和完成一次测量后，需要等待声波在介质中衰减到足够微弱时才可以进行下一次的测量，因此每次测量所需时间较长，系统的实时性较差。除此之外，固体颗粒的速度大小与体积影响着声波的传输，所以超声波方法不适宜测量固相体积浓度。

（4）热传导法

基于热传导法的气固两相流测量系统可以直接给出气固两相流固相质量流量，其工作原理包括两种：一种是在恒定热量输入条件下测量固体颗粒通过加热段后温度的上升，另一种是在保持温度差不变的情况下测量需要输入的热量。基本公式为：

$$M_s = H / C_p \Delta T$$

式中，H — 热输入率；

　　　　C_p — 为流体的恒压比热；

　　　　ΔT — 加热段上游和下游的温度差。

热传导法适用于浓相气固两相流的测量，因为浓相流体中大量的固体颗粒可以吸收足够的热量来保证精确的测量。由于热传导法的测量响应时间较长，所以不适合需要快速响应的测量过程。

（5）数字图像法

数字图像法最初主要应用于气固两相流颗粒粒径和粒径分布的在线测量，之后将静电传感器和数字图像传感器结合起来组成测量系统，固体颗粒的体积浓度和粒径分布可以通过数字图像传感器得到，固体颗粒的速度可以通过静电传感器上下游静电信号的互相关计算得到，同时结合颗粒的体积浓度和速度还可以得到质量流量。数字图像法的主要问题是只能应用于稀相气固两相流的测量，并且测量窗口容易受到固体颗粒的污损。

（6）电容法

当固体颗粒通过电容传感器的敏感区间时，传感器电极间的电容值会随着气固两相流体的浓度（即等效介电常数）的变化而改变，这样测量浓度的问题就转化为测量电容值的问题。将两个电容传感器沿流向安装在流场的前后位置就可以测出固体颗粒的流速，继而得到固体颗粒的流量。

电容法的主要优点是结构简单，适应性强，测量范围大，灵敏度高，动态响应好，可实现非接触测量。但由于固体颗粒在流动过程中的空间分布是动态变化的，所以电容电极之间的检测场需要非常均匀才可以保证传感器的输出只与固体颗粒的浓度相关。

（7）电学成像法

电学成像技术是由医学成像技术发展而来的，是一种非接触式的测量方法，可以获得被测物质在流场截面处的分布，广泛应用于多相流参数的测量。电学成像主要包括电容层析成像（ECT）、电阻层次成像（ERT）和电磁层析成像（EMT）等。对于气固两相流参数的测量，主要应用的电学成像技术是ECT，其基本原理是通过传感器阵列电极电容的变化反映流场中多相介质的分布，从而重建流场截面各相介质的分布。在电容层析成像过程中，通过对测量值进行互相关运算可得到流场中介质的速度。但ECT的不足之处一是其灵敏度分布不均匀，造成流场中心位置成像质量不高；二是当固体浓度很低时，电容的变化也会很小，给稀相气固两相流测量带来一定困难。

（8）光学法

光学法是通过分析光信号的衰减和散射对气固两相流中局部颗粒的平均浓度或粒径进行测量。Lambert-Beer定律和Mie定理是这种类型传感器的理论基础，通过两相流介质的反射或透射光线的强度与其中固体颗粒的浓度指数相关。光学传感器一般使用激光或闪光灯作为光源，使用光纤或光电倍增管作为接收器。

Particle Image Velocimetry（PIV）、Particle Tracking Velocimetry（PTV）、Laser Doppler Anemometry（LDA）和Phase Doppler Particle Analyzer（PDPA）等技术现已广泛应用于气固两相流的参数测量过程中，可以用于对固体颗粒的流动特性进行细致深入的分析。其中PIV是最为常见的一种方法，可以获得瞬态流场的速度信息。PTV能够通过对一系列图片中固体颗粒运动轨迹的跟踪，分析颗粒的运动特性。LDA和PDPA则是根据激光多普勒效应得到颗粒的速度和粒径分布信息。

光学法的主要优点是不受固体颗粒化学性质或湿度变化的影响，可以得到精确的流场特性测量结果。但光学法在应用过程中，光学元件会受到固体颗粒的污染，需要安装额外的净化系统来减轻这方面的影响。光学法更适合于稀相气固两相流参数的测量。

2.6　土壤风蚀

　　土壤是人类赖以生存和发展的重要资源与环境。土壤对于人类的重要性，不仅在于土壤本身，还在于土壤对大气质量和水体质量的影响。因此，保护土壤也是维护全球生态环境平衡的重要措施之一。

　　风蚀，即风的侵蚀作用，指在风力作用下地表物质被侵蚀、磨蚀并被带走的过程。风吹过地表时，产生紊流，使土壤离开地表，从而使地表物质遭受破坏，称为吹蚀作用。形成的风沙流紧贴地面迁移时，沙砾对地面物质的冲击、摩擦的作用，称为磨蚀作用。干燥的土壤和地表上空相对稳定的风力是发生严重风蚀的主要条件。

　　土壤风蚀是指地表松散的土壤颗粒在风力的作用下发生位置移动的过程，具体包括土壤颗粒被风吹起、空间搬运和沉降堆积的过程，以及地表物质受到风吹起颗粒落地撞击磨蚀过程。干燥松散的地表土壤和地表承受的风力是发生严重风蚀的主要条件。而随着人类生活与生产活动的加剧，土壤风蚀过程已被人为地加速。

　　土壤风蚀是一个世界性的问题。全球发生土壤风蚀比较严重的地区有中国的北方、北非、亚洲的近东大部、中亚、南亚和东亚的部分地区、西伯利亚平原、南美、澳大利亚以及北美的干旱、半干旱地区。土壤风蚀的肆虐致使大量农田土层粗化，草场严重退化，土地的利用率和生产效率明显下降。同时，由于风蚀过程中会挟走大量的悬浮颗粒，这些颗粒悬浮在大气中，造成空气和水体的污染，损害交通、建筑、机械等设施设备，也损害了人畜的健康，严重污染了人们正常的生存环境，给国民经济造成巨大损失。

2.6.1　土壤风蚀颗粒的输送形式

　　土壤可蚀性颗粒在风力作用下脱离地表起动后，以三种运动形式进行输送，即悬移、跃移和蠕移如图 2.4 所示。

　　悬移：悬移的颗粒最细，其直径一般 < 0.05mm。来自于细小土壤颗粒的垂直和水平运动，在跃移颗粒撞击和直接风力作用下，这些细小颗粒被刮起来，悬浮到风中随风输送。风蚀过程中，悬移一般占总的土壤颗粒的 3% ~ 40%，被搬运的高度最高，距离也最远，它是沙尘暴的主要构成部分，土壤损失最明显。由于悬移颗粒小，其运动将受到大气湍流起伏的影响，这种影响具有随机

性。比较细小的土壤颗粒通常含较多的有机质和营养物质，所以悬移颗粒是最富含有机质和植物营养物质的部分。

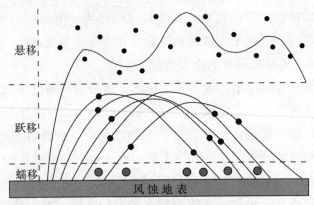

图 2.4　土壤风蚀颗粒的输送方式

跃移：当中等颗粒被驱动后，在短时间内进入风沙流中，随后又由于自身重力作用落回地面，碰撞地表土壤颗粒并加入到其他土壤颗粒的运动中，这种输送方式叫作跃移。跃移的颗粒直径多为 0.1 ～ 0.5mm，多数在近地表 30cm 高度内连续跳跃，它们很容易升离地面，但不能呈悬浮状，其跳跃高度小于 120cm，跃移颗粒占移动土壤颗粒的 50% ～ 80%，构成了地表风沙流，被搬运的距离较小。有研究证明，跃移土壤颗粒的升起高度（H）与前进距离（L）比为 1∶10。由于跃移是导致其他类型输送的重要原因，也是植物受撞击伤害的主要原因，所以在控制措施里要充分给以考虑。

蠕移：蠕移颗粒直径为 0.5 ～ 2.0mm 大的土壤颗粒和团聚体，由于自身重力作用，一般不离开地表，但在受跃移过程中旋转的颗粒碰撞冲击下开始移动，其移动的速度和距离最小，蠕移颗粒占总移动颗粒的 7% ～ 25%。蠕移颗粒影响当地的土壤沉积并会对植物产生伤害。

更大粒径的土壤颗粒难以被风力搬运而保留下来，这种侵蚀过程造就了干旱、半干旱地区特有的风蚀风积地貌。一般情况下，在每次风蚀现象中这 3 种运动形式是同时发生的，并以跃移为最主要的模式。这是因为升入空中的跃移颗粒在自身重力的作用下不能保持悬浮状态，在达到一定高度后便逐渐下降并返回地面。在返回地面过程中，若风力不足，便会中止其运动，但大部分跃移颗粒会冲入地表并重新分配它们在跃移过程中从气流中获得的能量，一部分用于促使其他静止颗粒进入运动状态，使仅靠风力而无法起动的颗粒发生撞击蠕动或者升离地面形成悬移或跃移；而另一部分能量则可以造成土壤团聚体破碎磨蚀，使不可蚀性颗粒物质变为可蚀性颗粒，增加了可蚀性颗粒的供给量。

土壤风蚀过程就是典型的气固两相流问题。土壤风蚀问题，比现有气固两相流体运动分类更为复杂，其内涵也更为丰富。具体表现在：

① 风沙流体是均匀混合体，但其气固两相的容积比又是随高度而迅速增加的，即固体颗粒在流体中的含量随高度的增加而迅速减少。

② 风沙流是运动着的空气对地表疏松的土壤颗粒进行侵蚀而形成的，是空气流与土壤表面相互作用的结果。

③ 由于土壤表面的颗粒是疏松的，在距地表一定深度层上，气流是可以渗透通过的。

因此，风沙流运动，在空气中是一种沉积运动，在地表下面一定深度层上是一种渗流运动，而在两相交界面上又发生着两相的相互作用。由于地表是温度、湿度和各种物质传输的活动表面，因而发生在其中的风沙流运动具有更加复杂的性质。

2.6.2　土壤风蚀研究的基本方法

土壤风蚀研究的根本任务是对土壤风蚀的范围、强度及数量进行监测、评价以及预测、预报。根据不同研究目的，考虑到研究土壤风蚀的手段和时空尺度等因素，把目前的土壤风蚀研究基本方法主要分为如下几个方面：实验室和野外风洞实验研究、野外观测与网络监测、风蚀评价以及风蚀估算与过程模拟研究等。

（1）实验室风洞测试

实验室风洞测试是从野外采集土样放在风洞实验段内，在风洞内模拟自然界的各级风力对风蚀的物理机制进行试验研究。如不同粒径与性质土壤颗粒的临界摩阻风速，不同风速与地面植被覆盖状况下的土壤可蚀性，沙丘发育演变过程、地表空气动力学粗糙度以及植被覆盖对土壤风蚀的影响等。实验室风洞模拟试验的优点在于单次研究成本低，花费时间短；可方便地对各种参数进行调控，重复性好，有利于对风蚀过程进行系统研究；试验不受气候条件的约束，可以在较短时间内获得较多的数据，试验效率高。但是，实验室风洞模拟试验也存在着不足，比如在采样和运输过程中会造成土样真实地表的改变；实验中的土样规模小，风蚀作用时间很短，缺乏磨蚀作用，致使风蚀的野外因变量与风洞因变量之间存在较大差异；在风洞内无法模拟土样所在地的自然气候条件，等等。

（2）野外风洞测试

野外风洞测试是将移动式风蚀风洞直接置于被测地表上进行的风蚀试验。可以克服室内风洞测试的缺点和不足，不仅所测试地表完全真实，而且也能够完成室内风洞的各项风蚀实验。但是，移动式风蚀风洞测试与野外风沙环境仍存在着较大差异，加之设备移动不便，线路连接复杂，测试难度较大，投资成本高，难以获得长时间、大尺度的土壤风蚀数据。

（3）野外观测

野外观测是通过在野外实验场设置风速计、集沙仪或沙尘采集器以及更为先进的雷达、激光探测设备进行直接观测，是测试土壤风蚀的最基本方法。通过对风蚀地域的一系列指标进行长期的定位观测，揭示风蚀产生的机理与风蚀物的组成、结构、能量流动和物质循环，掌握在自然和人类活动的影响下土壤风蚀状况及其动态变化过程，阐明风蚀过程的发生、发展和演化规律。野外观测方法可以获得长时间连续、大面积的记录，能提供自然风况下土壤风蚀的真实有效数据；可以利用所测数据绘制沙尘浓度廓线，对风沙流强度以及地面影响因子进行研究。但这种测试方法只有在自然风力较大，能够吹起地表土壤颗粒时才能够采集到土样；由于自然风的短暂性和大范围的可变性，所测数据的分辨率比较粗糙，在空间分布上很不均匀，其观测记录也不是很可靠；加之采集设备相对比较落后，无法完成风蚀数据的实时采集、记录，所以不同地表上很难保证在同一风况下测得数据。

（4）网络监测

在一定地域内有序地布设多个观测站点进行定时观测，就可以形成监测网络系统。监测网络作为现代资源环境信息获取的重要手段，可以提供从土壤风蚀起沙、运移到沉降等各个过程的观测数据值。网络监测可以更加有效地反映风蚀过程的整体动态和区域差异。目前，多数网络监测研究是以气象部门或环保部门的监测台站网络系统为依托。但由于气象站点选站的原则与专门研究风蚀的观测站点不同，其观测站点的布局以及站点的观测内容与风蚀研究也存在较大差异。

（5）风蚀评价

风蚀评价是指对土壤风蚀作用的影响范围和作用强度进行评价，并根据风速、降雨量、蒸腾量等参数建立数学模型，通过风蚀模型反映风蚀强度等级，并且可以反映风蚀的潜在危险和动态趋势等。但是由于有很多因素都会对土壤可蚀性造成影响，所以目前有关风蚀评价主要是气候侵蚀力模型，而对于研究土壤可蚀性的模型比较少。

（6）风蚀估算与过程模拟

在风蚀估算和过程模拟方面，一些模型或应用系统虽然在不同的区域以不同的时间和空间尺度取得一些成果，但是要将这些模型和系统在不同的时空尺度上做进一步推广还有许多工作要做。

相比之下，建立土壤风蚀野外观测的专业观测台站及其基于无线传感网络的土壤风蚀监测系统，借助于必要的监测仪器设备，实现风蚀数据的实时采集与处理，既可以克服上述测试或监测方法的缺点与不足，也可以提升国内土壤风蚀测试研究水平，是目前乃至今后研究土壤风蚀问题的有效方法。

2.6.3　土壤颗粒起动条件与运动方程

在春秋季，地表土壤大面积裸露，大量土壤颗粒离散于土壤表层，作用在土壤颗粒上的拖曳力 F_D 由两部分组成。一部分是气流与颗粒表面摩擦而产生的摩擦力，由于颗粒只有局部表面直接与气流接触，其摩擦力一般不通过颗粒重心；另一部分是作用于颗粒上的风压力，由于颗粒顶部的流线发生分离，在颗粒背风面产生涡流，在其前后产生压力差，所造成的压差阻力，又称形状阻力。如果颗粒接近球体，则形状阻力通过颗粒重心。因此，拖曳力 F_D 的作用线不通过沙粒的中心。

则气流拖曳力可表示为：

$$F_D = 1/8\pi d^2 C_D \beta' \rho u_*^2$$

其起动条件为：

$$F_D \geqslant \mu mg$$

式中，u_* —— 临界摩阻风速；

　　　ρ —— 为土壤颗粒密度；

　　　β' —— 为拖曳力作用点的影响系数；

　　　d —— 土壤颗粒直径；

　　　m —— 土壤颗粒质量；

　　　g —— 为重力加速度；

　　　μ —— 土壤颗粒的摩擦系数；

　　　C_D —— 阻力系数，采用以下经验公式计算：

$$C_D = \frac{24}{R_e} + \frac{6}{\left(1 + R_e^{1/2}\right)} + 0.4$$

式中，R_e — 雷诺数；

$R_e = dv_r/\gamma$；

v_r — 颗粒和风流相对速度；

γ — 空气运动黏性系数。

土壤风蚀过程中，土壤颗粒受风场施予的拖曳力、重力等作用，以初始速度 v_0、与地表成 α_0 角度起跳后，其运动的初边值问题的基本方程为：

$$m\ddot{x} = -\frac{\rho\pi d^2}{2}\left(\frac{24\gamma}{d\sqrt{(\dot{x}-u)^2+(\dot{z}-\omega)^2}} + \frac{6}{1+\sqrt{\dfrac{d\sqrt{(\dot{x}-u)^2+(\dot{z}-\omega)^2}}{\gamma}}} + 0.4\right)(\dot{x}$$

$$-u)\sqrt{(\dot{x}-u)^2+(\dot{z}-\omega)^2}$$

$$m\ddot{x} = -\frac{\rho\pi d^2}{8}\left(\frac{24\gamma}{d\sqrt{(\dot{x}-u)^2+(\dot{z}-\omega)^2}} + \frac{6}{1+\sqrt{\dfrac{d\sqrt{(\dot{x}-u)^2+(\dot{z}-\omega)^2}}{\gamma}}} + 0.4\right)(\dot{z}$$

$$-\omega)\sqrt{(\dot{x}-u)^2+(\dot{z}-\omega)^2} - mg$$

$t = 0$，$x = 0$，$z = 0$，$\dot{x} = v_0\cos\alpha_0$，$\dot{z} = v_0\sin\alpha_0$

式中，t — 时间；

x 和 z — 土壤颗粒在二维流场中的坐标；

$\dot{x}$，$\dot{z}$ 和 $\ddot{x}$，$\ddot{z}$ — 土壤颗粒在 x 和 z 方向上的速度和加速度；

u 和 ω — 流场水平和垂向风速。

2.6.4　常用风蚀颗粒测速方法

目前，已有多种技术被应用于风沙颗粒的速度测量，主要包括光电管测速计、高速摄影、粒子动态分析仪和粒子图像测速系统等。

（1）光电管测速

光电管是一种电学特性（如电流、电压、电阻等）因光照而发生变化的装备，基于这种装备原理设计出了一种粒子图像测速仪器（图 2.5）。它所利用的光源是穿过两个光电晶体管之间缝隙而发射的光，当一个风吹颗粒穿过这个缝隙时，颗粒打断了光束并在第一个检波器上形成一个阴影，从而产生一个正电脉冲，然后它会遮蔽第二个检波器产生一个负脉冲。这些信号都被记录在磁带上，再用示波镜分析。颗粒的速度通过其运行距离（由窗口的几何特征确定）和时间（由示波器上显示的信号确定）来计算。光电管法逐个测量单颗粒的速度，因此，可用于研究颗粒速度的概率分布特征。

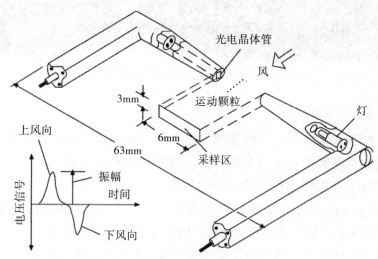

图 2.5　光电管测速计示意图

（2）高速摄影

运动颗粒的轨迹被高速相机拍摄（图2.6），颗粒的位移通过它在相邻两帧图像上的位置变化来确定，其速度（v_p）可由以下公式来计算：

$$v_p = \frac{\sqrt{\left(x_i - x_{i-1}\right)^2 \left(y_i - y_{i-1}\right)^2}}{K\Delta t}$$

式中，K —— 图像的比例系数（图像解译时的放大系数）；

　　　Δt —— 两帧图像的时间间隔；

　　　x_i 和 x_{i-1} —— 跃移颗粒在 x 轴上第 i 和第（$i-1$）位置时的水平坐标；

　　　y_i 和 y_{i-1} —— 跃移颗粒在 y 轴上第 i 和第（$i-1$）位置时的垂直坐标。

高速摄影法可以测定目标区域内不同位置颗粒的速度，但这是一项耗时耗力的工作，尤其在需要测定大量颗粒的速度时工作量是非常大的。通过图像解译距床面较近的颗粒速度时，由于颗粒密集，解译难度较大；同样，在解译距床面较远的区域时，由于运动颗粒太少，不易捕捉，解译困难同样较多。因此，在用高速摄影法测量风沙颗粒的速度时，可用于颗粒速度分析的有效颗粒数非常有限，不能全面反映风沙流运动的速度。

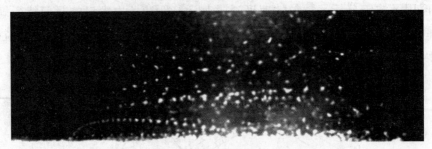

图 2.6　高速摄影获得的典型风沙颗粒运动轨迹

（3）粒子动态分析

光电管法和高速摄影法都能测量单个粒子的速度，但这两种方法都只是适用于测量足够大的粒子时效果较好。随着激光和电子技术的发展，更多先进的测试技术被用于测量风沙运动颗粒的速度上来。其中，粒子动态分析仪（Particle Dynamics Analyzer）和粒子图像测速仪（Particle Image Velocimetry）便是应用越来越广泛的两种测速方法。PDA 的测速原理可以通过一个简单的光路模型图来解释（图 2.7）。当聚焦透镜把两束入射光以 θ 角汇聚后，由于激光束良好的相干性，在汇聚点上形成明暗相间的干涉条纹，条纹间隔正比于光波波长，而反比于半交角的正弦值。当流体中的粒子从条纹区的方向经过时，会依次散射出光强随时间变化的一列散射光波，称为多普勒信号，这列光波强度变化的频率称为多普勒频移。经过条纹区粒子的速度愈高，多普勒频移就愈高。将垂直于条纹方向上的粒子速度，除以条纹间隔，考虑到流体的折射率就能得到多普勒频移与流体速度之间的线性关系。

与光电管法和高速摄影法相比，PDA 最大的优势就是其快速的数据采集频率，它可以在几秒钟内测量数千个颗粒速度，巨大的数据样本量保证可以获得具有统计意义的测量结果。所以，PDA 曾被认为是测量运动颗粒速度的有效工具。PDA 虽是单点测量技术，但可通过调节坐标架来测量不同测点的颗粒速度。

（4）粒子图形测速仪

PIV 是基于对流场图像的互相关分析而获取流速信息的一种现代光学测速方法。通过计算数字相机记录的图像得到局部粒子的统计平均位移，再根据激光器两次脉冲的时间间隔确定流场的速度。目前采用的数字 PIV 技术，基本原

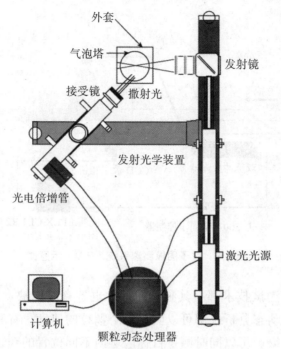

图 2.7　粒子动态分析仪（PDA）示意图

理是预先在流场中撒播一定浓度和粒径的示踪粒子，用适当的光源照明二维流场，在垂直于两片光源的方向采用数字式 CCD 直接记录粒子图像，然后在计算机上处理相继两帧数字图像，获取每一判读小区中粒子图像的平均位移，由此确定流场切面上多点的二维速度，提取出速度场信息。PIV 图像处理技术的基本原理是很容易理解的，它对速度的计算是基于速度的原始定义，即：

$$v_p = \frac{\Delta x}{\Delta t}$$

式中，v_p — 颗粒速度；

　　　　Δx — 颗粒在两束脉冲光延时间隔 Δt（延时）内的位移。

　　PIV 系统由双脉冲激光器、光路系统、CCD 相机、同步器和计算机等组成（图 2.8）。其中，双脉冲激光器主要作用是发射两束脉冲激光在短时间内照明运动颗粒光路系统负责将激光束转换成一个窄的片光源，CCD 相机捕获两帧双脉冲曝光图像进行高速画面传输，同步器即时间控制器，用高速、精确的电子装备来控制激光和相机，计算机用来存储、处理数据和图像。

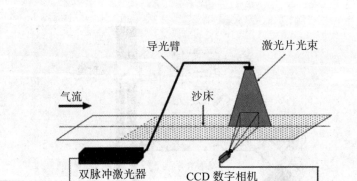

图 2.8　粒子图像测速系统（PIV）示意图

　　上述每一种测试技术都有其独特原理，也各有其优缺点。光电管测速计、高速摄影、粒子动态分析仪都可以测量单个颗粒的速度，有利于研究颗粒速度分布特征。高速摄影可以同时测量目标区域内不同位置的颗粒速度，但在分析的粒子数目较多时耗时很多。PDA 比光电管测速计和高速摄影具有很多优越性，可以快速地捕获到具有统计意义的颗粒样本量。光电管测速计和 PDA 在测量不同位置的颗粒速度时必须移动测量点。PIV 则是一种全流场测量技术，可以测量一个截面的瞬时颗粒速度向量场，能够得到大量样本的平均结果，是研究目标区域内平均速度的有效工具，但不宜用于研究单个粒子的速度特征。

　　综上所述，影响颗粒运动的因素是非常复杂的，比如气流中跃移颗粒的速度受顺风向的风力加速、重力的垂向减速、颗粒间的空中碰撞及与地面的初始碰撞等过程的影响。因此，直接测量风沙颗粒的运动速度是一项非常艰巨的任务。

参考文献

[1]　孔珑 . 两相流体力学 [M]. 北京 : 高等教育出版社 , 2004.

[2]　禹华谦 . 工程流体力学 [M]. 北京 : 高等教育出版社 , 2004.

[3]　赵孝保 . 工程流体力学 [M]. 南京 : 东南大学出版社 , 2004.

[4]　归柯庭, 汪军, 王秋颖编. 工程流体力学 [M]. 2 版. 北京: 科学出版社, 2015.

[5]　宋飞虎. 高精度微弱电容检测系统的研究与设计 [D]. 杭州: 杭州电子科技大学, 2015.

[6]　张文彪. 静电法稀相气固两相流测量机理研究 [D]. 天津: 天津大学, 2013.

[7]　董章森. 气固两相流流速测量系统设计 [D]. 沈阳: 东北大学, 2014.

[8]　董治宝, 钱广强, 罗万银, 王洪涛. 几种常用风沙颗粒测速方法对比 [J]. 中国沙漠, 2010, 30(4): 749-757.

[9]　岳高伟, 蔺海晓, 贾慧娜. 风沙运动过程的颗粒流体动力学模拟 [J]. 自然灾害学报, 2013, 22(2): 130-135.

[10]　Ungar J, Haff P K. Steady state saltation in air[J]. Sedimentology, 1987, 34(2): 289-299.

[11]　Yue G W, Zheng X J. The effect of thermal diffusion on the evolution of wind-blown sand flow[J]. Applied Mathematics and Mechanics, 2007, 28(2): 183-192.

第3章 气流对冲与扩容降速

根据风速与风力等级划分标准，风速约 10.8 ～ 13.8m/s 时谓之强风，陆面物象表现为大树枝摇动，电线有呼呼声，打雨伞行走有困难。如此强有力的气流进入自动集沙仪，不仅会扰动称重传感器，而且也会重新携带沙尘从排气口排出。假如强风气流进入集沙仪后，速度出现大幅度降低，不仅低至沙尘悬浮速度以下，气流无力携带沙尘，而且也低至无力扰动称重传感器，那么强风作用时风力对称重传感器的扰动问题和风沙在集沙仪内部的高效分离问题就能解决了。可见，解决强风作用时风力对称重传感器的扰动问题和风沙在集沙仪内部的高效分离问题实质上就是降速问题。

因此，提出了分流对冲降速法，设计风沙分离器，分析其降速及集沙性能，确定分流对冲降速法应用于集沙仪风沙分离器设计的可行性。

3.1 分流对冲对气流降速的影响

3.1.1 入口气流的流动状态及边界条件

雷诺数（Reynolds Number）是一种用来表征流体流动状态的无量纲数。利用雷诺数既可区分流体流动是层流还是湍流，也可用来确定物体在流体流动中所受到的阻力，其计算公式为：

$$Re = \frac{\rho v d}{\mu} \tag{3-1}$$

式中，ρ —— 流体密度（kg/m³）；

v —— 流体速度（m/s）；

μ —— 流体动力黏度（Pa·S）；

d —— 管道的特征长度（m）。

对于特征长度 d，若管道截面呈圆形，则 d 为其直径；若管道截面呈方形，则 $d = 4S/L$，其中 S 为管道截面积，L 为管道截面的湿周。

当雷诺数较小时，流体的黏滞力对流场的影响大于其惯性力，黏性效应在整个流场中起主要作用，流场中流速的扰动会因流体的黏滞力而衰减，流体流动稳定，则流动状态为层流；当雷诺数较大时，流体的惯性力对流场的影响大于其黏滞力，湍动混掺起决定作用，流体流动较不稳定，流速的微小变化容易发展和增强，则流动状态为湍流（表 3.1）。

表 3.1　流动状态与雷诺数间的关系

流动状态	层流状态	过渡状态	湍流状态	完全湍流状态
雷诺数	$Re<2300$	$Re=2300 \sim 4000$	$Re>4000$	$Re>10000$

湍流的强弱通常采用湍流强度来衡量，是湍流脉动速度与平均速度的比值，也可以用如下公式来计算：

$$I = 0.16Re^{-\frac{1}{8}} \qquad (3-2)$$

式中，Re — 雷诺数。

湍流强度是描述风速随时间和空间变化的程度，反映脉动风速的相对强度，是描述大气湍流运动特性的最重要的特征量。

假设集沙仪进气口截面为宽 15mm、高 22.5mm，工况为强风、常压、温度 20℃，则其入口气流的边界条件如表 3.2 所示。对比表 1 中气流流动状态的阈值可知，强风作用时集沙仪进气口气流处于完全湍流状态，层流完全被破坏，出现大量小涡旋，流速波动变大，能量损耗增加。

表 3.2　强风作用时入口气流的边界条件

密度 ρ（kg /m³）	速度 v（m /s）	特征长度 d（m）	动力黏度 μ（Pa·S）	雷诺数 Re	湍流强度 I
1.205	$10.8 \sim 13.8$	0.018	1.8×10^{-5}	$13014 \sim 16629$	$4.9\% \sim 4.75\%$

3.1.2　圆柱绕流现象

当处于完全湍流状态的气流受到圆柱结构干扰时，圆柱结构后面就会出现大量的无规则和非周期性的"涡街"，并伴随着大量的涡旋产生。

如图 3.1 所示，在边界层内，附着绕流是主要流动形式，越靠近壁面，速度越小，当气流在边界层尾部发生分离时，则会出现涡旋；在边界层外，自由绕流是主要流动形式，在绕流尾部也会出现涡旋。当涡旋发生时，一部分气流在逆压梯度的作用下形成逆流，与后续来流相互作用，假定作用力为 F，在时间 $\Delta t > 0$ 内，存在冲量 $F \cdot \Delta t > 0$；设气流质点质量为 m，则由动量守恒定律 $F \cdot \Delta t = m \cdot \Delta v$ 可知，存在动量 $m \cdot \Delta v > 0$，这说明气流质点间在相互作用时产生了动量损耗，气流速度必然降低。

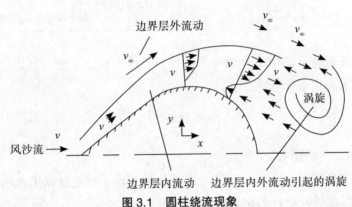

图 3.1　圆柱绕流现象

3.1.3　分流对冲降速原理

结合圆柱绕流现象，提出了分流对冲降速法，其原理是在正对进气管中心的来流方向，设计一个分流结构，将气流分成两股，再让这两股气流反向对冲，以实现气流速度的大幅度降低。

如图 3.2 所示，分流结构由楔形体和圆柱体组成，当气流沿进气管流动至楔形体前端（A 点）时，由分流结构分成两股，这两股气流在分流结构表面和外壳壁面的约束下发生绕流，形成边界层内、外流动，在分流结构后面（B 点）发生反向对冲，气流质点间相互作用，速度降低。

3.1.4　分流结构对绕流的影响

由圆柱绕流的压强系数公式 $C_p = 1 - 4\sin^2\theta$ 可知，当发生圆柱绕流时，随着角度坐标 θ 从 0° 到 90°，再到 180°，压强系数 C_p 是先减后增，如图 3.3 所示，存在压强 $P_2 < P_1$ 和 $P_2 < P_3$。

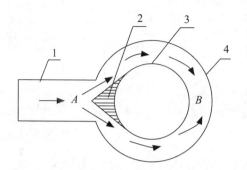

1—进气管　2—楔形体　3—圆柱体　4—外壳

图 3.2　气流分流对冲示意图

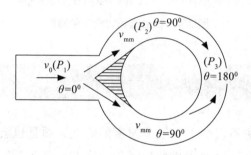

图 3.3　速度、压强随角度坐标 θ 变化示意图

考虑到气流在同一高度的水平面上流动时，ρgh 不会发生变化，故由伯努利方程 $P+\dfrac{1}{2}\rho v^2+\rho gh=c$ 可知，压强 P 与流速 v 成反比。这就说明以下两点。

① 当角度坐标 θ 从 0° 到 90° 时，压强 P 逐渐降低，气流速度 v 则逐渐升高，说明分流结构不仅不会对进气管内气流产生阻滞影响，反而会起到加速绕流的作用，提高了进气管内气流的流动性。

② 当角度坐标 θ 从 90° 到 180° 时，压强 P 逐渐升高，气流速度 v 则逐渐降低，这说明流场中的结构体只要符合圆柱绕流条件，气流就会在圆柱后面发生降速现象。

3.1.5　锥形壁面结构对下行气流的回流影响

气流在分流结构后面发生反向对冲后，在外壳的约束下，气流势必会由水平流动转变为垂直下行流动。如图 3.4 所示，当气流在下行过程中碰触锥形壁面时，就会对锥形壁面产生剪切力影响，同时也会受到锥形壁面的反作用力，迫使气流改变流动方向，甚至逆流而回，与后续的下行气流相互作用，从而引起气流速度的再次降低。

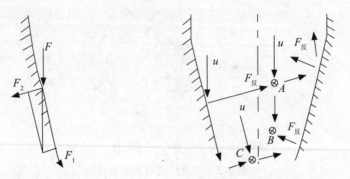

（a）气流对壁面的作用力　　　　（b）壁面对气流、气流对气流的作用力

图 3.4　锥形壁面对气流的影响

3.2　分流对冲式风沙分离器设计

分流对冲降速法不仅会引起气流速度的降低，而且也会改变气流的流动方向，为锥形壁面的回流降速提供前提条件。因此，基于分流对冲降速原理，设计了初期风沙分离器，其结构模型如图 3.5 所示，由进气管、楔形体、排气管、分离腔和回流腔五部分组成，楔形体和排气管垂直段下端组成分流结构。该风沙分离器作为一个独立的部件安装至集沙仪内部，起到采集沙尘、降速、风沙分离等作用，排气管排出尾气，排沙口排出的沙尘则直接落入集沙仪的集沙盒。主要结构参数如下。

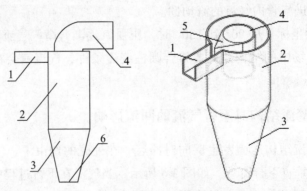

1—进气管　2—分离腔　3—回流腔　4—排气管　5—楔形体　6—排沙口

图 3.5　初期风沙分离器结构模型

3.2.1　进气管

在土壤风蚀研究中，一般用输沙率来计算风蚀搬运的输沙量，而输沙率是风沙流在单位时间、单位宽度上搬运层中所通过的风蚀量，其与进气管截面的相对宽度、相对高度无关，故进气管截面可取高度 22.5mm、宽度 15mm。为防止沙尘沉积，进气管水平部分应尽可能短些。考虑到进气管过短时，入口气流会受到集沙仪外壳产生的停滞流场的影响，故进气管长度取 70mm。

3.2.2　分离腔与回流腔

分离腔与回流腔连接，分离腔设计在回流腔上方，为进一步衰减气流在反向对冲后的下移速度，可以适当增加分离腔空间，故分离腔与回流腔的设计高度之比略大于 1，分离腔高度取 140mm，直径取 90mm，回流腔高度取 130mm，回流腔出口（排沙口）取 40mm。

3.2.3　楔形体

为保证气流能充分地分流和反向对冲，让楔形体厚度与进气管高度相等，取 22.5mm；楔形体附着在排气管上，与排气管相切，顶端对准进气管的径向中心线，距排气管轴向中心线 45mm。

3.2.4　排气管

排气管采用直径为 60mm 的 90° 圆形弯管，上端水平部分的排气方向与外界气流的流动方向一致，下端垂直部分比楔形体厚度长出 35mm，用于引导气流下移，减小气流向分离腔中心扩散时间，防止气流过早从排气管排出。为提高排气效果，排气口与排沙口直径之比为 3∶2，分别取 60mm 和 40mm。

3.3　分流对冲降速的可行性

3.3.1　数值模拟

（1）结构网格

对于大多数湍流问题，其湍流流动的数学模型就是一组偏微分方程。为了

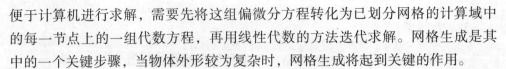

便于计算机进行求解，需要先将这组偏微分方程转化为已划分网格的计算域中的每一节点上的一组代数方程，再用线性代数的方法迭代求解。网格生成是其中的一个关键步骤，当物体外形较为复杂时，网格生成将起到关键的作用。

① 面网格生成。

网格生成前，先利用 Gambit 软件建立初期风沙分离器的几何模型，再将模型划分为 2 个计算域：计算域 1 由进气管、分离腔和回流腔组成，计算域 2 由排气管和楔形块组成。利用 Split 方法从计算域 1 中去除与计算域 2 共有的部分，形成 2 个独立的计算域，计算域之间默认为数据的互不流通。参照表 3.3 的面网格生成方法和适用类型，选择 Quad 网格（四边形）和 Pave 生成方法。计算域 1 选取进气口作为网格生成面，设置网格数（Interval count）为 10；计算域 2 选取排气口作为网格生成面，设置网格数为 20。

表 3.3　面网格生成方法及其适用类型

方　法	描　述	适用类型		
		Quad	Tri	Quad/Tri
Map	生成四边形结构性网格	√		√
Submap	将一个不规则的区域划分为几个具有结构性网格的规则区域	√		
Pave	生成非结构性网格	√	√	√
Tri Primitive	将一个三角形区域生成为三个具有结构性网格的四边形区域	√		
Wedge Primitive	将一个楔形尖端生成三角形网格，沿着楔形向外划分四边形网格。			√

② 体网格生成。

由于楔形体存在尖端边缘，而且初期风沙分离器的面网格采用的是非结构性网格，参考表 3.4 的体网格生成方法和适用类型，故采用包含多体网格的 Tet/Hybrid 网格和 TGrid 生成方法，将初期风沙分离器模型的 2 个计算域生成以四面体为主，尖端等边缘部位包含六面体、锥体和楔形单元的体网格。计算域 1 的网格大小（Interval size）取 3，生成网格 234286 个；计算域 2 的网格大小取 2，生成网格 73736 个。如图 3.6 所示，初期风沙分离器几何模型共生成 308022 个网格。

表 3.4　体网格划分方法及其适用类型

方法	描述	适用类型		
		Hex	Hex/Wedge	Tet/Hybrid
Map	划分六面体结构性网格	√		
Tet Primitive	将含四个侧面的体划成四个可图示性六面体网格	√		
Cooper	按指定的源面划分网格	√	√	
TGrid	划分四面体网格，在适当位置包含六面体、锥体和楔形单元			√

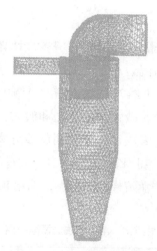

图 3.6　初期风沙分离器计算域网格

（2）边界类型选择

选择设置边界可以明确几何模型中那些代表模型边界的拓扑结构实体的物理特性和操作特性。参考表 3.5 的边界类型与适用场合，考虑到集沙仪工况为自由流风场，故进气口选择自由流速度入口类型（VELOCITY_INLET）；集沙盒下放置称重传感器，这就决定了风沙分离器排沙口与集沙盒之间存在一定的间隙，故风沙分离器存在 2 个自由流出口（排沙口和排气口），均选择自由流出口边界类型（OUTFLOW）。风沙分离器 2 个计算域之间的数据流通是通过排气管下端口传递，故将排气管下端口选择公用交界面类型（INTERFACE）；其余边界默认 WALL 类型。

表 3.5　边界类型与适用场合

边界类型	适用场合
WALL	用于限制流体、固体运动的区域
OUTFLOW	用于模拟在求解问题之前未知的出口速度或压力，不适合可压缩流动
PRESSURE_INLET	用来定义流动入口边界的总压和其他标量
PRESSURE_OUTLET	用于定义流动出口的静压（在回流中还包括其他的标量）
INTERFACE	用于流通交界面设置
VELOCITY_INLET	需定入口速度和需要计算的所有标量值

（3）湍流模型选择

对于简单流动，通常是随着方程数的增多，计算量增大，精度变高，收敛性变差；但是对于复杂的湍流运动，精度高、计算量小、收敛性好等计算特征却与湍流模型的选择有关。虽然 N-S 方程能够准确地描述湍流运动的细节，但求解这样一个复杂的方程会花费大量的精力和时间。在实际求解中，选用什么模型要根据具体问题的特点来决定。在初期风沙分离器内部，由于气流绕流和锥形壁面的回流影响，在分离腔和回流腔内出现大量的涡旋，并在整个流场内占据一定比例，故结合表 3.6 中湍流模型的特点，选用 RNG k-ε 湍流模型较为适合。

表 3.6　常见的湍流模型特点

湍流模型	特　点
Spalart-Allmaras	计算量小，对一定复杂的边界层问题有较好的效果，计算结果没有被广泛测试，缺少子模型，适用于航空领域的绕流模拟
Standard k-ε	应用范围广，计算量适中，有较多数据积累和较高精度，其收敛精度能满足一般的工程计算要求，但模拟旋流和绕流等复杂流动时有欠缺
RNG k-ε	能模拟射流撞击、分离流、二次流、旋流等中等复杂流动，由于受到涡旋黏性各向同性假设的限制，除强旋流过程无法精确预测外，其他流动均可使用此模型
Realizable k-ε	和 RNG 差不多，还可以模拟圆口射流问题，由于受到涡旋黏性各向同性假设的限制，除强旋流过程无法精确预测外，其他流动均可使用此模型
Standard k-ε	适合于存在逆压梯度时的边界层流动

（4）数值计算设置

在计算域 1 和 2 内固体壁面采用无滑移边界条件（湍动能 $k = 0$，耗散率 $\varepsilon = 0$），近壁面区域流动则采用满足对数分布的标准壁面函数条件，数值计算设置如表 3.7 所示，其余设置保持默认。

表 3.7　数值计算的相关设置

项　目	湍流模型	离散化方法	欠松弛因子	求解算法	残差收敛值
计算设置	RNG $k\text{-}\varepsilon$	一阶迎风格式	默认	SIMPLE	0.0001

（5）数值模拟结果及分析

计算域的边界条件采用表 3.2 数据，赋初始值（Initialize）后，设置迭代计算步数（Number of Iterations）为 2000，进行迭代计算（Iterate）。待计算完毕后，建立 $y=0$ 参考面（Iso-Surface），显示垂直方向上初期风沙分离器中心截面的气流速度矢量图；建立 $z=258$ 参考面，显示水平方向上进气管和分流对冲区域中心截面的气流速度矢量图；在这 2 个矢量图中将入口、分流、绕流中段、绕流后段、反向对冲、下行、回流腔和排沙口 8 个位置进行标记。

从图 3.7 可以看出：① 当入口气流速度为 13.8m/s（强风）时，从 1 号至 2 号位置，气流速度在中心轴线区域增至 14.46m/s，径向速度从中心轴线到壁面呈现由大变小趋势，轴向速度几乎无变化；气流在 2 号位置被分为两股而发生绕流。② 从 2 号至 3 号位置（绕流中段），气流速度在靠近楔形体壁面区域出现大幅度加速现象，最高值达 21.7m/s，这与前述的绕流分析是一致的。③ 从 3 号至 4 号位置（绕流后段），气流出现扩散现象，速度逐渐降低，到达 4 号位置时，最高速度已经降至 15.72m/s。④ 从 4 号至 5 号位置（反向对冲）是气流质点间大范围相互作用的区域，气流速度大幅度降低，到达 5 号位置时，气流速度降至 6.03m/s；气流从 5 号位置被迫下行，到达 6 号位置时，速度又升至 7.24m/s。⑤ 从 6 号至 7 号位置，气流开始受回流和扩散影响，速度逐渐降低，到 7 号位置时降至 3.63m/s；气流进入回流腔后，速度出现大幅度降低，到达 8 号位置（排沙口）时，速度降至 2.42m/s。综上所述，从 2 号到 5 号位置是分流对冲起直接作用的区域，气流速度先升后降，从 14.46m/s 到 21.7m/s 再到 6.03m/s，降速幅度为 58.3%；从 5 号到 8 号位置是分流对冲起间接作用的区域，气流速度也是先升后降，从 6.03m/s 到 7.24m/s 再到 2.42m/s，降速幅度为 59.87%。此外，排气管内气流速度也降至 1.22m/s，降速幅度为 91.16%。

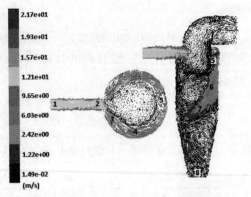

图 3.7　初期风沙分离器内气流速度矢量图

　　图 3.8 给出了矢量图中 8 个位置点气流速度的关联曲线，可以明显地看到初期风沙分离器内部气流速度的变化趋势，结合图 3.7 可以看出：

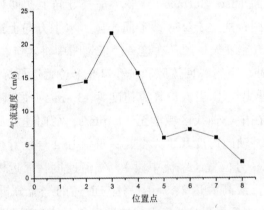

图 3.8　1 ~ 8 号位置点的气流速度变化趋势

　　① 气流从 1 号位置（入口）至 8 号位置（排沙口）的整个过程中，速度先升后降，波动较大，其中 2 号至 3 号位置的增速幅度为 50.07%，3 号至 5 号位置的降速幅度为 72.21%，5 号至 6 号位置的增速幅度为 20.07%，6 号至 8 号位置的降速幅度为 66.57%，整体降速幅度为 82.46%。

　　② 锥形壁面的回流影响产生了较大幅度的降速，这也归因于分流对冲的间接影响，因为气流在反向对冲后流动方向发生了 90° 改变，由水平流动转变为垂直下行流动，为锥形壁面的回流降速提供了前提条件。

　　③ 排气管内气流降速幅度为 91.16%，可减小较大粒径沙尘被排气管排出的可能性。

④ 气流在绕流时存在增速现象，这与分流结构对绕流的影响分析是一致的，说明分流结构的设计位置不会对进气管内气流产生回流和停滞气流的影响；但是，增速幅度过大，不利于后续的气流降速，这便成了本文需要解决的问题。

因此，从数值模拟的分析结果可知，分流对冲在初期风沙分离器内部气流降速过程中起到了关键作用。

3.3.2 烟流试验

（1）试验条件

试验地点选在内蒙古农业大学机电学院实验室内，无外界风力干扰，常压，温度为 15 ～ 20℃；由于烟雾机喷出的烟雾呈白色，为了能清晰地观察初期风沙分离器内部烟雾的流动情况，选择在夜晚无光照背景下进行试验。本次试验采用的设备为：FOG MACHINE 3000 烟雾机 1 台，Testo 425 热敏风速仪 1 台，GB2450C 高速摄像机 1 台，白色光源 1 部，摄像机固定架 1 个，塑料导气管 2 根，稳流装置 1 台，透明初期风沙分离器 1 个，试验架 1 个。

FOG MACHINE 3000 烟雾机是一台智能型烟雾机（图 3.9），可以较好地控制烟雾的喷出量、喷烟间距及喷烟时间，其主要参数如表 3.8 所示。Testo 425 热敏风速仪具有时间段和多点平均值计算功能（图 3.10），能够计算出风量、风速和温度的平均值，其主要参数如表 3.9 所示。

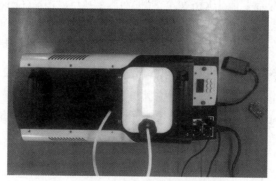

图 3.9 FOG MACHINE 3000 烟雾机

表 3.8 FOG MACHINE 3000 烟雾机主要参数

项　目	功　率	电　压	预热时间	操作方式	喷烟量（可调）	喷烟时间
参数	3000W	A220V/50Hz	10min	无线遥控	1 ～ 100%	1 ～ 200s

图 3.10　Testo 425 热敏风速仪

表 3.9　Testo 425 热敏风速仪主要参数

项　目	风速量程	风速精度	分辨率	温度量程	温度精度	操作温度
参数	0 ～ 20m/s	±（0.03m/s+5% 测量值）	0.01m/s	−20 ～ 70℃	± 0.5℃ （0 ～ 60℃）	−20 ～ 50℃

（2）试验方法

试验前，将透明初期风沙分离器固定在试验台的试验架上，白色光源朝上置于初期风沙分离器下端 10cm 处，避免对排沙口烟流的自由流动产生扰动，调整光线透过初期风沙分离器，以便能清晰地看到初期风沙分离器内部；将一根塑料导气管连接 FOG MACHINE 3000 烟雾机出烟口和稳流装置进烟口，另一根塑料导气管的一端连接稳流装置出烟口，一端放置 Testo 425 热敏风速仪，将热敏风速仪探头正对烟流方向。预热并开启烟雾机，缓慢调整烟雾机的出烟量，待烟流达到试验速度后，关闭烟雾机，再将放置连接风速仪的一端接到初期风沙分离器进气口；然后将 GB2450C 高速摄像机固定在试验台上，镜头对准初期风沙分离器侧面，所采用的试验系统如图 3.11 所示。

本次试验取 13.5m/s（强风）和 3.5m/s（微风）作为烟流的入口速度，以分析高、低两个试验速度时烟流的流动轨迹和浓度变化。试验时，依次开启高速摄像机和烟雾机，录制初期风沙分离器内烟雾流动的动态过程，待烟雾充满初期风沙分离器后，立即关闭烟雾机和高速摄像机。

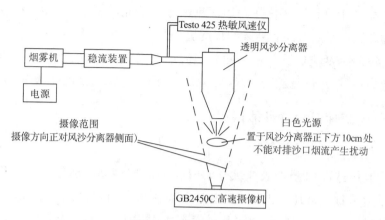

图 3.11 烟流试验系统

（3）试验结果及分析

待烟流试验完毕后，从上述两个烟流试验视频中，按分流、反向对冲、下行、扩散、回流和充满 6 个阶段分别截图（图 3.12 和 3.13）。

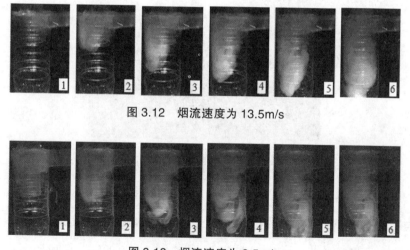

图 3.12 烟流速度为 13.5m/s

图 3.13 烟流速度为 3.5m/s

从图 3.12 可以看出，速度为 13.5m/s 的烟流在分流结构后面发生反向对冲后沿侧壁面下行，在下行过程中，烟流逐渐向分离腔中心区域扩散，但下行烟流浓度明显大于向中心区域扩散的烟流浓度，这说明烟流在反向对冲后，其主流是垂直下行的。

从图 3.13 可以看出，速度为 3.5m/s 的烟流在下行过程中，向中心区域扩散的速度明显大于下行速度，在到达回流腔之前便充满了整个分离腔，这说明速度较低的烟流在反向对冲后衰减的程度更明显。

从上述两个烟流试验分析可知，当流速较高时，烟流主流在反向对冲后呈垂直下行趋势；当流速较低时，烟流在反向对冲后呈扩散趋势，降速效果明显。

3.3.3　气流降速及集沙性能试验

（1）试验条件

试验地点选在内蒙古农业大学 OFDY-1.2 型移动式风蚀风洞（图 3.14），无外界风力干扰，常压，温度 25 ～ 28℃。该风洞由过渡段、整流段、收缩段和实验段组成，风洞实验段轴向几乎没有压力损失，壁面对风洞流场性能影响很小，其主要参数如表 3.10 所示。试验采用的设备为：初期风沙分离器 1 个，楔形防护罩 1 个，Testo 425 热敏风速仪 1 部，32 目标准筛 1 个，米尺 1 把，KF468 电子秤（载重 30kg）1 台，I2000 电子秤（精度 0.01g）1 台，计时器 1 个，5cm 厚调整木板若干。

图 3.14　OFDY-1.2 型移动式风洞

表 3.10　OFDY-1.2 型移动式风洞主要参数

项　目	风速（可调）	实验段宽 * 高 * 长	功率	静压梯度	边界层厚度	湍流度
参数	0 ～ 18m/s	1m*1.2m*7.2m	30kw	≤ 0.005	10cm	≤ 1%

（2）试验土样

跃移颗粒直径多为 0.1 ～ 0.5mm，占移动颗粒的 50% ～ 80%，构成了地表风沙流，是土壤风蚀研究的关键和重点内容，故测定集沙效率的试验土样为粒径 0.5mm 以下的混合土样。试验土样取自内蒙古农业大学科技园试验田，考虑到土壤含水量是影响土壤风蚀的另一个重要因子，故试验前需测定试验土样的含水率。

首先将试验土样自然干燥，利用 I2000 电子秤从自然干燥后的试验土样中称取 1kg，利用恒温箱烘干法，在 105℃的烘箱内将土样烘 6～8 小时至恒重，利用土样含水率公式：

$$\eta_0 = \frac{m_y - m_h}{m_y} \times 100\%$$

（3-3）

式中，m_y—土样原质量，kg；

　　　m_h—烘干后土样质量，kg。

经计算，自然干燥后土样的含水率约 1.53%。

再将自然干燥后的土样，用 32 目标准筛筛出粒径 0.5mm 以下的混合土样，取 60 份，每份 10kg（图 3.15）。

图 3.15　筛选混合土样

（3）试验方法

试验前，在初期风沙分离器上设计 8 个测点，先将这 8 个测点预先密封，确保试验时只存在 2 个自由出口（排气口和排沙口）。再将初期风沙分离器安装至楔形防护罩内，放置于距风洞口 150cm 处的实验段，试验架下面放置调整板，以调整进气口到风洞底板的高度，进气口对准来流方向和风洞中心轴线。将热敏风速仪探头从实验段顶部的测速孔伸入，对准来流方向和风洞中心轴线，开启风机，稳定风速至 13.8m/s（图 3.16）。

① 测试进气口等动力性。

将风速仪探杆从风洞实验段顶部的测速孔伸入，探头置于风沙分离器进气口前方 10cm 位置，与进气口中心线齐平，探头正对来流方向，待风速仪显示屏上数据稳定后，随机读取 10 个瞬态值，即为参照风速；再将探头置于进气口中心位置，随机读取 10 个瞬态值，即为进气口风速。

图 3.16　装有初期风沙分离器的楔形防护罩

② 测试土样粒径收集范围。

将风速仪探头置于风沙分离器排沙口，待显示屏上数据稳定后，随机读取 10 个瞬态值，即为排气口风速，将排气口风速值代入沙尘颗粒悬浮速度公式，即可得到土样粒径收集范围。

③ 测试气流速度变化趋势。

将风速仪探头置于初期风沙分离器进气管的 1 号测点，并将测孔密封，随机读取 10 个瞬态值，再将风速仪探头分别置于 2～8 号测点，分别读取各测点的风速值，每个测点随机读取 10 个瞬态值，取均值。

④ 测试集沙效率。

利用调整木板调整初期风沙分离器进气口的采集高度，采集高度以进气口下端为基准，距离风洞底板分别为 1cm、10cm、20cm、30cm、40cm，每个采集高度分别取 6m/s、9m/s、12m/s、15m/s、18m/s 五个试验风速。

开启风机，待风速达到试验风速并稳定后，开启土样输送装置（图 3.17）。土样输送系统主要由变频器、电动机、带轮、土样输送装置等组成。变频器（VARISPEED 616PC5，400V，5.5kW）控制电动机转速，频率设置为 2.5Hz，通过带轮将电动机动力传递给土样输送装置，土样输送齿轮的转速约 23 转 /min，输送的土样通过 6 根输送管直达风洞底板。待土样到达风洞底板时，便会随风而起，形成风沙流（图 3.18）。

图 3.17　土样输送装置

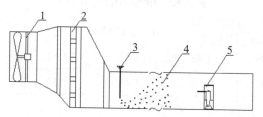

1—风机　2—蜂窝器　3—土样输送器　4—风沙流　5—装有风沙分离器的楔形防护罩

图 3.18　风洞模拟风沙流试验

待土样输送完毕后，关闭风机，打开楔形防护罩，取出集沙盒，将集沙盒内土样称量并记录数据。按以上步骤，每个采集高度对应的各个试验风速重复做 3 次，取均值，集沙量小于 0.01g 时不做记录。

（4）试验结果及分析

① 进气口等动力性分析。

等动力性是指集沙仪进气口风速等于没有安装集沙仪时的自然风速。由表 3.11 可知，进气口风速与参照风速的均值之比为 0.9203，即初期风沙分离器等动力性为 92.03%。研究表明，进气口风速与参照风速之比达到 0.91 以上的集沙仪可认为其基本符合等动力性要求。

表 3.11　参照风速与进气口风速（m/s）

测　点	10 个流速瞬态值					均　值
参照风速	13.58	13.76	13.92	13.83	13.51	13.68
	13.36	13.55	13.78	13.85	13.69	
进气口风速	12.51	12.45	12.43	12.67	12.76	12.59
	12.55	12.41	12.62	12.81	12.64	

② 土样粒径收集范围分析。

由表 3.12 可知，排气口风速均值为 1.49m/s，低于数值模拟的 1.72m/s，与进气口风速均值 12.59m/s 相比，降幅为 88.17%。当排气管内气流速度低于沙尘的悬浮速度时，沙尘就会在自身重力作用下脱离气流，返回风沙分离器，所以排气口气流速度是影响沙尘收集粒径的主要因素之一。将试验值 $V_0=1.49$m/s 代入沙尘颗粒悬浮速度公式：

表 3.12　排气口风速（m/s）

测　点	10 个流速瞬态值					均　值
排气口风速	1.39	1.48	1.61	1.54	1.42	1.49
	1.36	1.42	1.49	1.57	1.64	

$$V_0 = 3.62\sqrt{\frac{d_*(\rho_* - \rho)}{c\rho}}\left\{1 - \left[\frac{1.24\left(m/\rho_*\right)^{1/3}}{D}\right]^2\right\} \qquad (3-4)$$

式中，V_0 — 沙尘悬浮速度，m/s；

$\quad$ d_* — 沙尘粒径，m；

$\quad$ ρ_* — 沙尘密度，kg/m³；

$\quad$ ρ — 地表空气密度，kg/m³；

$\quad$ c — 系数，取 0.4；

$\quad$ m — 沙尘质量，kg；

$\quad$ D — 墙体的当量直径，m。

可得 d_* = 0.032mm，故从经验公式推算，可收集粒径大于 0.032mm 的土壤颗粒。

③ 气流速度变化趋势分析。

8 个测点的气流速度变化趋势如图 3.19 所示，试验结果低于数值模拟结果。排沙口（8 号测点）的风速试验值是 1.71m/s，与进气口风速均值 12.59m/s 相比，降速幅度为 86.42%，大于数值模拟的 82.46%，两者相差 3.96%，而且变化趋势是一致的，可认为数值模拟结果是基本可靠的。

④ 集沙效率分析。

集沙效率是集沙仪最重要的性能参数，是指集沙仪实测集沙量与实际输沙量之比。由于初期风沙分离器进气口高度为 22.5mm，与风洞实验段高度 1200mm 相比，仅占 1.88%，故在计算集沙效率时可忽略进气口高度的影响。

利用 Matlab 软件对表 3.13 中的集沙量按相同风速、不同采集高度进行曲线拟合，集沙量随采集高度呈幂函数分布，拟合方程为：

$$q = az^b \qquad (3-5)$$

式中，q — 某采集高度的集沙量，g；

a、b— 拟合方程的系数；

z — 采集高度，cm。

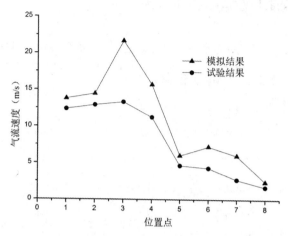

图 3.19　风洞试验结果与数值模拟结果对比

表 3.13　进气口宽度（15mm）的平均集沙量（g）

采集高度 /cm	风速 / (m · s⁻¹)				
	6	9	12	15	18
1	55.12	48.23	44.54	41.69	39.01
10	3.05	3.87	4.16	4.35	4.41
20	0.56	1.13	1.25	1.38	1.47
30	0.02	0.27	0.38	0.46	0.56
40	0	0.01	0.01	0.02	0.02

　　从表 3.13 可知，当试验风速在 6 ～ 18m/s 内变化时，集沙量均随采集高度的增加而大幅度减少。当试验风速为 6m/s 时，40cm 以上高度的集沙量几乎为 0；当试验风速为 9 ～ 18m/s 时，40cm 以上高度的集沙量也已经很小（q < 0.02），这说明试验风速为 6 ～ 18m/s 时，该风洞的输沙量多集中于 40cm 高度以内，故可以将 15mm 宽度（进气口宽度）、40cm 高度内的土样集沙量近似为 15mm 宽度、1200mm 高度（风洞试验段高度）内的集沙量。故将拟合方程（3-5）在高度区间 [1，40] 上积分，可得 15mm 宽度（进气口宽度）上的集沙量：

$$Q = \int_{1}^{40} q\,dz \qquad\qquad (3-6)$$

即为进气口宽度上的实测集沙量（表 3.14）。

表 3.14　试验风速为 6 ~ 18m/s 时进气口宽度（15mm）的集沙量

风速 /（m·s⁻¹）	拟合方程系数		决定系数 R^2	实测集沙量 /g
	a	b		
6	55.12	−1.31	0.9995	121.14
9	48.24	−1.173	0.9993	131.54
12	44.56	−1.113	0.999	134.39
15	41.71	−1.068	0.9986	136.08
18	39.03	−1.033	0.9984	135.61

风洞实验段宽度 1000mm 上的实际输沙量为 10kg，输沙时间约 10 ~ 11 分钟，则 15mm 宽度上的输沙量为 150g，即为进气口宽度上的实际输沙量，则可以得到初期风沙分离器在 6 ~ 18m/s 时的集沙效率分别为：80.76%、87.69%、89.59%、90.72% 和 90.41%（图 3.20）。

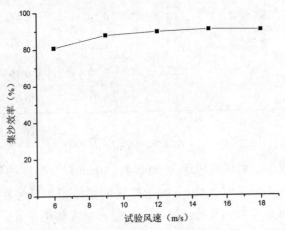

图 3.20　试验风速为 6 ~ 18m/s 时初期风沙分离器的集沙效率

从图 3.20 可以看出，试验风速为 6m/s 时的集沙效率明显低于试验风速为 9 ~ 18m/s 时的集沙效率，这是因为试验风速为 6m/s 时，虽然已达到试验土样的起动风速，但是部分土样未能随风而起形成风沙流，而是沿地表蠕移，甚至仍有部分土样未被吹起而残留在风洞底板（图3.21），所以试验风速6m/s时集沙效率的偏低问题并非是初期风沙分离器造成的，因此在计算初期风沙分离器平均集沙效率时应舍去试验风速6m/s时的集沙效率，可得平均集沙效率为89.6%。可见，在强风作用时初期风沙分离器仍然具有较高的集沙效率。

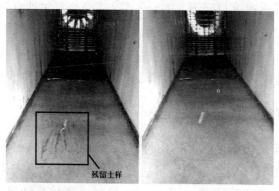

（a）试验风速为6m/s   （b）试验风速为9m/s

图 3.21 试验风速吹过后的风洞

总之，为了解决自动集沙仪强风扰动问题，结合圆柱绕流现象，提出了分流对冲降速法，设计了自动集沙仪的关键部件——初期风沙分离器，并对分流对冲降速法应用于集沙仪风沙分离器设计的可行性进行了分析。从数值模拟结果看，在分流对冲的直接和间接影响下，排气管内气流降速幅度为91.16%，排沙口降速幅度为82.46%，可减缓排沙口气流对称重传感器的扰动。从烟流试验结果看，速度较高的气流在对冲后呈垂直下行趋势，速度较低的气流则呈扩散趋势，降速效果明显。从降速性能试验结果看，排气管内气流的降速幅度为88.17%，略小于数值模拟结果，排沙口气流的降速幅度为86.42%，略大于数值模拟结果，这可能归因于数值模拟的边界条件是按照理想状态设置，而风洞试验却存在着多种干扰因素，比如风速不稳定因素、样机制作工艺粗糙因素等，虽然试验结果与数值模拟结果稍有不符，但变化趋势却是一致的，可认为数值模拟结果是基本可靠的。从集沙性能分析结果看，进气口的等动力性为92.03%，基本符合集沙仪设计的等动力性要求。风速为9～18m/s时的平均集沙效率为89.6%，由经验公式推算，可收集粒径大于0.032mm的沙尘。这说明初期风沙分离器满足了集沙仪的设计要求，在强风作用时也具有较高的集沙效率，说明分流对冲降速法应用于集沙仪风沙分离器设计是可行的。

3.4 风沙分离器改进模型

从图 3.8 中气流速度变化趋势看，气流在 2 ～ 3 号位置出现了幅度为 50.07% 的增速现象，这将对后续的气流降速产生不利影响。从图 3.19 降速性能的试验结果看，排沙口气流速度仅降至 1.71m/s，这势必会对集沙盒下称重传感器产生扰动影响。因此，依据管道的扩张降速理论，提出了多级扩容降速法，将分流对冲与多级扩容组合应用，对初期风沙分离器进行结构改进和参数选择，以实现降速及集沙性能的进一步提高，为研制较高性能的自动集沙仪奠定基础。

3.4.1 管道内气流的能量损失理论

能量守恒原理是指单位时间内由外界给予控制体的热量、功及流入能量之和等于同时间内控制体中能量的增量。在流场中，任取一有限体积 τ 作为控制体，它与外界的能量交换主要表现为：① 控制面要接受外界面积力所做的功；② 质量力场对控制体所做的功；③ 流体流进和流出控制体所引起的与外界的能量交换，这些引起控制体内能量变化的形式应满足能量守恒原理。1840 年，焦耳经过多次测量通电导体，提出了"自然界的能是不能毁灭的，哪里消耗了机械能，总能得到相当的热，热只是能的一种形式"。

气流在流动过程中，势必存在能量损失，其大小直接取决于管道特征参数及进出口条件。在集沙仪风沙分离器内部，气流流动时产生的能量损失通常会转换为声能、热能等，而这类能量损失主要来源于摩擦阻力损失和局部阻力损失两个方面。

（1）摩擦阻力损失

摩擦阻力损失是指当气流沿管道流动时克服气流质点间的内摩擦力和气流质点与管壁间的外摩擦力而引起的能量损失。其计算公式为：

$$P_f = \frac{\zeta \rho v^2 L}{2D} \tag{3-7}$$

式中，P_f —— 摩擦阻力损失，Pa；

L —— 管道长度，m；

D —— 当量直径，m；

ρ —— 气流密度，kg/m³；

v —— 管道内气流速度，m/s；

ζ —— 摩擦阻力系数。

① 对于光滑管道，摩擦阻力损失与气流的雷诺数 Re 有关，则摩擦阻力系数 ζ 与雷诺数 Re 的关系为：

当雷诺数 $Re < 2320$ 时，摩擦阻力系数 $\zeta = \dfrac{64}{Re}$；

当雷诺数 $4 \times 10^3 < Re < 10^5$ 时，摩擦阻力系数 $\zeta = \dfrac{0.3164}{Re^{0.25}}$；

当雷诺数 $10^5 < Re < 3 \times 10^6$ 时，摩擦阻力系数 $\zeta = 0.0032 + 0.221Re^{-0.237}$。

② 对于粗糙管道，摩擦阻力损失与壁面的粗糙度有关，设 e 为壁面上粗糙颗粒的平均高度，则：

当 $4000 < Re < 26.98\,(D/e)^{8/7}$ 时，$\dfrac{1}{\sqrt{\zeta}} = 2.035\lg(Re\sqrt{\zeta}) - 0.91$；

当 $26.98\,(D/e)^{8/7} < Re < 4160\,(D/2e)^{0.85}$ 时，$\dfrac{1}{\sqrt{\zeta}} = -2\lg\left(\dfrac{e}{3.71 \times 2r_b} + \dfrac{2.51}{Re\sqrt{\zeta}}\right)$，$r_b$ 为圆管半径。

（2）局部阻力损失

局部阻力损失是指当气流流过的管道发生局部变化（如方向转变、扩张、收缩、设有障碍等）时，就会在管道的局部变化区域内发生气流与管道间的冲击，或因气流方向、速度改变而发生气流质点间的冲击，从而造成的能量损失。局部阻力损失又称为局部损失，其计算公式为：

$$P_l = \dfrac{\zeta \rho v^2 T'}{2T} \tag{3-8}$$

式中，P_l —— 局部阻力损失，Pa；

　　　ρ —— 气流密度，kg/m^3；

　　　v —— 管道下游的气流速度，m/s；

　　　T'、T —— 管道上、下游的温度，℃；

　　　ζ —— 局部阻力系数。

通常情况下，在流通管道系统中往往存在着特殊的流通部位（如节门、收缩段、扩张段等），在这些特殊部位中将会对气流的流动产生较大的阻力损失，这些阻力损失大体可分为如下三种类型：

① 突扩型阻力损失。

如图 3.22 所示，突扩型管道的上游管径为 D_1，流速为 v_1，下游管径为 D_2，

流速为 v_2，则局部损失 $P_l = \dfrac{\xi \rho v_2^2}{2}$ 的阻力系数为：

$$\xi = \left[1 - \left(\frac{D_2}{D_1} \right)^2 \right]^2 \qquad (3-9)$$

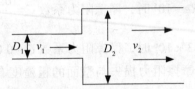

图 3.22　突扩型管道模型

② 渐扩型阻力损失。

如图 3.23 所示，渐扩型管道的上游管径为 D_1，流速为 v_1，下游管径为 D_2，流速为 v_2，设 θ 为扩散角，则局部损失 $P_l = \dfrac{\xi \rho v_2^2}{2}$ 的阻力系数为：

$$\xi = \begin{cases} \dfrac{2.6 \left[1 - \left(\dfrac{D_1}{D_2} \right)^2 \right] \sin\left(\dfrac{\theta}{2} \right)}{\left(\dfrac{D_1}{D_2} \right)^4} & (\theta \leqslant 45°) \\[6mm] \dfrac{1 - \left(\dfrac{D_1}{D_2} \right)^2}{\left(\dfrac{D_1}{D_2} \right)^4} & (45° < \theta \leqslant 180°) \end{cases} \qquad (3-10)$$

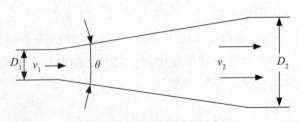

图 3.23　渐扩型管道模型

③ 收缩型阻力损失。

如图 3.24 所示，收缩型管道的上游管径为 D_1，流速为 v_1，下游管径为 D_2，流速为 v_2，设 θ 为收缩角，则局部损失 $P_l = \dfrac{\xi \rho v_2^2}{2}$ 的阻力系数为：

$$\xi = \begin{cases} \dfrac{0.8\left[1-\left(\dfrac{D_2}{D_1}\right)^2\right]\sin\left(\dfrac{\theta}{2}\right)}{\left(\dfrac{D_2}{D_1}\right)^4} & (\theta \leqslant 45°) \\[6ex] \dfrac{0.5\left[1-\left(\dfrac{D_2}{D_1}\right)^2\right]\sqrt{\sin\left(\dfrac{\theta}{2}\right)}}{\left(\dfrac{D_2}{D_1}\right)^4} & (45° < \theta \leqslant 180°) \end{cases} \quad (3-11)$$

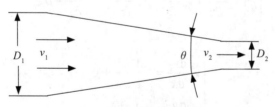

图 3.24　收缩型管道模型

从上述三种变截面管道的阻力损失看，突扩型管道和渐扩型管道的阻力损失较大。考虑到风沙分离器进气管内沙尘的沉降问题，采用渐扩型管道较为合适。

3.4.2　扩容对气流降速的影响

所谓扩容降速是指利用管道的扩张降速理论，扩大气流的流动空间，以实现气流速度的大幅度降低。由于气流的流动空间受其上下游当量直径、扩容角（亦称扩散角）、扩容长度等结构参数的约束，所以气流在流动空间内的能量损失和速度降低也均会受这些参数的影响。因此，寻求合适的结构参数，是合理应用扩容降速法的关键。

（1）扩容管道内气流的能量损失

在流体的任意方向流动中，沿着流体流线方向观察流体的流动，则流体的流动只有一维流动的特征。先看速度分量对时间 t 的导数：

$$\begin{cases} \dfrac{\mathrm{d}v_x}{\mathrm{d}t} = v_x \dfrac{\partial v_x}{\partial x} + v_y \dfrac{\partial v_x}{\partial y} + v_z \dfrac{\partial v_x}{\partial z} = \dfrac{\mathrm{d}v_x}{\mathrm{d}x} v_x \\[2mm] \dfrac{\mathrm{d}v_y}{\mathrm{d}t} = v_x \dfrac{\partial v_y}{\partial x} + v_y \dfrac{\partial v_y}{\partial y} + v_z \dfrac{\partial v_y}{\partial z} = \dfrac{\mathrm{d}v_y}{\mathrm{d}y} v_y \\[2mm] \dfrac{\mathrm{d}v_z}{\mathrm{d}t} = v_x \dfrac{\partial v_z}{\partial x} + v_y \dfrac{\partial v_z}{\partial y} + v_z \dfrac{\partial v_z}{\partial z} = \dfrac{\mathrm{d}v_z}{\mathrm{d}z} v_z \end{cases} \quad （3-12）$$

将公式（3-12）代入欧拉方程：

$$\begin{cases} \rho \left(v_x \dfrac{\partial v_x}{\partial x} + v_y \dfrac{\partial v_x}{\partial y} + v_z \dfrac{\partial v_x}{\partial z} \right) = -\dfrac{\partial P}{\partial x} + \rho g_x \\[2mm] \rho \left(v_x \dfrac{\partial v_y}{\partial x} + v_y \dfrac{\partial v_y}{\partial y} + v_z \dfrac{\partial v_y}{\partial z} \right) = -\dfrac{\partial P}{\partial y} + \rho g_y \\[2mm] \rho \left(v_x \dfrac{\partial v_z}{\partial x} + v_y \dfrac{\partial v_z}{\partial y} + v_z \dfrac{\partial v_z}{\partial z} \right) = -\dfrac{\partial P}{\partial z} + \rho g_z \end{cases} \quad （3-13）$$

可得：

$$\begin{cases} v_x \dfrac{\mathrm{d}v_x}{\mathrm{d}x} = -\dfrac{1}{\rho} \dfrac{\partial P}{\partial x} + g_x \\[2mm] v_y \dfrac{\mathrm{d}v_y}{\mathrm{d}y} = -\dfrac{1}{\rho} \dfrac{\partial P}{\partial y} + g_y \\[2mm] v_z \dfrac{\mathrm{d}v_z}{\mathrm{d}z} = -\dfrac{1}{\rho} \dfrac{\partial P}{\partial z} + g_z \end{cases} \quad （3-14）$$

当坐标系 z 轴垂直于地面时，存在 $g_x = g_y = 0$，$g_z = -g$，则：

$$\begin{cases} v_x \mathrm{d}v_x = -\dfrac{1}{\rho} \dfrac{\partial P}{\partial x} \mathrm{d}x \\[2mm] v_y \mathrm{d}v_y = -\dfrac{1}{\rho} \dfrac{\partial P}{\partial y} \mathrm{d}y \\[2mm] v_z \mathrm{d}v_z = -\dfrac{1}{\rho} \dfrac{\partial P}{\partial z} \mathrm{d}z - g_z \mathrm{d}z \end{cases} \quad （3-15）$$

将公式（3-15）中三式相加，可得：

$$v_x \mathrm{d}v_x + v_y \mathrm{d}v_y + v_z \mathrm{d}v_z = -\frac{1}{\rho}\left(\frac{\partial P}{\partial x}\mathrm{d}x + \frac{\partial P}{\partial y}\mathrm{d}y + \frac{\partial P}{\partial z}\mathrm{d}z\right) - g_z \mathrm{d}z \qquad (3\text{-}16)$$

流体质点在空间任意方向上的速度与各方向上速度分量的关系为：

$$v^2 = v_x{}^2 + v_y{}^2 + v_z{}^2 \qquad (3\text{-}17)$$

两边取导数，可得：

$$v\mathrm{d}v = v_x \mathrm{d}v_x + v_y \mathrm{d}v_y + v_z \mathrm{d}v_z \qquad (3\text{-}18)$$

将公式（3-18）代入公式（3-16），由于右端第一项括号内为压力的全微分 $\mathrm{d}p$，则可得到流体质点在微元空间（$\mathrm{d}x$，$\mathrm{d}y$，$\mathrm{d}z$）内沿任意方向流线运动时的能量守恒关系式：

$$g\mathrm{d}z + \frac{1}{\rho}\mathrm{d}p + v\mathrm{d}v = 0 \qquad (3\text{-}19)$$

如图 3.25 所示，在管道径向上取 A-A、B-B 两个截面，由公式（3-19），可得两截面间的能量方程：

$$\frac{p_A}{\rho g} + \frac{\alpha_1 v_A{}^2}{2g} = \frac{p_B}{\rho g} + \frac{\alpha_2 v_B{}^2}{2g} + \Delta E \qquad (3\text{-}20)$$

式中，p_A — A-A 截面处压力，Pa；

　　　p_B — B-B 截面处压力，Pa；

　　　ρ — 气流密度，kg /m³；

　　　g —重力加速度，m / s²；

　　　α_1、α_2 — 动能修正系数（湍流时，取 $\alpha_1 = \alpha_2 \approx 1$）；

　　　v_A — A-A 截面处气流的平均速度（即 $v_A = \dfrac{q}{S_A}$，q 为入口流量，S_A 为 A-A 截面面积），m / s；

　　　v_B — B-B 截面处气流的平均速度（即 $v_B = \dfrac{q}{S_B}$，q 为入口流量，S_B 为 B-B 截面面积），m / s；

　　　ΔE — 单位质量流体的能量损失，N·s。

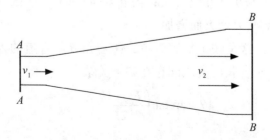

图 3.25　A–B 截面之间的扩容管道模型

考虑到风蚀气流为风力作用下的自由流，管道入口与出口的压力均为常压，则对公式（3-20）中速度 v 和密度 ρ 取一阶微分，并进行模型简化，可得：

$$\frac{1}{2}dv^2 + \frac{d\rho}{\rho} = 0 \text{ 和 } d\rho = -\rho c dv \tag{3-21}$$

其连续性方程为：

$$\frac{dv}{v} + \frac{d\rho}{\rho} + \frac{dS}{S} = 0 \tag{3-22}$$

式中，S —— 管道截面积，m^2。

将音速公式 $c^2 = \dfrac{d\rho}{\rho}$ 代入（3-21）式，可得：

$$c^2 d\rho = -\rho v dv \text{ 或 } \frac{d\rho}{\rho} = -\frac{v^2 dv}{c^2 v} \tag{3-23}$$

由于马赫数 $M^2 = \dfrac{v^2}{c^2}$，可得：

$$\frac{d\rho}{\rho} = -M\frac{dv}{v} \tag{3-24}$$

将（3-23）、（3-24）代入（3-22）式，可得一维定常变截面流动的基本方程：

$$\frac{dS}{S} = (M^2 - 1)\frac{dv}{v} \tag{3-25}$$

考虑到大气的流动速度远远低于音速（马赫数 $M < 1$），则 dv 与 dS 异号，即 dS 增大时 dv 减小，也就是说，当气流的流动空间呈扩容趋势时，速度就会降低。

（2）扩容管道参数对气流的影响

扩容角和扩容长度是影响气流速度在扩容空间内降低的主要参数，扩容角表征了气流流通管道的扩容程度，扩容长度则表示了气流流通管道的扩容距离。扩容角 θ 即为渐扩型管道的扩散角 θ，由公式（3-9）和（3-10）可知，当时，气流的局部能量损失与扩容角 θ 无关；当 $\theta \leq 45°$ 时，气 $45° < \theta \leq 180°$ 流的局部能量损失随扩容角 θ 增大而增加。

如图 3.26 所示，这是一个扩容管道，扩容角 θ 与管道的入口当量直径 D_1、出口当量直径 D_2 和扩容长度 L 之间存在如下关系：

$$\theta = \arctan\left(\frac{D_2 - D_1}{2L}\right) \tag{3-26}$$

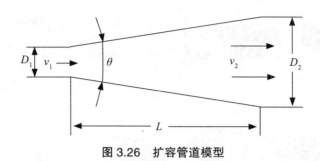

图 3.26　扩容管道模型

当管道的入口当量直径 D_1 一定时，取扩容长度 L 分别为 $2D_1$、$3D_1$、$4D_1$、$5D_1$ 和 $6D_1$，又考虑到气流的能量损失仅与小于 45° 的扩容角有关，故只分析扩容角 θ 为 10°、20°、30° 和 40° 时对扩容管道气流的影响。

假定扩容管道的入口当量直径 D_1 为 22.5mm，利用 Gambit 软件分别建立 4 个扩容角 θ 和 5 个扩容长度 L 的扩容管道 2D 模型，计算域的入口类型采用自由流速度入口，出口类型采用自由流出口，假设工况为强风，常压，温度 20℃，可得出计算域的入口边界条件（表 3.15）。

表 3.15　入口边界条件

边界条件	气流速度 v（m/s）	特征长度 d（m）	雷诺数 Re	湍流强度 I
参数	13.8	0.0225	20786.25	4.62%

在计算域内固体壁面采用无滑移边界条件，对于近壁面区域流动则采用满足对数分布的标准壁面函数条件，数值计算设置如表 3.7 所示，可得出不同扩容角、不同扩容长度时气流速度云图。

从图 3.27 可以看出，在扩容角 $\theta = 10°$ 保持不变的条件下，气流主流速度随扩容长度 L 的增加而不断减小，边界层厚度逐渐增大，降速幅度也逐渐增大，分别为 17.9%、28.19%、33.33%、38.48% 和 43.62%；等值线间距越来越大，说明随着扩容长度 L 的进一步增大，气流的降速趋势越来越不明显。

从图 3.28 可以看出，当扩容角 θ 增至 20° 时，气流主流的降速幅度增大，分别为 30.07%、37.17%、40.36%、41.81% 和 47.68%，边界层厚度增大，主流逐渐向中心轴线区域集中，而且气流速度从 8.03m/s 降至 7.22m/s 时，等值线间距明显加大。

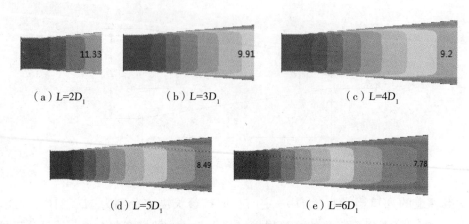

（a）L=2D₁　　（b）L=3D₁　　　　　（c）L=4D₁

（d）L=5D₁　　　　　（e）L=6D₁

图 3.27　扩容角 θ=10° 时气流速度云图（m/s）

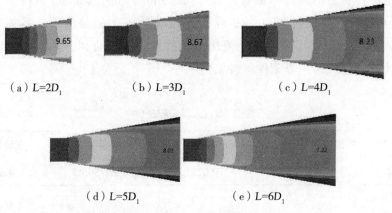

（a）L=2D₁　　（b）L=3D₁　　　　　（c）L=4D₁

（d）L=5D₁　　　　　（e）L=6D₁

图 3.28　扩容角 θ=20° 时气流速度云图（m/s）

从图 3.29 可以看出，当扩容角 θ 增至 30° 时，气流主流的降速幅度分别为 34.86%、39.64%、41.52%、45.8% 和 48.91%。但是，当扩容长度 L 增至 4D_1 时，如图 3.29（c）所示，等容段出现了涡流，边界层厚度增大明显，气流主流向中心轴线区域集中的现象越来越明显。

从图 3.30 可以看出，当扩容角 θ 增至 40° 时，气流主流的降速幅度与 θ=30° 时相比略有增大，分别为 38.48%、40.8%、44.06%、47.83% 和 49.74%，当扩容长度 L 增至 4D_1 时，除等容段存在的涡流越来越明显外，扩容段边界层内也出现速度大于 2.06m/s 的涡流场，而且涡流场的分布范围和旋流速度随扩容长度 L 增加而增大，气流主流区域越来越小，流场呈现出不稳定性。

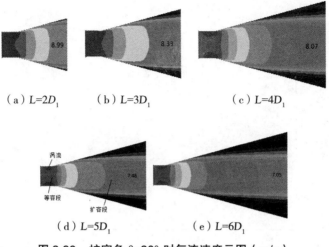

（a）L=2D₁   （b）L=3D₁   （c）L=4D₁

（d）L=5D₁   （e）L=6D₁

图3.29 扩容角 θ=30° 时气流速度云图（m/s）

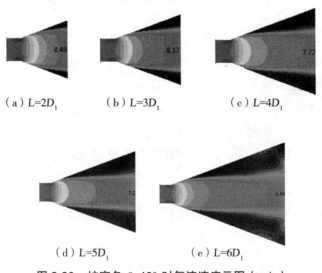

（a）L=2D₁   （b）L=3D₁   （c）L=4D₁

（d）L=5D₁   （e）L=6D₁

图3.30 扩容角 θ=40° 时气流速度云图（m/s）

从图3.31可以看出如下结果。

① 当扩容长度 L = 2D₁ ～ 6D₁ 时，扩容角为20°、30°和40°时的气流降速幅度明显大于扩容角为10°时的气流降速幅度；当扩容长度 L > 3D₁ 时，随着扩容角 θ 的增大，气流的降速幅度变化逐渐不明显。当扩容角 θ 一定时，气流的降速幅度随扩容长度 L 的增大而增大。因此若要得到较高的降速幅度，扩容角宜取 θ > 10°。

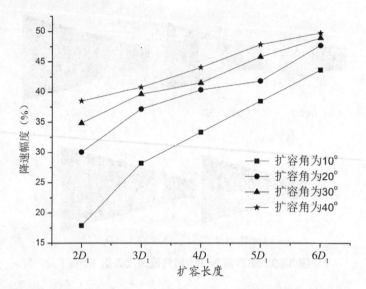

图 3.31　不同扩容角 θ、不同扩容长度 L 时气流降速幅度对比

② 结合图 3.28 ~ 3.30，当扩容角 $\theta > 20°$ 时，边界层厚度逐渐增大，气流主流集中于中心轴线区域，径向分布比例越来越小，甚至在边界层内出现涡流，流场的不稳定性越来越大。考虑到气流需要均匀地分流和充分地对冲，这就要求进气管内气流分布应具有均匀性和稳定性，故扩容角 θ 则不宜大于 20°。

③ 当扩容角 θ 一定时，扩容长度 L 越大，降速幅度就越大。考虑到沙尘在能量急剧损失后的沉降问题，故进气管扩容长度不宜过长，取 $4D_1 < L < 6D_1$ 较为合适。

3.4.3　分流对冲与扩容组合降速的风沙分离器改进模型设计

（1）多级扩容降速法

所谓多级扩容降速法是指以扩容降速为基础，通过设计多级扩容结构以实现气流多次降速的方法。

初期风沙分离器内部气流的流动主要由进气管的水平流动、分离腔的分流对冲和垂直下行流动、回流腔的回流等组成。针对初期风沙分离器内气流的流动特点，可对进气管内水平流动的气流进行扩容降速，形成一级扩容降速；对反向对冲后的下行气流进行扩容降速，形成二级扩容降速；在分离腔中部设计一个回流腔，对下行气流进行回流降速，其出口与分离腔的扩大空间形成三级扩容降速，从而利用多级扩容降速将排沙口气流速度降到一个合理的范围。

（2）改进型风沙分离器结构设计

在初期风沙分离器基础上，将分流对冲与多级扩容组合应用，设计了改进型风沙分离器，其结构模型如图 3.32 所示，由进气管、分流对冲腔、扩容腔、分离腔、上回流腔、下回流腔、排气管和楔形体组成，楔形体和排气管垂直下端组成分流结构。其工作原理为：风沙流进入进气管后，在一级扩容结构影响下实现第一次降速；在分流结构影响下发生反向对冲，实现第二次降速；气流在反向对冲后被迫下行，下行气流在受二级扩容结构影响下实现第三次降速；进入上回流腔的气流受回流影响而实现第四次降速；从上回流腔出口下行的气流受分离腔扩大空间的影响，形成三级扩容，实现第五次降速；分离腔内下行气流受下回流腔影响，实现第六次降速。通过这一系列的降速过程，将排沙口气流速度降至更低。

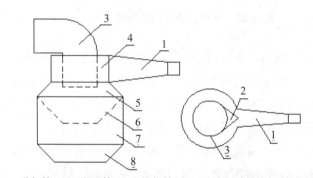

1—进气管　2—楔形体　3—排气管　4—分流对冲腔　5—扩容腔
6—上回流腔　7—分离腔　　8—下回流腔

图 3.32　改进型风沙分离器结构模型

（3）进气管受外界流场的影响

当集沙仪工作于外界流场时，由于集沙仪外壳影响，迎风面会形成一定范围的停滞流场，这部分停滞气流会像防护罩一样阻挡气流的进入，甚至起到分离来流的作用。当集沙仪进气口处于停滞气流场时，则会影响进气口的采集效率。

假定集沙仪外径为 D'，利用 Matlab 软件建立集沙仪外壳的 2D 模型，放置于外界流场模型中，外界流场的气流速度取 13.8m/s，在计算域内固体壁面采用无滑移边界条件，对于近壁面区域流动则采用满足对数分布的标准壁面函数条件，数值计算设置如表 7 所示，可得出集沙仪外壳周围流场的气流速度等值线图（图 3.33）。

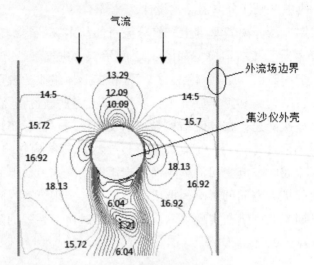

图 3.33　集沙仪外壳对流场的影响（m/s）

从图 3.33 可以看出，集沙仪前方形成了一个由多条等值线构成的停滞流场，在停滞流场内，气流速度由外到里是层层降低，形成速度梯度，与外界流场的 13.8m/s 相比，最外面三层的气流速度分别降低了 3.7%、12.39% 和 26.88%，越靠近集沙仪外壳，气流速度就越低，形成的静压也就越大。此时，迎风面气流会逆压梯度的影响下，偏离运动轨道，发生分流现象，这直接阻碍了气流进入集沙仪，因此设计合理的进气管外露长度 L'' 是避开停滞流场影响的关键。

进气管外露长度 L'' 分别取 $\frac{1}{15}D'$、$\frac{1}{5}D'$、$\frac{1}{3}D'$、$\frac{7}{15}D'$、$\frac{9}{15}D'$ 和 $\frac{2}{3}D'$，外界流场的气流速度取 13.8m/s，在计算域内固体壁面则采用无滑移边界条件，对于近壁面区域流动采用满足对数分布的标准壁面函数条件，数值计算设置如表 3.7 所示，可得出进气管不同外露长度 L'' 时气流速度等值线图（图 3.34）。

从图 3.34 可以看出，当进气管外露长度 $L''=\frac{1}{15}D'$ 时，进气口处于集沙仪迎风面停滞流场内，进气口附近的气流速度低于 10.66m/s，等动力性低于 77%，达不到集沙仪的设计要求。随着进气管外漏长度 L'' 的不断增大，进气口受集沙仪迎风面停滞流场的影响逐渐减小，当 L'' 增至 $\frac{9}{15}D'$ 时，受停滞气流的影响明显减小，仅有进气管左侧受停滞流场的干扰；当 L'' 增至 $\frac{2}{3}D'$ 时，受停滞气流的影响消失，进气口前方只存在自身产生停滞流场，该流场是无法避免的，可以通过减小进气管壁厚来缓解。因此，避免集沙仪迎风面停滞流场的影响，提高集沙仪进气口的等动力性和采集效率，进气管外露长度需满足 $L'' \geqslant \dfrac{2}{3} D'$。

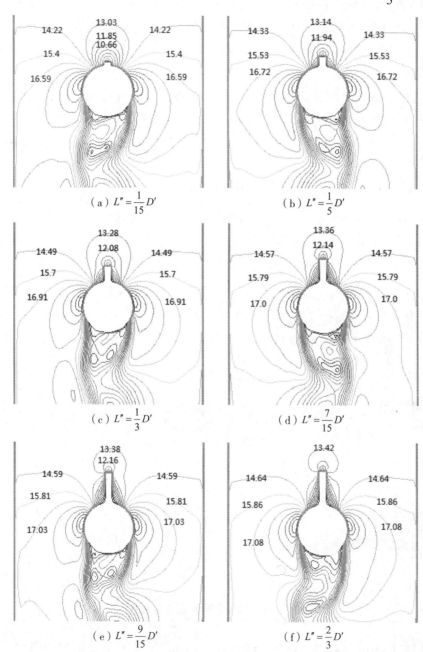

图 3.34　进气管受外界流场的影响（m/s）

（4）排气管结构参数对流场的影响

① 喉管形状对内流场的影响。

喉管是风沙分离器排气管的关键部位，起到引导排气管内气流流动方向发生改变的作用。考虑到当排气管排气方向与外界气流流动方向一致时，排气口气流受外界流场的影响最小，故选择了两种 90° 转向的喉管进行分析，即直角状和圆弧状。

利用 GAMBIT 软件建立两种喉管的 3D 模型，两种模型采用相同的几何尺寸，计算域的入口类型采用自由流速度入口，出口类型采用自由流出口，假设工况为强风、常压、温度 20℃，则可得出计算域的入口边界条件（表 3.16）。

表 3.16　入口边界条件

边界条件	平均速度 v（m/s）	特征长度 d（m）	雷诺数 Re	湍流强度 I
参数	13.8	0.06	55430	4.08%

在计算域内固体壁面采用无滑移边界条件，对于近壁面区域流动则采用满足对数分布的标准壁面函数条件，数值计算设置如表 3.7 所示，可得出直角状和圆弧状两种喉管的速度矢量图，并在这两个矢量图上标记 1～8 号位置点（图 3.35）。

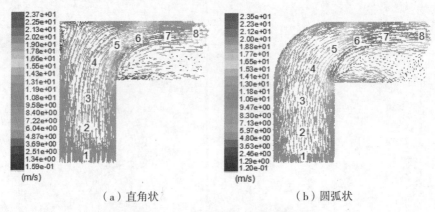

（a）直角状　　　　　　　　　　（b）圆弧状

图 3.35　两种喉管的速度矢量图

从图 3.35 可以看出，直角状喉管在上拐角处存在较大范围的边界层，而圆弧状喉管在相同位置的边界层却小很多，但是两种喉管对主流速度的影响却差别不大。将 1 ～ 8 号位置点的气流速度关联起来，可得出两种喉管内气流速度的变化趋势（图 3.36）。

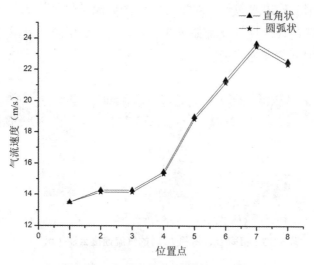

图 3.36   两种喉管内气流速度变化趋势

从图 3.36 可以看出，两种喉管对气流的影响程度相差不大，在相同入口速度下，直角状喉管内气流的流动速度略大于圆弧状喉管，说明直角状喉管更利于气流的流通；又考虑到直角状喉管更易于加工，因此设计风沙分离器排气管时采用直角状喉管较为合适。

② 排气管垂直段与水平段长度对内流场的影响。

如图 3.37 所示，直角状排气管呈 90° 转向，由垂直段和水平段组成。假定排气管直径为 D_2，垂直段长度为 L_1，水平段长度为 L_2。L_1 取 $2D_2$，L_2 分别取 D_2、$\frac{3}{2}D_2$、$2D_2$ 和 $\frac{5}{2}D_2$，下端口作为排气管入口，入口气流速度取 13.8m/s，利

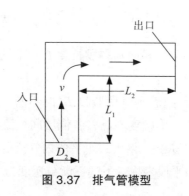

图 3.37   排气管模型

用 GAMBIT 软件建立排气管的 2D 模型，计算域的入口类型采用自由流速度入口，出口类型采用自由流出口，假设工况为强风、常压、温度 20℃。计算域内固体壁面采用无滑移边界条件，对于近壁面区域流动则采用满足对数分布的标准壁面函数条件，数值计算设置如表 3.7 所示，可得相同垂直段长度 L_1、不同水平段长度 L_2 时的气流速度云图，如图 3.38 所示。

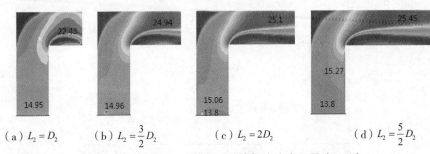

（a）$L_2 = D_2$　　（b）$L_2 = \dfrac{3}{2}D_2$　　（c）$L_2 = 2D_2$　　（d）$L_2 = \dfrac{5}{2}D_2$

图 3.38　相同 L_1、不同 L_2 时的气流速度云图（m/s）

从图 3.38 可以看出，当 $L_2 = D_2$ 时，水平段的速度云图中等值线分布较分散，气流主流被分层，各层内气流速度在 22.43m/s 以下波动，呈现出流动的不稳定性，形成涡流的可能性较大，这会直接影响排气的流畅性。随着 L_2 的不断增大，水平段的速度等值线逐渐下移，形成靠近下壁面的边界层，主流区域越来越明显，主流速度存在逐渐增大的趋势。当 L_2 增至 $\dfrac{3}{2}D_2$ 时，水平段主流速度和边界层速度略有增大，但增大幅度不高，各流层间气流的流动趋势几乎无变化，说明随着水平段长度 L_2 的进一步增大，水平段内气流受影响程度逐渐不明显。垂直段主流速度由 14.96m/s 逐渐升至 15.27m/s，这部分较高速气流的分布范围逐渐上移，垂直段下端逐渐被速度为 13.8m/s 的气流所占据。

L_2 取 $2D_2$，L_1 分别取 D_2、$\dfrac{3}{2}D_2$、$2D_2$ 和 $\dfrac{5}{2}D_2$，边界条件和数值计算设置与上述数值模拟设置一致，可得相同水平段长度 L_2、不同垂直段长度 L_1 时的气流速度云图，如图 3.39 所示。

从图 3.39 可以看出，随着垂直段长度 L_1 的不断增大，水平段主流速度和边界层速度略有增大，但增大幅度不高，各流层间气流的流动趋势几乎无变化，说明随着垂直段长度 L_1 的进一步增大，水平段内气流受影响的程度逐渐不明显。垂直段内较高速气流向水平段靠拢，下端逐渐被速度为 13.8m/s 的气流所占据。

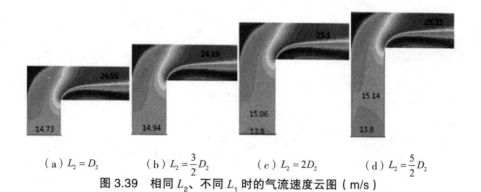

（a）$L_2 = D_2$　　（b）$L_2 = \dfrac{3}{2}D_2$　　（c）$L_2 = 2D_2$　　（d）$L_2 = \dfrac{5}{2}D_2$

图 3.39　相同 L_2、不同 L_1 时的气流速度云图（m/s）

从上述分析可知：

当排气管水平段长度 L_2 小于排气管直径的 1.5 倍（$L_2 < \dfrac{3}{2}D_2$）时，排气管水平段长度 L_2 的变化对水平段内气流的影响较大；当排气管水平段长度 L_2 大于排气管直径的 1.5 倍（$L_2 > \dfrac{3}{2}D_2$）时，排气管水平段长度 L_2 的变化对水平段内气流的影响较小；但是不论排气管垂直段长度 L_1 如何变化，对水平段内气流的影响都不大。

只要垂直段和水平段长度增大，垂直段内气流就存在向水平段靠拢的趋势。考虑到当垂直段下端气流速度降至更低时，沙尘从排气口排出的可能性就更小，因此若要达到较高的集沙与排气性能，排气管垂直段和水平段长度宜取 $L_1 \geqslant D_2$ 和 $L_2 > 2D_2$。

③ 排气管外漏长度受外界流场的影响。

涡旋是气流绕圆柱而引起的流体团做圆周运动的流动现象，是气流流动的本质。当集沙仪工作于外流场时，集沙仪外壳就像一个放置于流场中的圆柱体，迎风面会形成一定范围的停滞气流，背风面则会形成一定范围的涡流场。集沙仪排气口通常设计在集沙仪背风面是为了利于排气，然而当排气口的设计位置不当时，则很容易使排气口处于集沙仪外壳形成的涡流场，排气效果受到涡流场的较大干扰。

如图 3.40 所示，当排气口处于涡流场时，不仅会对排气产生不利影响，而且也会增加集沙仪风沙分离器内部的气动压力，破坏集沙仪风沙分离器内部的流场分布，而涡流场的发生区域及大小却取决于集沙仪外径 D' 和排气管外露长度 L'。

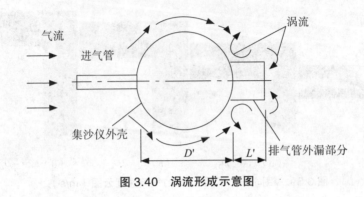

图 3.40　涡流形成示意图

从图 3.33 可以看出，在初始速度为 13.8m/s 的外界流场内，流场受集沙仪外壳的影响而在集沙仪周围形成了复杂的流场。在集沙仪外壳的背风面，出现了以速度为 6.04m/s 和 1.21m/s 的涡流场，而且涡流场内分布着比较密集的等值线，说明此区域气流的速度变化较快，表现为流动的不稳定性。因此，确定集沙仪外径 D' 和排气管外露长度 L' 间的关系，设计合理的进气管外露长度是避开背风面涡流场影响的关键。

排气管外露长度 L' 分别取 $\frac{1}{15}D'$、$\frac{2}{15}D'$、$\frac{1}{5}D'$、$\frac{4}{15}D'$、$\frac{1}{3}D'$、$\frac{2}{5}D'$、$\frac{7}{15}D'$、$\frac{8}{15}D'$、$\frac{3}{5}D'$ 和 $\frac{2}{3}D'$，外界流场的气流速度取 13.8m/s，在计算域内固体壁面采用无滑移边界条件，对于近壁面区域流动则采用满足对数分布的标准壁面函数条件，相关数值计算设置如表 3.7 所示，可得出排气管不同外露长度 L' 时流场的速度等值线图（图 3.41）。

从图 3.41 可以看出，当排气管外露长度 $L' = \frac{1}{15}D'$ 时，排气口前方出现了 2 处速度为 1.22ms/ 和 2.44m/s 的停滞流场，外侧等值线向里弯曲，且杂乱无章，这说明有大量涡流存在；随着 L' 的不断增大，涡流形成的停滞流场逐渐集中于一个区域，当 L' 增至 $\frac{7}{15}D'$ 时，停滞流场缩小为速度 1.22m/s 的区域，当 L' 增至 $\frac{3}{5}D'$ 时，排气口前方的涡流场消失，等值线也变得规则有序，这说明排气口此时所处的流场有利于排气的流畅性。

因此，在设计风沙分离器排气管时，外漏尺寸取 $L' \geqslant \frac{3}{5}D'$ 较为合适。

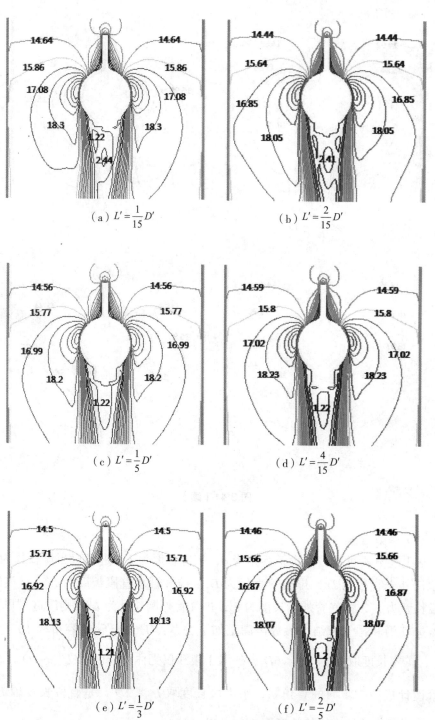

图 3.41 排气管不同外露长度 L' 时流场的速度等值线图（m/s）

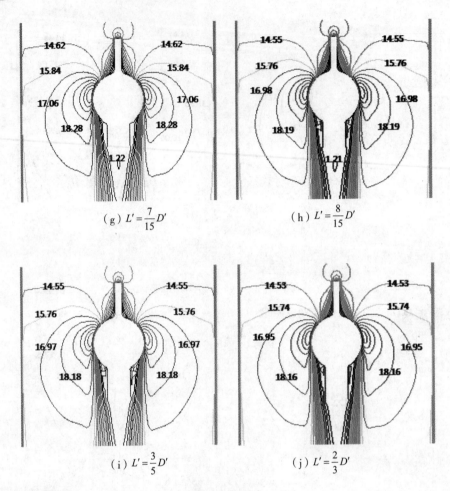

（g）$L' = \dfrac{7}{15}D'$ （h）$L' = \dfrac{8}{15}D'$

（i）$L' = \dfrac{3}{5}D'$ （j）$L' = \dfrac{2}{3}D'$

图 3.41（续）

（5）参数选择

从上述分析可知，假设扩容角为 θ，扩容长度为 L，进气口当量直径为 D_1，集沙仪外壳直径为 D'，排气管直径为 D_2，排气管垂直段长度为 L_1，排气管水平段长度为 L_2，排气管外漏长度为 L'，进气管外漏长度为 L''，则改进型风沙分离器进气管和排气管结构参数需满足如下关系：①进气管扩容角取 $10° < \theta <$ $20°$，扩容长度取 $4D_1 < L < 6D_1$，外漏于集沙仪壳体的长度取 $L'' \geqslant \dfrac{2}{3}D'$。②排气管设计成 $90°$ 转向的直角状，水平段长度取 $L_2 > 2D_2$，垂直段长度取 $L_1 \geqslant$ D_2，外漏于集沙仪壳体的长度取 $L' \geqslant \dfrac{3}{5}D'$。

基于上述关系，对改进型风沙分离器各组成部件的结构参数进行选择，如下所示。

① 进气管。

进气管入口截面与初期风沙分离器相同，宽度取 15mm、高度取 22.5mm。为保证入口气流不受进气管内气流速度变化的影响，将进气管分为等容段和扩容段两部分，等容段起到稳定入口气流的作用，长度取 20mm；扩容段长度取 100mm，扩容段前端截面宽度 15mm、高度 22.5mm，扩容段后端截面宽度 30mm、高度 45mm，扩容角 θ 约为 13°。

② 分流对冲腔、分离腔和扩容腔。

分流对冲腔是气流发生分流、反向对冲的空间，受到进气管扩容段后端截面参数的约束，高度取 45mm，直径取 100mm。分离腔是发生风沙分离的空间，该空间需要选取的大一些，以便风沙能较充分地降速和分离，故高度取 80mm，小于初期风沙分离器的 130mm，直径取 150mm，大于初期风沙分离器的 90mm。扩容腔是设计在分流对冲腔与分离腔之间的空间，起到对下行气流扩容降速的作用，其上端面和下端面参数分别受分流对冲腔与分离腔的约束，高度取 25mm。

③ 上回流腔和下回流腔。

回流腔起到引导气流发生回流的作用。上回流腔高度取 45mm，下回流腔高度取 30mm。上回流腔出口小于下回流腔出口（排沙口），出口直径分别取 60mm 和 90mm，以形成扩容降速的趋势，有助于沙尘的分离和沉降。

④ 排气管和楔形体。

排气管起到排出尾气和缓解腔体内部气动压力的作用，呈 90° 转向的直角状，直径取 60mm，水平段长度取 165mm，垂直段长度取 60mm；楔形体附着在距离排气管下端面 10mm 处，两边与排气管相切，高度取 45mm，尖端正对进气管径向中心轴线。

3.4.4 分流对冲与多级扩容组合降速分析

（1）数值模拟

几何建模时，将改进型风沙分离器模型划分为 3 个计算域：计算域 1 由进气管、反向对冲腔、扩容腔和上回流腔组成，计算域 2 由分离腔和下回流腔组成，计算域 3 由排气管和楔形体组成。

网格生成时采用先面后体的顺序，面网格采用非结构性网格的 Quad 类型和

Pave 生成方法，计算域 1 选取进气口作为面网格生成面，取面网格数为 10；计算域 2 选取排沙口作为面网格生成面，取面网格数为 30；计算域 3 选取排气口作为面网格生成面，取面网格数为 20。体网格采用包含多体网格的 Tet/Hybrid 类型和 TGrid 生成方法，计算域 1 的网格大小取 3，生成网格 197374 个；计算域 2 的网格大小取 2，生成网格 186325 个；计算域 3 的网格大小取 2，生成网格 81212 个。如图 3.42 所示，改进型风沙分离器模型共生成 464911 个网格。

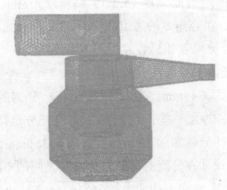

图 3.42　改进型风沙分离器网格

进气口类型采用自由流速度入口，排气口和排沙口类型采用自由流出口，排气管垂直段下端面和上回流腔采用公用交界面，计算域的边界条件如表 3.2 所示，在计算域内固体壁面采用无滑移边界条件，对于近壁面区域流动则采用满足对数分布的标准壁面函数条件，数值计算设置如表 3.7 所示，得出改进型风沙分离器内部气流的速度矢量图，并在矢量图上标记 1～8 号，标记位置（图 3.43）。

从图 3.43 可以看出，气流从 1 号位置（进气口）以速度 13.8m/s 进入进气管，流动 20mm 后进入扩容降速阶段，速度变化明显，到达 2 号位置（分流）时，气流速度降至 6.46m/s；到达 3 号位置（绕流中段）时，气流加速至 7.18m/s，加速幅度明显低于初期风沙分离器的 21.7m/s，主流仍然附着于分流结构表面；到达 4 号位置（绕流后段）时，气流出现降低趋势；到达 5 号位置（反向对冲）时，速度降至 2.16m/s；从 5 号位置下行后，气流在扩容腔内出现加速现象，到达 6 号位置（上回流腔）时速度升至 3.59m/s，而且在上回流腔内形成了大范围的旋流，气流从上回流腔出口下行时，受分离腔扩容影响，速度逐渐降低，到达 7 号位置时速度降至 2.87m/s，气流在碰触下回流腔壁面后又形成了小范围的旋流，在 8 号位置（排沙口）降至 1.44m/s。从上述的流动现象可知如下结果。

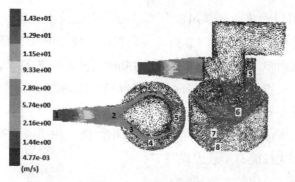

图 3.43 改进型风沙分离器内气流速度矢量图

① 通过进气管的一级扩容降速,气流速度由 13.8m/s 降至 6.46m/s,降速幅度为 53.19%。

② 通过分流对冲降速,气流速度由 6.46m/s 降至 2.16m/s,降速幅度为 66.56%,较大程度地减缓了后续的气流降速压力,并将气流的水平流动转变为垂直下行流动。

③ 通过扩容腔的二级扩容降速,下行气流在扩容腔内扩散,与上回流腔形成的旋流相互作用,减小了上回流腔内气流的加速程度。

④ 通过上回流腔出口与分离腔空间的三级扩容降速,气流由 3.59m/s 降至 2.87m/s,降速幅度为 20.06%,减缓了下回流腔内气流的降速压力。

将矢量图上 8 个位置点的气流速度关联起来,与初期风沙分离器内部气流的变化趋势进行对比,如图 3.44 所示。

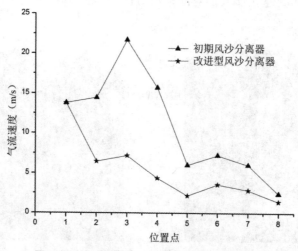

图 3.44 位置点 1 ~ 8 号的流速变化趋势图

从图 3.44 可以看出，初期风沙分离器的降速过程波动较大，而改进型风沙分离器的降速过程则较为平稳。2 至 3 号位置点（绕流中段）的加速现象明显缓解，气流速度从入口 13.8m/s 到排沙口 1.44m/s，降速幅度为 89.57%，大于初期风沙分离器数值模拟的 82.46%。此外，排气口气流速度也降到了 1.44m/s 以下，小于初期风沙分离器数值模拟的 2.42m/s。

因此，从数值模拟的分析结果可知，采用分流对冲与多级扩容组合降速后，风沙分离器的降速性能有了较大提高。

（2）气流降速及集沙性能试验

试验地点选在内蒙古农业大学 OFDY-1.2 型移动式风蚀风洞实验室，常压，温度 17 ～ 20℃，无外界风力干扰。本次试验所采用的设备为：改进型风沙分离器 1 个，圆柱形试验架 1 个，Testo 425 热敏风速仪 1 部，32 目标准筛 1 个，米尺 1 把，KF468 电子秤（载重 30kg）1 台，I2000 电子秤（精度 0.01g）1 台，计时器 1 个，5cm 调整木板若干。

试验土样取自内蒙古农业大学科技园试验田，试验前对土样进行自然干燥，通过恒温箱烘干法，在 105° 的烘干箱内将土样烘 6 ～ 8 小时至恒重，利用土样含水率公式（3–3），计算出自然干燥后土样的含水率为 1.48%。再将自然干燥后的土样，用 32 目标准筛筛出粒径 0.5mm 以下的混合土样，取 60 份，每份 10kg。

试验前，将装有改进型风沙分离器的圆柱形试验架（图 3.45），置于距风洞口 150cm 处的实验段，试验架下面放置调整木板，以调整风沙分离器进气口到风洞底板的高度，进气口对准来流方向和风洞中心轴线。将热敏风速仪探头从风洞实验段顶部测速孔伸入，对准来流方向和风洞中心轴线，开启风机，稳定风速在 13.8m/s（强风）。

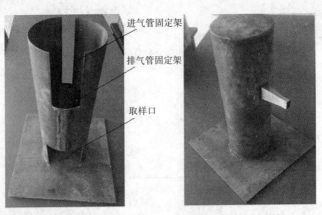

进气管固定架

排气管固定架

取样口

图 3.45　装有改进型风沙分离器的圆柱形试验架

测试等动力性：将风速仪探头置于改进型风沙分离器进气口前方 10cm 位置，与进气口中心线齐平，待显示屏上数据稳定后，随机读取 10 个瞬态值，即为参照风速；再将探头置于进气口中心位置，随机读取 10 个瞬态值，即为进气口风速。

测试排沙口气流速度：将风速仪探头从试验架后面的取样口水平置于排沙口径向面内。试验时，将探头在排沙口水平面内缓慢移动，随机读取 10 个瞬态值。

测试排气口前方气流速度变化趋势：将风速仪探头分别竖直置于距离排气口 0mm、10mm、20mm、30mm、40mm 和 50mm 六个位置的径向面内。试验时，在每个位置的径向面内缓慢移动探头，随机读取 10 个瞬态值。

测试集沙效率：利用调整木板调整改进型风沙分离器进气口的采集高度，采集高度以进气口下端为基准，距离风洞底板分别为 1cm、10cm、20cm、30cm、40cm，每个采集高度分别取 6m/s、9m/s、12m/s、15m/s、18m/s 五个试验风速。试验时，将风速仪探头从风洞实验段顶部的测速孔伸入，对准来流方向和风洞中心轴线，开启风机，待风速达到试验风速并稳定后，开启土样输送装置，电动机频率设置为 2.5Hz。

待土样输送完毕后，关闭风机，取出集沙盒，将集沙盒内的土样称量并记录数据。按以上步骤，每个采集高度对应的各个试验风速重复做 3 次，取均值，集沙量小于 0.01g 时不做记录。

试验结果与分析如下：

① 等动力性分析。

从表 3.17 可知，进气口风速与参照风速的均值之比为 0.9474，即等动力性为 94.74%，大于初期风沙分离器的 92.03%，基本符合集沙仪设计的等动力性要求。

表 3.17　参照风速与进气口风速（m/s）

测　点	10 个流速瞬态值					均　值
参照风速	13.88	13.68	13.47	13.59	13.78	13.69
	13.91	13.78	13.62	13.43	13.75	
进气口风速	13.06	12.85	13.08	12.96	13.11	12.97
	12.97	12.84	12.76	12.93	13.12	

② 排沙口气流速度分析。

从表 3.18 可以看出，试验值明显小于数值模拟值，排沙口气流速度均值为 0.85m/s，与进气口风速均值 12.97m/s 相比，降速幅度为 93.45%，远大于初期风沙分离器的 86.42%。

表 3.18　排沙口气流速度（m/s）

测　点	10 个流速瞬态值					均　值
排沙口	0.82	0.93	0.84	0.78	0.75	0.85
	0.85	0.84	0.92	0.94	0.83	

③ 排气口前方气流速度变化趋势分析。

从表 3.19 可以看出，距离排气口越远，气流速度越大。排气口气流速度均值为 1.30m/s，小于初期风沙分离器的 1.49m/s，将 $v_0 = 1.30$m/s 带入到沙尘颗粒悬浮速度公式（3-4），可得 $d^* = 0.024$mm。这说明改进型风沙分离器可收集粒径大于 0.024mm 的沙尘，粒径收集范围大于初期风沙分离器。

表 3.19　排气口前方 20mm 内气流速度（m/s）

测　点	10 个流速瞬态值					均　值
距离排气口 0mm	1.18	1.09	1.32	1.36	1.45	1.30
	1.22	1.24	1.50	1.43	1.24	
距离排气口 10mm	1.35	1.72	1.64	1.45	2.13	1.7
	1.68	1.75	1.89	1.65	1.74	
距离排气口 20mm	2.30	2.89	3.42	3.39	2.23	2.83
	2.79	2.69	2.58	3.11	2.92	
距离排气口 30mm	3.89	4.24	4.56	3.79	4.11	4.08
	4.23	3.80	4.13	3.77	4.26	
距离排气口 40mm	6.85	6.41	6.73	7.01	6.83	6.83
	6.74	6.97	7.11	6.89	6.74	
距离排气口 50mm	9.65	10.23	10.54	9.78	10.45	10.17
	10.34	10.68	9.76	9.97	10.29	

④ 集沙效率分析。

进气口高度为 22.5mm，与风洞实验段高度 1200mm 相比，仅占 1.88%，故在计算集沙效率时可忽略进气口高度的影响。

利用 Matlab 软件对表 3.20 的集沙量按相同风速、不同采集高度进行方程拟合，集沙量随采集高度呈幂函数分布，拟合方程如公式（3-5）所示。再将公式（3-5）在高度区间 [1，40] 上积分，可得进气口宽度（15mm）上的集沙量，即为进气口宽度上的实测集沙量（表 3.21）。

表 3.20　试验风速为 6 ~ 18m/s 时进气口宽度（15mm）上各采集高度的平均集沙量（g）

采集高度（cm）	风速（m/s）				
	6	9	12	15	18
1	56.37	49.53	46.39	42.55	38.69
10	3.36	4.04	4.15	4.37	4.44
20	0.63	1.16	1.22	1.38	1.54
30	0.03	0.31	0.47	0.54	0.67
40	0	0.01	0.01	0.02	0.03

表 3.21　试验风速为 6 ~ 18m/s 时进气口宽度（15mm）上的集沙量

风速 /（m·s⁻¹）	拟合方程系数		决定系数 R^2	实测集沙量 /g
	a	b		
6	56.38	−1.309	0.9994	124.09
9	49.54	−1.17	0.9993	135.74
12	46.41	−1.127	0.9991	136.75
15	42.57	−1.072	0.9984	137.91
18	38.71	−1.022	0.9985	137.09

风洞实验段宽 1000mm 上的实际输沙量为 10kg，则 15mm 宽度上的输沙量为 150g，即为进气口宽度上的实际输沙量，可得到改进型风沙分离器在 6 ~ 18m/s 时的集沙效率分别为 82.73%、90.49%、91.17%、91.94% 和 91.39%。按初期风沙

分离器平均集沙效率的计算方法，舍去试验风速为 6m/s 时的集沙效率，则试验风速为 9 ～ 18m/s 时的平均集沙效率为 91.25%，高于初期风沙分离器的 89.6%。

从图 3.46 可以看出，改进型风沙分离器在各个试验风速时的集沙效率均高于初期风沙分离器。

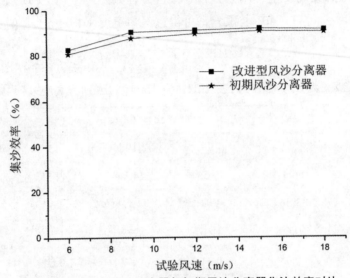

图 3.46　改进型风沙分离器与初期风沙分离器集沙效率对比

可见，在分流对冲与多级扩容组合降速的影响下，风沙分离器的降速及集沙性能均有较大提高。

综上所述，为进一步提高风沙分离器的降速及集沙性能，将分流对冲与多级扩容组合应用于改进型风沙分离器设计，并对分流对冲与多级扩容组合降速影响进行了分析。从数值模拟结果看，排沙口气流的降速幅度为 89.57%，明显高初期风沙分离器的 82.46%。从降速性能试验结果看，排气口气流的降速幅度为 89.98%，排沙口气流的降速幅度为 93.45%，分别大于初期风沙分离器的 88.17% 和 86.42%。从集沙性能试验结果看，进气口的等动力性为 94.74%，高于初期风沙分离器的 92.03%；试验风速为 9 ～ 18m/s 时的平均集沙效率为 91.25%，高于初期风沙分离器的 89.6%；经验公式推算，可收集粒径大于 0.024mm 的土壤颗粒，收集范围大于初期风沙分离器。因此，分流对冲与多级扩容组合应用使得风沙分离器降速及集沙性能有了进一步提高，这不仅为后续的流场特性研究提供了较好的研究模型，而且也为研制更高性能的自动集沙仪奠定了基础。

参考文献

[1]　段学友. 可移动式风蚀风洞流空气动力学特性的测试与评价 [D]. 呼和浩特：内蒙古农业大学, 2005.

[2]　朱朝云, 丁国栋, 杨明远. 风沙物理学 [M]. 北京：中国林业出版社, 1992.

[3]　何文清. 北方农牧交错带农用地风蚀影响因子与保护性农作物研究 [D]. 北京：中国农业大学, 2004.

[4]　安磊, 黄宁. 流场中集沙仪集沙效率的数值模拟 [J]. 中国沙漠, 2011, 31(3): 632–637.

[5]　Cornelis W M, Gabriels D. A simple low–cost sand catcher for wind–tunnel simulations[J]. Earth Surface Processes and Landforms, 2003, 28(9): 1033–1041.

[6]　吕子剑, 曹文仲, 刘今. 不同粒径固体颗粒的悬浮速度计算及测试 [J]. 化学工业, 1997, 25(5): 42–46.

[7]　赵满全, 王金莲, 刘汉涛, 等. 集沙仪结构参数对集沙效率的影响[J]. 农业工程学报, 2010, 26(3): 140–144.

[8]　潘文全. 工程流体力学 [M]. 北京：清华大学出版社, 1988.

[9]　杨胜友, 张建平, 聂松林. 水射流喷嘴能量损失研究 [J]. 机械工程学报, 2013, 49(2): 139–144.

[10]　Yongxian Song, Rongbiao Zhang, Zhuo Shen. Research on data reliable transmission Based on energy balance in WSN[J]. Sensors & Transducers, 2014, 5(171): 268–275.

第4章 气流降速与内流场特性

如图 3.43 所示，气流在反向对冲后，速度降至 2.16m/s，但是在扩容腔和上回流腔内却分别出现了 3.59m/s 和 2.87m/s 的气流，这两部分气流在三级扩容和下回流腔影响下才逐渐降至 1.44m/s，并以速度 1.44m/s 从排沙口排出。可见，扩容腔和上回流腔内出现的较高速气流是导致排沙口气流速度无法降到更低的直接原因。

改进型风沙分离器是采用分流对冲与多级扩容组合降速法设计，其内部气流流动是包括三维有限流动、对冲流动、涡旋流动、回流流动等多种流动因素共同形成的湍流，这使得其内部流动呈现出相当复杂的状况，仅仅通过试验或解析等传统方法来分析其内部复杂的流动状况，难度较大。因此，为准确地预报改进型风沙分离器内部气流的流动状况和详细地认识改进型风沙分离器内部复杂的流场特性和降速规律，需要通过先进的数值模拟来实现。

流场特性是指流体在流动空间内所具有的相关物理量（如速度、压力、湍动能等）在空间和时间上的变化特性。通过研究改进型风沙分离器内部气流场特性，探究气流的能量损失规律和降速机理，分析扩容腔和上回流腔内出现的高速和较高速气流的形成原因和影响排沙口气流速度降低的主要原因，为风沙分离器的后续优化奠定理论基础。

4.1 气流降速与速度场的关系

4.1.1 流体的流动

连续介质是指将流体视为一个整体，内部不存在空间的介质。在连续介质的流场内，任一物理量都是空间和时间的连续可微函数，此时流体的流动与坐标系无关，但描述某些流动时往往还要在特定的坐标系中进行。因此，以改进型风沙分离器排沙口中心为原点，以进气口采集方向为 x 轴正方向，以放置方向为 z 轴正方向，建立一个 xyz 直角坐标系（笛卡尔坐标系），则流体质点的速度（u，v，w）随时间 t、空间（x，y，z）变化而变化的关系式可表示为：

$$\begin{cases} u = u(x,y,z,t) \\ v = v(x,y,z,t) \\ w = w(x,y,z,t) \end{cases}$$

（4-1）

流体的流动通常采用拉格朗日方法和欧拉方法进行描述。拉格朗日方法着眼于流体质点，描述每个流体质点的位置随时间变化的规律，利用初始时刻流体质点的直角坐标 x、y、z 作为区分不同流体质点的标志，则流体质点的运动可表示为：

$$\bar{r} = \bar{r}(x,y,z,t)$$

（4-2）

式中，$\bar{r}$ —— 流体质点的矢径；

　　　t —— 时间；

　　　x、y、z —— 直角坐标点，又称拉格朗日变数。

欧拉方法着眼于空间点，通过在空间的每一点来描述流体的流动随时间的变化情况，设 v 为流体质点的流动，则流体质点的流动可表示为：

$$\bar{v} = \bar{v}(\bar{r},t)$$

（4-3）

由于该方程确定的速度函数是定义在时间 t 和空间点（x，y，z，t）上的，所以欧拉方法定义的速度函数是一个速度场。

4.1.2　二次流动

二次流动是工程实际中普遍存在的物理现象，是一种相对于主流的次要流动，是由主流引起的伴随流动，也是与主流性质不同的从属流动。二次流理论认为，在流体流动过程中，只要有使流体流动产生偏离其主流方向的力（如离心力、重力、冲击力等）或边界条件（如弯曲管道、流体沿凹凸不平的边壁流动等）存在，就会产生偏离流体主流方向的二次流。流体流动时即使产生很小的偏移，其产生的轴向涡量将占垂直于轴向方向的涡量的 50%，然而二次流不一定要存在旋祸流动。

二次流的能量来自于主流。流体在管道内流动时，除了摩擦损失和分离损失外，还会有二次流引起的能量损失。林奇燕等研究认为，边界层是二次流形成的一个主要因素，也是流动损失的一个重要组成部分。二次流的存在一方面会引起压力损失而降低流动效率，另一方面它与主流的叠加使流体在流道内相互掺混而提高换热效率。还有研究认为，二次流动能够增加流动的稳定性，不规则流通管道出现湍流时的临界雷诺数要远远大于相同直管内的情况。因此，二次流动和轴向主流相比，虽然量级较小，但其对流动稳定性的作用却不可忽略。

4.1.3 排沙口气流速度无法降到更低的原因分析

速度是一个矢量，表征了气流质点在某一瞬时的流动快慢和流动方向。对于改进型风沙分离器，其内部气流速度是影响风沙分离的主要因素，其排沙口气流速度是影响集沙盒下称重传感器测量精确度的主要因素，因此速度是气流运动的最重要参数之一。如图 3.43 所示，扩容腔和上回流腔内出现的气流加速现象，不仅减缓了气流速度的快速降低，而且也减小了排沙口气流速度的降低幅度，甚至会影响风沙的分离，因此探究扩容腔和上回流腔内出现气流加速现象的原因是很有必要的。

设置入口气流速度为 13.8m/s，计算域的边界条件如表 3.2 所示，在计算域内固体壁面采用无滑移边界条件，对于近壁面区域流动则采用满足对数分布的标准壁面函数条件，数值计算设置如表 3.7 所示。取 z =157.5mm 水平面作为参考面，显示进气管和分流对冲腔中部水平面内气流速度云图（图 4.1）。

图 4.1　z =157.5mm 的水平面内气流速度云图

对比图 3.43 和图 4.1 可以看出，速度云图颜色参考值略小于速度矢量图，气流速度在分流前降至 6.32m/s，在绕流中段升至 7.02m/s，此时气流主流附着于分流结构表面，靠近风沙分离器外壳壁面的边界层厚度明显大于主流厚度。当气流进入反向对冲区域后，速度降至 2.11m/s，部分区域甚至降至 1.41m/s。这说明在分流对冲腔中部的水平面内，速度大于 3.59m/s 的气流主要分布在绕流区域。

再分别取 y =0mm 垂直面、z =130mm 水平面、z =90mm 水平面和 outfow1（排沙口）作为参考面，显示改进型风沙分离器中部垂直面［图 4.2（a）］、分流对冲腔下端［图 4.2（b）］、上回流腔中部［图 4.2（c）］和排沙口［图 4.2（d）］气流的速度分布云图。

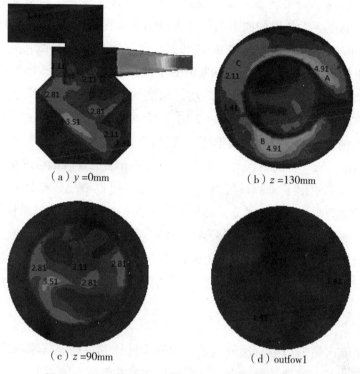

（a）$y = 0$mm　　　　　　　　（b）$z = 130$mm

（c）$z = 90$mm　　　　　　　　（d）outfow1

图 4.2　改进型风沙分离器内气流速度云图（m/s）

　　图 4.2（a）给出了改进型风沙分离器中部垂直面内气流速度云图。可以看出，在扩容腔和上回流腔内出现了大范围以 3.51m/s 为高速、以 2.81m/s 为较高速的气流场，一直延伸至下回流腔，才逐渐降至 1.41m/s。速度为 3.51m/s 的高速气流场主要分布在上回流腔出口附近，而非反向对冲区域下方，说明速度为 3.51m/s 的高速气流场不是由反向对冲区域的下行气流形成的。

　　图 4.2（b）给出了分流对冲腔下端面内气流速度云图。可以看出，A 和 B 两个区域内气流速度为 4.91m/s，大于 C 区域的 2.11m/s，小于图 64 中绕流区域的 7.02m/s，而且覆盖面较大，说明速度为 4.91m/s 的气流是绕流区域的边界层气流下行所致。这部分气流形成的原因可解释为：气流主流在 C 区域上方发生反向对冲，由于气流分子间存在间隙，这就造成了气流对冲的不完全性和不充分性，所以部分气流会沿原绕流轨迹继续流动，再加上反向对冲所形成的逆流，一起构成了大范围的回流，对反方向的来流产生阻力影响，惯性力较大的主流

在回流阻力影响下出现小角度的向下偏移，而惯性力较小的边界层气流在回流阻力影响下偏离主流，形成二次流，即为 A、B 两个区域内速度为 4.91m/s 的气流。很显然，这部分二次流并未参与反向对冲，仅是受到了反向对冲区域的回流阻力影响而发生大角度的向下偏移，所以二次流在下行时保持了较高的速度。

图 4.2（c）给出了上回流腔中部水平面内气流的速度云图。可以看出，在扩容腔和上回流腔的影响下，向下偏移的主流和二次流形成了大范围以 3.51m/s 为高速、以 2.81m/s 为较高速的气流场，速度为 3.51m/s 的气流存在往 x 轴负方向发生偏移的趋势。结合图 4.1 和 4.2（b）可知，二次流在下移过程中受扩容腔和上回流腔结构影响而速度逐渐降低，但其惯性力却大于反向对冲区域下行的速度为 2.81m/s 的气流的惯性力，所以呈现出往 x 轴负方向偏移的抛物线轨迹。

图 4.2（d）给出了排沙口气流的速度云图。可以看出，排沙口仍然存在较大范围的速度为 1.41m/s 的气流，而且其流通面积约占到排沙口面积的 1/3。

综上所述，扩容腔和上回流腔内高速气流场是绕流区域形成的二次流引起的，较高速气流场则是向下偏移的主流与二次流共同作用的结果，这两部分气流是导致排沙口气流速度无法降到更低的主要原因。

4.1.4　二次流对流场的影响

由于绕流区域形成的二次流是扩容腔和上回流腔内高速气流场的主要来源，故在绕流区域下方设计一个挡板，以阻止二次流的形成（图 4.3）。

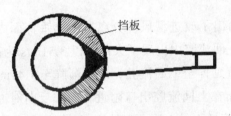

图 4.3　挡板设计位置示意图

利用 Gambit 软件对改进型风沙分离器分流对冲腔重新建模，设计挡板，计算域的边界条件如表 3.2 所示，在计算域内固体壁面采用无滑移边界条件，对于近壁面区域流动则采用满足对数分布的标准壁面函数条件；数值计算设置如表 3.7 所示。分别取 z = 157.5mm 水平面、y = 0mm 垂直面和 outfow1（排沙口）作为参考面，显示设计挡板后的改进型风沙分离器进气管和分流对冲腔［图 4.4（a）］、中部垂直面［图 4.4（b）］和排沙口［图 4.4（c）］气流速度云图。

从图 4.4（a）可以看出，进气管扩容段末端径向上出现了约占 1/3 比例的边界层，在边界层内气流速度从 6.33m/s 迅速降至 4.22m/s 以下，主流发生偏移，呈现出气流流动的不稳定性，会对气流分流的均匀性产生不利影响。在绕流中段，气流速度升至 7.73m/s，大于设计挡板前的速度 7.02m/s，增幅为 10.11%；反向对冲区域内气流速度也升至 2.82m/s，与增设挡板前相比，增幅为 33.65%。从图 4.4（b）可以看出，上回流腔出口附近速度为 3.51m/s 的气流场已经消失，但却出现在了反向对冲区域的下方，而且大范围的速度为 2.82m/s 的气流场仍然存在，并从扩容腔一直延伸至分离腔，延伸距离有所减小，其情形与图 4.2（a）基本相似。如图 4.4（c）所示，在排沙口处，仍有部分气流以 1.41m/s 速度从排沙口排出，其流通面积也占到了排沙口面积的 1/3，其情形与图 4.2(d)基本相似。

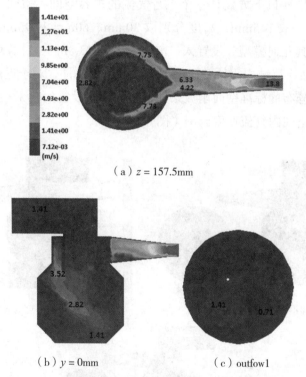

（a）z = 157.5mm

（b）y = 0mm　　　　　　　　　（c）outfow1

图 4.4　设计挡板的改进型风沙分离器内气流速度云图

　　综上所述，图 4.2（a）中速度为 3.51m/s 的高速气流场是绕流区域内形成的二次流引起的，大范围的速度为 2.81m/s 的较高速气流场却是主流与二次流共同作用的结果，主流其主要作用，二次流起次要作用。在绕流段下方设计挡板后，虽然有效阻止了绕流区域内二次流的形成，但是却引起了局部区域气流的不稳定，出现了不同程度地加速，排沙口气流也未能降至更低。很显然，绕流区域内形成的二次流虽然在一定程度上影响了排沙口气流速度无法降到更低，但是它可以提高流场的稳定性和主流的能量损失。正如研究认为，二次流动能够增加流动的稳定性，其能量来自于主流，是流动损失的重要组成部分。

因此，若要将排沙口气流速度降到更低，还需对结构进行优化，对主流和二次流降速作进一步的研究。

4.1.5 排沙口气流降速分析

如果将排沙口至集沙盒底部的这段空间看作是对排沙口气流的四级扩容降速，那么在排沙口气流下行至集沙盒底部前将速度降至更低就成了一种可能。

因此，在排沙口下方设计一个下行气流的扩容空间，空间呈圆柱状，直径略小于分离腔，取 145mm，高度分别取 30mm、60mm 和 90mm，利用 Gambit 软件分别建立其几何模型，设置入口气流速度为 13.8m/s，计算域的边界条件如表 3.2 所示，在计算域内固体壁面采用无滑移边界条件，对于近壁面区域流动则采用满足对数分布的标准壁面函数条件，数值计算设置如表 3.7 所示，可得到排沙口下方扩容空间内气流速度云图（图 4.5）。

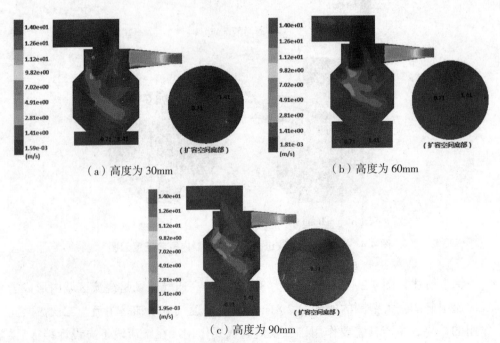

（a）高度为 30mm   （b）高度为 60mm

（c）高度为 90mm

图 4.5 排沙口下方扩容空间内气流速度云图

从图 4.5 可以看出，当扩容空间高度为 30mm 时，扩容空间底部仍然存在较大范围的速度为 1.41m/s 的气流，这部分气流距离扩容空间壁面较近；当扩容空间高度为 60mm 时，速度为 1.41m/s 的气流向中心区域靠拢，分布范围变小；当扩容空间高度为 90mm 时，速度为 1.41m/s 的气流在扩容空间底部消失。这说明速度为 1.41m/s 的下行气流的分布范围接近于一个高 90mm、直径 145mm 的空间。随着扩容空间高度的增加，风沙分离器内部气流速度有所升高，这归因于扩容空间对排沙口下方的约束。在工程实践中，集沙盒与排沙口之间是存在较大间隙的，对风沙分离器内部流场的影响是微弱的，是可以忽略的，所以此时不必考虑风沙分离器内气流速度的升高问题。

综上所述，从数值模拟结果看，设计集沙盒时，只要集沙盒直径大于 145mm，底部距离排沙口超过 90mm，则排沙口气流对集沙盒下称重力传感器的扰动就可以得到较大缓解。由于集沙盒是一个仅有顶部开口的容器，入口气流必会受到集沙盒内部气压阻滞区气流的阻力影响，因此排沙口下行气流进入集沙盒时，其速度将会衰减得更快。

4.2　气流降速与压力场的关系

动压与静压之和称为全压，全压是流体的宏观流动与分子热运动的综合反映。动压是流体宏观流动时所产生的能量，只有宏观流动时才会产生动压，动压与流体速度的二次方成正比。其计算公式为：

$$P_d = \frac{G'}{2g}v^2 \qquad (4-4)$$

式中，P_d —— 流体的动压，Pa；

v —— 流体速度，m/s；

G' —— 流体重度，N/m³；

g —— 重力加速度，m/s²。

静压取决于分子的热运动，是流体分子热运动所形成的内在能量，不管流体在宏观上是运动的，还是静止的，它的分子都时刻在做热运动。流体分子数越多，分子热运动的平均动能就越大，静压也就越大。由于流体的状态是由分子热运动决定的，而流体静压是分子热运动的反映，故在分析流体状态时通常用静压来表示。

从图 4.6 可以看出：

① 进气管等容段气流的静压为 −79.88Pa，是很明显的负压区，说明入口气流的宏观动能是很大的；进气管扩容段末端气流的静压升至 2.04Pa，说明气流在进气管内有大量的宏观动能转变为了分子内在的热能。

② 楔形体尖端附近出现了小范围的静压为 7.89Pa 的气流，相比于进气管扩容段末端的静压 2.04Pa，增幅为 286%，但分流前后的气流静压却保持在2.04Pa，说明气流在分流时出现了较大幅度的宏观动能损失，但宏观动能损失所形成的压力场却对气流的分流过程影响不大。

③ 绕流时除小范围区域内静压降至 −3.81Pa 外气流静压几乎无变化，保持在 2.04Pa，说明气流在绕流过程中宏观动能损失不大，也未产生阻滞气流流动的压力，具有较好的绕流效果。

④ 在反向对冲区域，气流出现大范围的增压现象，幅度为 286%。这说明气流在反向对冲时有大量的宏观动能损失，宏观动能损失的分布范围几乎占据了整个反向对冲区域，这正是气流速度大幅度降低的原因。

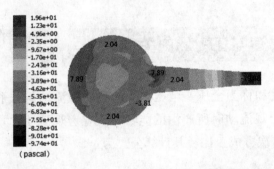

图 4.6　z = 157.5mm 水平面内气流的静压云图

再看图 4.7，在扩容腔和上回流腔中部区域出现了较大范围的静压为 −3.81Pa 的低压区，排气管内气流静压则降至 −6.74Pa，并一直延伸至排气口，说明该区域气流的宏观流动较活跃，排气管具有良好的排气效果；分离腔内气流静压一直保持在 2.04Pa，在靠近下回流腔的壁面区域内又升至 7.89Pa，说明气流在下回流腔内也有大量的宏观动能损失。结合图 4.1 和图 4.2（a）可以看出，虽然分流对冲降速幅度大于进气管的扩容降速幅度，但其宏观动能的损失量却小于进气管，说明进气管内产生的气流分子热能最大。

综上所述，静压较大的区域主要分布在进气管、反向对冲区域和下回流腔，这些区域是气流宏观动能损失较大的区域，其中进气管内气流的宏观动能损失最大，其次是反向对冲区域，再者是下回流腔，大量损失的动能转变成了内在的分子热能，使得气流的宏观流动速度大幅度降低。

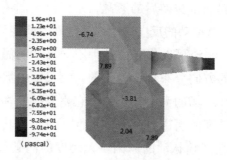

图 4.7　$y = 0$ 竖直面内气流的静压云图

4.3　气流降速与湍动能场的关系

4.3.1　湍流脉动

1895 年，雷诺采用将湍流瞬时速度、瞬时压力进行平均化的方法，将湍流的瞬时参量分解为时均值和脉动值，奠定了湍流流动的理论基础。在湍流流动中，空间各点的速度是时间的随机函数，但是在足够长的时间间隔内，各点均具有确定的速度平均值，称为时均值。那么，平行于 x 轴的时均速度场的时均速度可表示为：

$$\begin{cases} \overline{v}_x = \dfrac{1}{\Delta t} \displaystyle\int_0^{\Delta t} v_x \mathrm{d}t \\[2mm] \overline{v}_y = \dfrac{1}{\Delta t} \displaystyle\int_0^{\Delta t} v_y \mathrm{d}t = 0 \\[2mm] \overline{v}_z = \dfrac{1}{\Delta t} \displaystyle\int_0^{\Delta t} v_z \mathrm{d}t = 0 \end{cases} \tag{4-5}$$

则空间内某一点的真实速度为：

$$\begin{cases} v_x = \overline{v}_x + v_x' \\ v_y = \overline{v}_y + v_y' \\ v_z = \overline{v}_z + v_z' \end{cases} \tag{4-6}$$

式中，v_x'，v_y'，v_z' —湍流脉动速度的分量。

正是由于存在脉动速度，流体各层之间将引起附加的动量交换，流体微团运动的随机性更会引起动量交换后的紊乱，不仅出现湍流微团的横向脉动，而且也会出现相对于流体总运动的反向运动，紊乱随时间变化很快。

从物理结构上看，湍流可看作是由各种不同尺寸的涡叠合而成的流动，这些涡的大小及旋转轴的方向分布都是随机的。大尺度的涡主要由流动的边界条件决定，其尺寸可以和流场的大小相比拟，它主要受惯性影响而存在，是引起低频脉动的原因；小尺度的涡主要由流体黏性而决定，其尺寸可能只有流场尺寸的千分之一，是引起高频脉动的原因。大尺度的涡破裂后形成小尺度的涡，较小尺度的涡破裂后形成更小尺度的涡。在充分发展的湍流场内，涡的尺寸可在相当宽的范围内连续变化，大尺度的涡不断地从主流获得能量，通过涡间的相互作用，能量逐渐向小尺度的涡传递，在边界条件、扰动及速度梯度的作用下，新的涡又不断产生，这就构成了湍流流动。

4.3.2　湍动能场对气流降速的影响

湍流正应力和湍流切应力统称为雷诺应力，是因湍流脉动而形成的附加应力。对于雷诺附加应力，可以理解为把湍流中紊乱的应力分成两部分，一部分是像层流一样的平均应力（时均值），另一部分是雷诺附加应力（脉动值）。

湍动能主要来源于时均流，通过雷诺切应力做功为湍流提供能量。其计算公式为：

$$k = \frac{3}{2}(uI)^2 \tag{4-7}$$

式中，u —平均速度，m / s；

　　　I —湍流强度。

王振波等研究认为，湍动能较大的地方湍动能耗散率也较大，湍动能和湍动能耗散率的较大值一般出现在流态变化复杂、涡旋活动剧烈的强湍流区。湍动能耗散率是单位质量流体在单位时间内损耗的湍流动能的速率，也表示为扰动能量由较大尺度的涡向较小尺度的涡逐级递减的传输速率，是表征湍流强弱的重要参数。其计算公式为：

$$\varepsilon = C_\mu^{\frac{3}{4}} \frac{k^{\frac{3}{2}}}{0.77d} \tag{4-8}$$

式中，k —湍动能；

　　　d —进气管道的特征长度，m；

　　　C_μ —经验常数，一般取 0.09。

从图 4.8 可以看出，湍动能场分布最明显是进气管的 A 区域、分流对冲腔的 B、C 区域，以及扩散腔和上回流腔的 D 区域。在这些区域内，气流的宏观流动较为活跃，速度时均值较高，湍流强度大，产生了大量的脉动气流，这些脉动气流通过雷诺切应力从时均流中提取了较多的动能，形成了脉动值大、紊乱程度高、流动很不稳定的湍动气流。然而，这些湍动气流一旦遭遇外力、结构变化等因素影响时，就会产生大量的小尺度涡，甚至还会伴随有能量的二次传递，加剧能量的耗散。正如图 4.8 所示，在反向对冲和回流影响下，湍动能场的后续流场均是大范围的涡流场。在涡流场内，气流质点间相互作用，脉动气流急剧耗散能量，宏观速度降低，形成了一定范围的较高压力场，这与静压场的分析是一致的。研究表明，大尺度的涡从主流中获得能量，为湍流提供动能，而小尺度的涡则耗散能量，它们均是非各向同性的。也就是说，湍流中的能量产生于大尺度的涡，耗散于小尺度的涡。

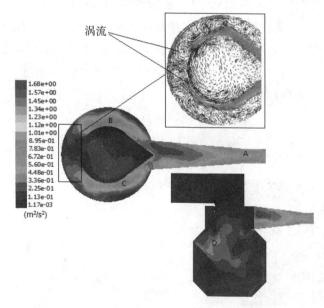

图 4.8　z =157.5mm 水平面内气流的湍动能云图

可见，进气管的前半区域、分流对冲腔的绕流区域、扩容腔和上回流腔是湍动能场的主要分布区域。在该区域内，脉动气流从时均流中提取了较多的、易耗散的能量，为进气管扩容降速、反向对冲降速、上回流腔出口扩容降速和下回流腔回流降速提供了前提条件。因此，湍动能场的形成是加剧气流动能耗散的关键因素。也可以说，气流能量的大量损失和速度的大幅度降低归因于湍动能场的形成。

4.4 内流场试验

4.4.1 试验条件

试验地点选在内蒙古农业大学机电工程学院生物能源与环境工程学科实验室，无外界风力干扰，常压，温度 13～15℃。本次试验采用的设备为：室内微型试验风洞1台，Testo-425 热敏风速仪1部，刻度尺1把，黑胶带1捆，改进型风沙分离器1个，试验架1个，支撑座1个，调整板若干。

室内微型试验风洞由扩散段、整流段、收缩段和实验段组成（图 4.9）。扩散段、整流段和收缩段采用2mm厚不锈钢焊接加工而成，实验段采用亚克力材料制作，内部光滑度较好。内部蜂窝器采用六角形网格，该网格的损失系数小，气流压力损失小，对降低湍流度有显著效果。阻尼网位于蜂窝器与收缩段之间，可降低蜂窝器后面的气流漩涡，以减小稳定段气流的湍流强度，使稳定段径向流场更均匀，边界层厚度1cm，风速 1～18m/s 可调，采用的气流速度测试系统如图 4.10 所示。

1—风机　2—变频器
3—微型风洞　4—实验段测速孔

图 4.9　室内微型风洞

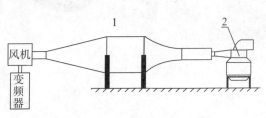

1—微型风洞　2—改进型风沙分离器

图 4.10　气流速度测试系统

4.4.2　试验方法

（1）测试气流偏移轨迹

试验前，在改进型风沙分离器分流对冲腔、扩容腔和上回流腔壁面设计 12 个测孔，测孔 1 ～ 6 位于分流对冲腔中部和底部，测孔 7 ～ 9 位于扩容腔中部，测孔 10 ～ 12 从分离腔穿过，位于上回流腔中部。测孔 1、4、7 和 10 中心轴线与进气管中心轴线呈 45°，测孔 2、5、8 和 11 中心轴线与进气管中心轴线呈 90°，测孔 3、6、9 和 12 中心轴线与进气管中心轴线呈 135°，如图 4.11（a）所示。在各测孔内，测速方向垂直于气流的流动方向，气流的流动方向参照图 3.43 的速度矢量。

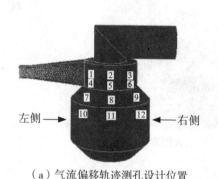

（a）气流偏移轨迹测孔设计位置　　（b）气流速度变化趋势测孔设计位置

图 4.11　测孔设计位置示意图

试验时，预先将改进型风沙分离器 12 个测孔用胶带密封，固定在试验架上，通过调整板让进气口正对微型风洞实验段中心轴线方向。将 Testo-425 热敏风速仪探头从微型风洞实验段测速孔伸入，置于实验段中心轴线位置，对准来流方向，开启变频器，风机运转，缓慢调节变频器旋钮，待风速升至 13.8m/s（强风）时，稳定风速，取出风速仪，用胶带密封测速孔，如图 4.12 所示。再将风速仪依次伸入测孔 1 ～ 12，由于受到空间的约束影响，在测孔 1 ～ 6 内风速仪探头的行进距离仅有 20mm，考虑到边界层厚度的影响，在测孔 1 ～ 6 内各取 3 个测点；测孔 7 ～ 12 内空间较大，可各取 10 个测点，如表 4.1 所示。在每个测孔内，风速仪探头从壁面往垂直于气流流动方向缓慢行进，每个测点间距是 5mm，探头在每个测点的不同方位可作微调，尽量保证探头正对气流得流动方向，随机读取 10 个瞬态值并取均值。

表 4.1　测孔 1 ～ 12 内探头的行进参数

参　数	测　孔											
	1	2	3	4	5	6	7	8	9	10	11	12
行进距离/（mm）	10	10	10	10	10	10	45	45	45	45	45	45
测点数	3	3	3	3	3	3	10	10	10	10	10	10
测点间隔/（mm）	5	5	5	5	5	5	5	5	5	5	5	5

图 4.12　微型风洞实验段测速

（2）测试气流速度变化趋势

试验前，在改进型风沙分离器上设计 8 个测孔，设计位置与图 3.43 上标记的 8 个位置点一致，如图 4.11（b）所示。测孔 ① 和 ② 分别位于进气管的等容段中部和扩容段末端的中心位置，测孔 ③ 位于绕流中段，可采用测试气流偏移轨迹的测孔 1，测孔 ④ 位于绕流后段，可采用测试气流偏移轨迹的测孔 2，测孔 ⑤ 位于反向对冲区域中部，其中心轴线与进气管中心轴线呈 180°，测孔 ⑥ 位于上回流腔中部，其中心轴线与进气管中心轴线呈 120°，测孔 ⑦ 位于分离腔底部，其中心轴线与进气管中心轴线呈 60°，测孔 ⑧ 位于排沙口左侧，其中心轴线与进气管中心轴线呈 0°。在各测孔内，测速方向垂直于气流的流动方向，气流的流动方向参照图 3.43 的速度矢量。

试验时，预先将改进型风沙分离器 8 个测孔用胶带密封，固定在试验架上，通过调整板让进气口正对微型风洞实验段的中心轴线方向。将风速仪探头从微型风洞实验段测速孔伸入，置于实验段中心轴线位置，对准来流方向，开启变频器，风机运转，缓慢调节变频器旋钮，待风速升至 13.8m/s（强风）时，稳定风速，取出风速仪，用胶带密封测速孔。再将风速仪依次伸入 ① ～⑧ 号测孔，考虑到各测孔受风沙分离器结构空间的约束，故风速仪探头的行进距离如表 4.2 所示。风速仪探头在每个测点的不同方位可作微调，尽量保证探头正对气流的流动方向，随机读取 10 个瞬态值，取均值，如图 4.13 所示。

表 4.2　测孔 ① ～ ⑧ 内探头的行进参数

参　数	测　孔							
	①	②	③	④	⑤	⑥	⑦	⑧
行进距离 /（mm）	10	35	10	10	10	45	45	45
测点数	3	8	3	3	3	10	10	10
测点间隔 /（mm）	5	5	5	5	5	5	5	5

图 4.13　测试气流速度变化趋势

（3）测试排沙口下方气流速度

试验前，将改进型风沙分离器固定在试验架上，通过调整板让进气口正对微型风洞实验段中心轴线，所有测孔全部密封，保证在试验过程中存在 1 个进气口和 2 个出气口（排气口和排沙口）。

试验时，将风速仪探头从微型风洞实验段的测速孔伸入，置于实验段中心轴线位置，对准来流方向，开启变频器，风机运转，缓慢调节变频器旋钮，待风速升至 13.8m/s（强风）时，稳定风速，取出风速仪，用胶带密封测速孔。将风速仪探头分别置于距离排沙口 10mm、20mm、30mm、40mm、50mm、

60mm、70mm 和 80mm 的水平面内，正对排沙口的排气方向，在每个水平面内缓慢移动探头，随机读取 10 个瞬态值，取均值，如图 4.14（b）所示。

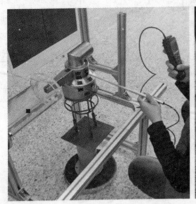

（a）测试气流偏移轨迹 （b）测试排沙口气流速度

图 4.14　气流速度测试

4.4.3　试验结果及分析

（1）气流偏移轨迹分析

从表 4.3 可知，每个测孔内各测点的气流速度虽然波动较大，但却呈现出一定的流动特征。

① 测孔 1～3（当气流在分流对冲腔中部流动时）：在测孔 1 内，测点（3）距离分流结构表面最近，气流速度最大，测点（1）距离分流结构表面最远，距离风沙分离器外壳壁面最近，气流速度最小，说明气流速度从分流结构表面到风沙分离器外壳壁面呈递减趋势；在测孔 2 和 3 内，气流速度的变化特征与测孔 1 正好相反，从分流结构表面到风沙分离器外壳壁面呈递增趋势。这说明气流附着于分流结构表面流动时呈现出向风沙分离器外壳壁面扩散的趋势，碰触风沙分离器外壳壁面后，再沿壁面绕流，直至发生反向对冲。

② 测孔 4～6（当气流在分流对冲腔底部流动时）：在测孔 4～6 内，气流在测点（1）～（3）的速度变化特征与测孔 1～3 内测点（1）～（3）基本相似，但气流速度却整体大于测孔 1～3，呈现出往右下方偏移的趋势。

③ 测孔 7～9（当气流在扩散腔中部流动时）：此时气流受到扩容腔影响，速度明显降低。测孔 7 内气流速度低于测孔 8 和 9，说明速度相对较高的气流分布在风沙分离器右半部分。再看测孔 8 和 9，速度相对较高的气流分布在测孔 8

内测点（5）～（7）和测孔 9 内测点（3）～（5），存在向外壳壁面偏移的趋势。

　　④ 测孔 10 ～ 12（当气流在上回流腔中部流动时）：测孔 10 内气流速度跟测孔 7 差不多，速度相对较高的气流分布在测孔 8 和 9 下面的测孔 11 和 12，将测孔 11 内测点（2）～（7）和测孔 12 内测点（2）～（4）相比，气流速度大出近 1 倍，说明在上回流腔的影响下，测孔 12 内气流速度降幅较大，而中心区域的测孔 11 却受回流影响较小。

表 4.3　测孔 1 ～ 12 内各测点的气流速度

测 孔	测 点	速度测试值（m/s）										均 值
		瞬态值										
1	（1）	5.11	5.36	5.22	5.01	4.95	4.99	5.12	5.04	4.87	5.13	5.08
	（2）	5.46	5.67	5.78	5.89	6.01	5.73	5.57	5.81	5.62	5.83	5.74
	（3）	6.67	6.8	6.62	6.54	6.43	6.51	6.37	6.62	6.73	6.56	6.59
2	（1）	5.46	5.51	5.31	5.6	5.46	5.28	5.13	5.39	5.46	5.27	5.39
	（2）	4.32	4.51	4.65	4.73	4.36	4.29	4.53	4.81	4.62	4.73	4.56
	（3）	3.57	3.69	3.81	3.72	3.42	3.47	3.78	3.86	3.62	3.57	3.65
3	（1）	3.62	3.53	3.41	3.56	3.71	3.62	3.57	3.43	3.49	3.69	3.56
	（2）	3.01	2.85	2.91	2.83	2.74	2.86	2.93	2.97	2.83	2.76	2.87
	（3）	2.51	2.37	2.32	2.46	2.43	2.35	2.52	2.37	2.32	2.41	2.41
4	（1）	5.35	5.14	5.21	5.32	5.18	5.31	5.16	5.22	5.03	5.12	5.2
	（2）	5.98	6.21	6.31	6.06	5.92	6.18	6.2	6.01	5.93	6.06	6.09
	（3）	6.83	6.71	6.62	6.54	6.47	6.39	6.74	6.62	6.58	6.71	6.62
5	（1）	5.36	5.62	5.74	5.89	5.62	5.43	5.31	5.65	5.46	5.51	5.56
	（2）	4.31	4.62	4.47	4.59	4.67	4.83	4.76	4.51	4.84	4.72	4.63
	（3）	3.72	3.81	3.62	3.41	3.46	3.58	3.82	3.73	3.67	3.69	3.65
6	（1）	4.11	4.02	3.98	4.03	4.08	4.14	4.05	3.99	4.01	4.09	4.05
	（2）	3.37	3.41	3.26	3.41	3.38	3.26	3.46	3.34	3.39	3.41	3.37
	（3）	2.87	2.96	2.73	2.74	2.91	2.86	2.93	2.74	2.83	2.99	2.86

测 孔	测 点	速度测试值（m/s）										
		瞬态值										均 值
7	（1）	1.02	0.91	0.97	0.82	0.83	0.94	1.08	1.12	0.94	1.09	0.97
	（2）	1.21	1.06	1.19	0.94	0.98	1.16	1.23	1.12	0.89	0.94	1.07
	（3）	1.37	1.46	1.58	1.21	1.25	1.39	1.26	1.13	1.08	1.31	1.3
	（4）	1.21	1.38	1.74	1.65	1.39	1.81	1.62	1.25	1.37	1.42	1.48
	（5）	1.42	1.51	1.32	1.37	1.29	1.51	1.46	1.21	1.18	1.37	1.36
	（6）	1.02	1.35	1.21	1.12	1.46	1.38	1.42	1.35	1.19	1.38	1.29
	（7）	1.35	1.62	1.34	1.16	1.23	1.09	1.45	1.6	1.18	1.25	1.33
	（8）	1.12	1.06	1.03	0.94	0.99	1.04	1.13	1.08	0.99	1.09	1.05
	（9）	0.92	0.88	1.03	1.08	1.12	1.09	1.01	0.94	0.98	1.13	1.02
	（10）	0.81	0.94	1.03	1.02	0.97	0.92	0.88	0.94	1.08	0.97	0.96
8	（1）	0.92	1.02	0.99	0.87	1.02	0.97	0.94	1.12	1.08	0.97	0.99
	（2）	1.21	1.35	1.29	1.06	1.02	1.31	1.16	1.33	1.27	1.08	1.21
	（3）	1.16	1.35	1.21	1.08	1.31	1.16	1.26	1.09	1.35	1.17	1.21
	（4）	1.46	1.23	1.42	1.43	1.52	1.24	1.31	1.51	1.42	1.26	1.38
	（5）	2.12	2.43	2.46	2.37	2.16	2.45	2.13	2.26	2.51	2.08	2.3
	（6）	2.31	2.65	2.73	2.68	2.39	2.51	2.74	2.82	2.68	2.43	2.59
	（7）	2.37	2.21	2.13	2.42	2.51	2.31	2.32	2.46	2.21	2.19	2.31
	（8）	1.46	1.58	1.32	1.27	1.37	1.18	1.21	1.32	1.49	1.51	1.37
	（9）	0.92	1.03	1.12	1.22	0.98	0.89	1.08	0.99	1.02	0.94	1.02
	（10）	0.87	0.92	0.88	1.02	0.94	0.79	0.85	0.97	1.01	0.92	0.92
9	（1）	0.79	0.82	0.93	0.87	0.96	0.81	0.86	1.02	0.99	0.87	0.89
	（2）	1.13	0.92	1.06	0.91	0.97	1.21	1.12	1.23	1.03	1.18	1.08
	（3）	2.21	2.08	2.12	1.99	2.01	2.09	2.13	2.02	1.99	2.08	2.07
	（4）	2.11	2.31	2.46	2.25	2.51	2.37	2.13	2.19	2.25	2.30	2.29

续表

测孔	测点	速度测试值（m/s）										
		瞬态值										均值
9	（5）	2.46	2.41	2.37	2.32	2.46	2.51	2.34	2.27	2.39	2.47	2.4
	（6）	1.13	1.29	1.37	1.09	1.21	1.16	1.31	1.29	1.22	1.31	1.24
	（7）	1.09	1.23	1.32	1.15	1.24	1.08	1.16	1.25	1.29	1.13	1.19
	（8）	0.96	1.08	1.13	1.09	1.18	0.97	1.09	1.15	1.06	1.08	1.08
	（9）	1.05	0.87	0.92	0.96	1.03	0.91	0.89	0.95	0.92	0.87	0.94
	（10）	0.86	0.73	0.87	0.92	0.88	0.74	0.79	0.91	0.82	0.83	0.82
10	（1）	0.91	0.74	0.83	0.82	0.79	0.88	0.76	0.92	0.84	0.89	0.84
	（2）	0.77	0.82	0.63	0.75	0.69	0.71	0.65	0.82	0.73	0.77	0.73
	（3）	0.81	0.91	0.82	0.98	0.77	0.92	0.79	0.88	0.74	0.62	0.82
	（4）	0.91	0.82	0.94	0.72	0.79	0.94	0.98	0.92	0.88	0.83	0.87
	（5）	1.02	1.23	1.16	1.08	1.17	1.21	1.08	1.23	1.19	1.09	1.15
	（6）	1.75	1.89	1.92	1.65	1.58	1.82	1.93	1.62	1.81	1.77	1.77
	（7）	0.83	0.96	1.03	0.96	1.03	0.88	0.87	1.05	0.92	0.94	0.95
	（8）	0.77	0.91	0.82	0.76	0.73	0.89	0.93	0.82	0.74	0.76	0.81
	（9）	0.91	0.74	0.62	0.73	0.78	0.85	0.92	0.87	0.74	0.76	0.79
	（10）	0.83	0.72	0.76	0.63	0.93	0.86	0.77	0.87	0.93	0.71	0.8
11	（1）	1.23	1.37	1.08	1.26	1.17	1.23	1.09	1.31	1.26	1.13	1.21
	（2）	1.65	1.89	1.73	2.13	2.25	2.03	1.74	2.15	2.09	1.89	1.96
	（3）	1.94	1.89	2.07	2.14	2.35	2.06	1.97	2.13	2.09	2.14	2.08
	（4）	2.31	2.26	2.08	2.39	2.41	2.06	1.98	2.07	2.13	2.26	2.2
	（5）	2.51	2.34	2.25	2.16	2.37	2.25	2.34	2.07	2.19	2.4	2.29
	（6）	2.32	2.51	2.19	2.31	2.2	2.08	2.13	2.25	2.23	2.36	2.26
	（7）	1.84	1.93	1.76	1.69	1.93	2.01	1.94	1.85	1.97	1.79	1.87
	（8）	0.94	1.21	1.08	1.12	1.13	1.2	1.21	1.08	1.29	1.19	1.15

续表

测孔	测点	速度测试值（m/s）										均值
		瞬态值										
11	（9）	1.16	1.09	0.97	1.13	1.14	1.01	0.96	1.08	0.97	0.99	1.05
	（10）	0.72	0.81	0.92	0.77	0.83	0.89	0.96	0.74	0.79	0.85	0.83
12	（1）	1.13	1.21	1.06	0.97	1.03	1.21	1.12	1.05	1.09	1.07	1.09
	（2）	1.21	1.26	1.37	1.09	1.08	1.23	1.31	1.1	1.02	1.35	1.2
	（3）	1.35	1.46	1.53	1.21	1.19	1.28	1.34	1.46	1.21	1.16	1.32
	（4）	1.31	1.39	1.65	1.72	1.61	1.41	1.56	1.71	1.35	1.4	1.51
	（5）	1.23	1.05	1.12	1.09	1.27	1.31	1.05	1.12	1.21	1.03	1.15
	（6）	0.97	1.12	1.07	1.02	0.99	1.2	1.15	1.09	1.12	0.97	1.07
	（7）	0.87	0.85	0.94	1.02	0.99	0.86	1.05	0.94	0.93	1.02	0.95
	（8）	0.73	0.81	0.94	0.96	1.02	0.73	0.74	0.85	0.92	0.97	0.87
	（9）	0.96	1.02	0.99	0.87	0.96	1.02	0.94	0.83	0.79	0.77	0.92
	（10）	0.77	0.81	0.92	0.76	0.81	0.88	0.74	0.79	0.91	0.83	0.82

综上所述，在分流对冲腔的水平面内，气流主流沿分流结构表面往风沙分离器外壳壁面扩散，碰触壁面后沿风沙分离器外壳壁面绕流，依据气流速度的测试值变化趋势，可近似地认为气流的流动轨迹为 1（3）→2（1）→3（1），即为从测孔 1 内测点 3 至测孔 2 内测点 1，再至测孔 3 内测点 1，如图 4.15 所示，虽然流动轨迹与数值模拟的附着流动有点不符，但降速趋势却是一致的。在分流对冲腔的垂直面内，中部区域气流呈现向下偏移趋势，其流动轨迹为 1→2→6→12；底部区域气流也呈现向下偏移趋势，其流动轨迹为 4→8→11。从整体气流的偏移趋势看，可将 1→2→6→12 作为气流偏移的右边界线，4→8→11 作为气流偏移的左边界线。左边界线（4→8→11）附近的气流即为二次流，右边界线（1→2→6→12）附近的气流即为主流，对比测孔 11 和 12 数据可知，测孔 11 明显大于测孔 12，说明二次流的能量损失程度小于主流。再看测孔 5 到测孔 11 的数据，气流速度的最大值则从 5.56m/s 至 2.29m/s，降速幅度为 58.81%，说明扩容腔的二级扩容对二次流的降速效果还是很明显的。总之，气流的向下偏移特征与数值模拟结果是基本相符的。

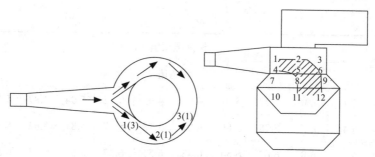

图 4.15　气流偏移轨迹（主流与二次流的混合流）

（2）气流速度变化趋势分析

从表 4.4 可知，每个测孔内各测点的气流速度波动较大，将每个测孔内最大的速度均值作为主流速度，则主流的流动轨迹可用测点近似地表示为 ①（b）→ ②（e）→ ③（c）→ ④（a）→ ⑤（a）→ ⑥（e）→ ⑦（e）→ ⑧（e）。将这 8 个测点的速度值与数值模拟结果进行对比，如图 4.16 所示。

从图 4.16 可以看出，除了测孔 4 内气流速度大于数值模拟结果外，其余各测孔内气流速度均略小于数值模拟结果，而且降速变化趋势是一致的。这说明改进型风沙分离器内流场的数值模拟结果是基本可靠的。

表 4.4　测孔 ① ～ ⑧ 内各测点的气流速度

测孔	测点	速度测试值（m/s）										均值
		瞬态值										
①	（a）	12.91	13.02	12.85	12.64	12.77	12.57	12.46	12.81	12.93	13.03	12.8
	（b）	13.11	13.05	12.97	12.84	12.95	13.09	13.15	12.97	13.16	13.08	13.04
	（c）	12.76	12.91	13.05	12.96	12.79	12.57	12.81	12.73	12.94	12.98	12.85
②	（a）	4.73	4.68	4.64	4.53	4.46	4.55	4.62	4.73	4.75	4.65	4.64
	（b）	4.96	5.11	5.21	5.08	4.99	5.11	5.23	5.26	5.18	5.07	5.12
	（c）	5.63	5.71	5.62	5.51	5.46	5.39	5.49	5.62	5.69	5.58	5.57
	（d）	6.03	6.11	5.94	5.87	5.94	5.97	6.09	5.88	5.96	6.02	5.98
	（e）	6.18	6.22	6.06	5.97	6.12	6.19	6.23	6.05	6.01	5.98	6.1
	（f）	5.59	5.65	5.83	5.74	5.64	5.73	5.82	5.74	5.63	5.79	5.72
	（g）	5.51	5.42	5.35	5.21	5.29	5.47	5.52	5.45	5.39	5.36	5.4
	（h）	4.81	4.76	4.68	4.63	4.71	4.79	4.82	4.65	4.73	4.82	4.74

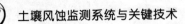

续表

测孔	测点	速度测试值（m/s）										均 值
		瞬态值										
③	（a）	5.11	5.36	5.22	5.01	4.95	4.99	5.12	5.04	4.87	5.13	5.08
	（b）	5.46	5.67	5.78	5.89	6.01	5.73	5.57	5.81	5.62	5.83	5.74
	（c）	6.67	6.8	6.62	6.54	6.43	6.51	6.37	6.62	6.73	6.56	6.59
④	（a）	5.46	5.51	5.31	5.6	5.46	5.28	5.13	5.39	5.46	5.27	5.39
	（b）	4.32	4.51	4.65	4.73	4.36	4.29	4.53	4.81	4.62	4.73	4.56
	（c）	3.57	3.69	3.81	3.72	3.42	3.47	3.78	3.86	3.62	3.57	3.65
⑤	（a）	1.85	1.74	1.65	1.58	1.72	1.83	1.79	1.67	1.62	1.84	1.73
	（b）	1.53	1.62	1.71	1.65	1.57	1.72	1.74	1.65	1.58	1.67	1.64
	（c）	1.12	1.05	0.98	0.96	1.07	1.12	1.03	0.99	1.06	1.08	1.05
⑥	（a）	1.05	1.03	0.96	0.91	0.99	1.08	1.12	1.02	0.98	1.07	1.02
	（b）	1.23	1.15	1.24	1.32	1.41	1.26	1.13	1.19	1.24	1.12	1.23
	（c）	1.53	1.47	1.63	1.65	1.46	1.53	1.62	1.53	1.42	1.65	1.55
	（d）	2.02	2.12	1.94	2.01	1.97	1.85	1.74	1.96	2.08	1.84	1.95
	（e）	2.12	2.36	2.47	2.58	2.39	2.24	2.15	2.39	2.24	2.41	2.34
	（f）	2.25	2.02	2.13	1.94	2.12	2.03	2.15	2.19	2.08	2.21	2.11
	（g）	2.51	2.42	2.21	2.08	2.31	2.46	2.24	2.13	2.25	2.37	2.3
	（h）	1.67	1.79	1.94	1.69	1.87	2.01	1.79	1.67	1.98	2.02	1.84
	（i）	1.37	1.54	1.81	1.46	1.72	1.65	1.53	1.78	1.74	1.62	1.62
	（j）	1.22	1.45	1.51	1.37	1.24	1.39	1.46	1.38	1.54	1.23	1.38
⑦	（a）	0.42	0.35	0.39	0.47	0.51	0.26	0.28	0.31	0.46	0.54	0.39
	（b）	0.71	0.43	0.62	0.58	0.73	0.81	0.42	0.49	0.56	0.71	0.61
	（c）	1.02	1.13	0.94	0.87	0.96	0.87	1.03	1.12	0.96	0.83	0.97
	（d）	0.94	1.21	1.08	1.13	0.99	1.02	1.21	1.18	1.06	1.09	1.09
	（e）	1.31	1.46	1.25	1.34	1.19	1.32	1.21	1.15	1.32	1.27	1.28
	（f）	1.25	1.06	0.99	1.12	1.25	1.31	1.12	1.03	1.15	1.22	1.15

续表

测 孔	测 点	速度测试值（m/s）										
		瞬态值										均 值
⑦	（g）	0.94	1.12	1.05	0.98	1.13	1.21	1.02	0.97	0.94	1.11	1.05
	（h）	0.76	0.85	0.93	0.97	0.84	0.78	0.85	0.76	0.92	0.81	0.85
	（i）	0.82	0.76	0.63	0.94	0.85	0.79	0.72	0.81	0.85	0.74	0.79
	（j）	0.72	0.81	0.63	0.69	0.76	0.82	0.71	0.69	0.72	0.77	0.73
	（a）	0.81	0.73	0.62	0.83	0.91	0.71	0.84	0.92	0.79	0.81	0.73
	（b）	0.74	0.69	0.62	0.83	0.82	0.76	0.74	0.87	0.64	0.75	0.75
	（c）	0.94	0.83	0.89	0.95	0.76	0.91	0.84	0.89	0.74	0.79	0.85
	（d）	0.98	1.02	0.79	0.85	0.93	0.74	0.96	0.85	0.91	0.88	0.89
⑧	（e）	1.02	0.94	0.85	0.97	0.79	0.92	0.86	0.99	1.02	0.83	0.92
	（f）	0.85	0.72	0.69	0.81	0.72	0.64	0.81	0.72	0.69	0.74	0.74
	（g）	0.51	0.62	0.73	0.64	0.58	0.64	0.71	0.62	0.67	0.63	0.64
	（h）	0.92	0.83	0.74	0.87	0.93	0.74	0.75	0.69	0.74	0.85	0.81
	（i）	0.73	0.66	0.85	0.83	0.76	0.69	0.63	0.58	0.82	0.74	0.73
	（j）	0.76	0.79	0.85	0.62	0.69	0.74	0.81	0.72	0.63	0.69	0.73

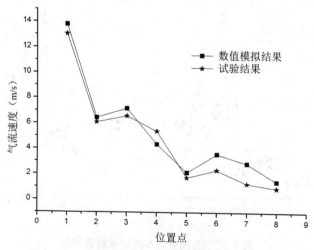

图 4.16 气流速度试验结果与数值模拟结果对比

（3）湍动能场分布区域分析

由公式（4-6）可知，湍流的瞬时速度可分解为时均值和脉动值，由于湍流强度是湍流脉动速度与平均速度的比值，故脉动值越大，湍流强度越大。由公式（4-7）可知，湍动能与气流的平均速度和湍流强度有关，当平均速度一定时，湍流强度越大，气流的湍动能越大，因此湍流的脉动值越大，湍动能也就越大。

表4.3中从1（1）至12（10）共有78个测点，表4.4中从①（a）至⑧（j）共有50个测点。对于每个测点，速度瞬态值与均值间的关系可用脉动幅度和脉动值来表示，按从1（1）至12（10），再从①（a）至⑧（j）的顺序将这128个测点中最大的脉动幅度和脉动值（表4.3和4.5中加下划线的数据）进行对比，如图4.17和4.18所示。

从图4.17可以看出，脉动幅度相对较大的是测点19～78和101～128；再看图4.18，脉动值相对较大的是测点1～9、11～15、21～25、33～37、60～66、71～72、79～81、90～95和102～107。

结合表4.3和表4.4，将图4.17和图4.18进行对比，可以看出测点1～9、11～15、79～81和90～95是平均速度相对较大的区域，脉动值较高，但脉动幅度不大；测点19～78和108～128的平均速度相对较低，脉动值不高，但脉动幅度较大。

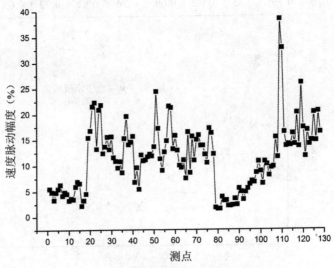

图 4.17 各测点的气流速度脉动幅度

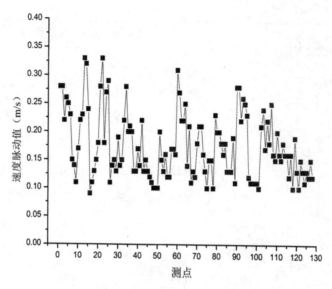

图 4.18　各测点的气流速度脉动值

由公式（4-7）可知，湍流的平均速度和湍流强度是影响湍动能的两个主要因素，故只有在相同平均速度的条件下，各测点的速度脉动幅度才有可比性。与脉动幅度相比，脉动值则能更好地表征湍动能的大小。结合图 4.11 可以看出，脉动值较大的测点主要分布在进气管、分流对冲腔、扩散腔和上回流腔，也就是说，这些区域分布着脉动值较大的湍动气流，是湍动能场的主要分布区域，这与湍动能场的数值模拟结果是基本相符的。

（4）排沙口下方气流速度分析

从表 4.5 可以看出，距离排沙口越远，气流速度越小。当距离排沙口 60mm 时，气流速度的均值为 0.19m/s，处于静风状态；当距离排沙口更远时，气流速度有所降低，但降低幅度不大。这说明在设计集沙盒时，只要集沙盒底部距离排沙口达 60mm 以上，就可消除排沙口气流对集沙盒下称重传感器的扰动。

表 4.5　试验风速为 13.8m/s 时排沙口下方气流速度

序　号	测试位置	速度测试值（m/s）					均　值
		瞬态值					
1	距排沙口 10mm	0.68	0.74	0.87	0.76	0.65	0.72
		0.73	0.84	0.66	0.71	0.56	

序 号	测试位置	速度测试值（m/s）					均 值
		瞬态值					
2	距排沙口20mm	0.51	0.48	0.53	0.46	0.55	0.51
		0.69	0.45	0.49	0.42	0.47	
3	距排沙口30mm	0.37	0.46	0.54	0.47	0.42	0.42
		0.38	0.32	0.26	0.43	0.51	
4	距排沙口40mm	0.31	0.27	0.36	0.31	0.24	0.3
		0.26	0.35	0.27	0.34	0.36	
5	距排沙口50mm	0.23	0.16	0.21	0.34	0.28	0.25
		0.22	0.17	0.23	0.31	0.35	
6	距排沙口60mm	0.15	0.21	0.17	0.2	0.23	0.19
		0.2	0.16	0.19	0.21	0.17	
7	距排沙口70mm	0.18	0.14	0.19	0.22	0.17	0.18
		0.15	0.21	0.18	0.19	0.2	
8	距排沙口80mm	0.15	0.17	0.14	0.13	0.17	0.16
		0.19	0.15	0.14	0.15	0.17	

总之，利用数值模拟和微型风洞试验分析的方法，对风沙分离器内部气流降速与流场特性的关系进行了分析，得出如下结论。

① 从速度场分析结果可知，扩容腔和上回流腔内出现的高速气流场是分流对冲腔绕流区域的边界层气流受反向对冲区域的回流影响所形成的二次流下行引起的，二次流的形成有助于流场的稳定性和主流的能量损失；扩容腔和上回流腔内出现的较高速气流场是向下偏移的主流和二次流共同作用的结果，主流其主要作用，二次流起次要作用，这两部分气流是导致排沙口气流速度无法降到更低的主要原因。若要将排沙口气流速度降到更低，还需对结构进行优化，对主流和二次流降速作进一步的研究。从排沙口下方气流速度的试验分析结果可知，在设计集沙盒时，只要集沙盒底部距离排沙口达60mm以上，就可消除排沙口气流对集沙盒下称重传感器的扰动。

② 从压力场和湍动能场分析结果可知，进气管前半区域、分流对冲腔绕流区域、扩容腔和上回流腔是湍动能场的主要分布区域，在湍动能场内，脉动气流从时均流中提取了较多的易耗散能量，当遭遇外力、结构变化等因素影响时，就会产生大量的小尺度涡，甚至还会伴随有能量的二次传递，加剧能量的耗散，因此湍动能场的形成为进气管扩容降速、反向对冲降速、上回流腔出口扩容降速和下回流腔回流降速提供了前提条件，也可以说，气流能量的大量损失和速度的大幅度降低归因于湍动能场的形成。

③ 从速度场测试结果分析可知，从分流对冲腔向下偏移的气流是主流与二次流的混合流，由于二次流未参与反向对冲，故在向下偏移时保持了相对较高的气流速度，验证了数值模拟结果的可靠性。二次流虽然未参与反向对冲，但其受扩容腔的二级扩容降速影响还是很明显的，降速幅度为 58.81%。

参考文献

[1] Yongxian Song, Rongbiao Zhang, Zhuo Shen. Research on data reliable transmission Based on energy balance in WSN[J]. Sensors & Transducers, 2014, 5(171): 268–275.

[2] 湛含辉, 成洁, 刘建文, 等. 二次流原理 [M]. 长沙：中南大学出版社, 2006.

[3] Briley W R, Mcdonald H. Three-dimensional viscous flows with large secondary velocity[J]. J Fluid Mech, 1984, 144: 47–77.

[4] 林志敏. 纽带及涡产生器在管内诱导的二次流强度及其强化传热特性研究 [D]. 兰州：兰州交通大学, 2011.

[5] 林奇燕, 郑群, 岳国强. 叶栅二次流旋涡结构与损失分析 [J]. 航空动力学报, 2007, 22(9): 1518–1524.

[6] 张金锁. 旋转曲线管道黏性流体流动特性研究 [D]. 杭州：浙江大学, 2001.

[7] 郭荣. 水力旋流器湍动两相流运动规律及其分离性能实测研究 [D]. 成都：四川联合大学, 1996.

[8] 王振波, 马艺, 金有海. 切流式旋流器内两相流场的模拟 [J]. 中国石油大学学报 (自然科学版), 2010, 34(4): 136–140.

[9] 吴翠平. SLG 型粉体表面改性机流场特性与数值模拟研究 [D]. 北京：中国矿业大学, 2013.

[10] 李强，丁珏，翁培奋．上海大学低湍流度低速风洞及气动设计 [J]．上海大学学报 (自然科学版)，2007, 13(2): 203–207.

[11] 伍荣林．风洞设计原理 [M]．北京：北京航空航天大学出版社，1985.

[12] 刘海洋，孔丽丽，陈智，等．可移动微型低速风洞的设计与试验 [J]．农机化研究，2016, 38(10): 244–249.

第 5 章　气固分离与内流场特性的关系

如图 3.44 所示，改进型风沙分离器内部气流的降速幅度明显大于初期风沙分离器，就连排沙口气流的降速幅度也比初期风沙分离器大出 10.42%，但是这两种风沙分离器的平均集沙效率却相差不大，仅比初期风沙分离器高出 1.65%（图 3.46）。

与单相流动相比，气固两相流动要复杂得多，随着两相流结构的不同以及两种物质状态或运动状态间组合的不同，其内在规律也发生显著变化。正是由于两相流动的复杂性，对气固两相流场特性进行分析是研究气固分离的一个必要环节。故通过研究改进型风沙分离器内部气固流场特性，分析稠相和稀相悬浮系统时气固两相间的关系、入口固相体积分数对气流速度的影响、固相的运动轨迹等，探究气固分离规律，估算气固分离效率，分析影响集沙效率的主要原因，为风沙分离器的后续优化与设计奠定理论基础。

5.1　气固两相流模型

常见的两相流包括液固两相流、气液两相流、气固两相流和液液两相流。所谓气固两相流，是指气相和固相组成的流动。由于气固分离流动、固相颗粒运动十分复杂，加上其运动控制方程的非线性，一般的解析办法难以得到精确的结果。

随着计算机运算能力的提高，使用数值计算方法，选择合适的计算模型和边界条件，可以很好地模拟气固分离空间内复杂的流动。数值模拟作为研究工具或者工程应用手段，愈来愈得到关注。采用数值模拟方法研究气固两相流时，国外许多学者把欧拉方法和拉格朗日法有机地结合起来，即对气相采用欧拉法，对固相则采用拉格朗日法。将流体相处理为连续相，在欧拉坐标系下建立 N–S 方程组求解其流动、传热及反应特性，而在拉格朗日坐标系下应用牛顿第二定律跟踪求解流场中的每一个粒子的运动轨迹来反映整个颗粒场，可以直接揭示每个颗粒的运动规律。在利用 FLUENT 软件进行数值求解时，针对不同的两相流问题需要选择不同的数值计算模型，如表 5.1 所示。

表 5.1 常用的两相流模型

多相流模型	特 点	适用场合
DPM 模型（离散相模型）	采用了欧拉－拉格朗日方法，连续相按欧拉方法计算，离散相按拉格朗日方法计算，可以跟踪单个粒子的运动轨迹，但需要忽略离散对连续相的影响。	离散相体积分数需小于 10%
VOF 模型（流体体积函数模型）	动量方程、连续方程等中的各物理参数采用的是各相体积平均值，连续相的体积值不是从体积守恒方程中得到，而是 1 减去离散相的体积值。	适用于非稳态模拟，且各相的流动速度差别不大
Mixture 模型（混合模型）	考虑了离散相和连续相的速度差，以及相互之间的作用。相与相之间是不相容的，动量方程及连续方程等中的各相物理参数采用的是各相体积平均值，连续相的体积值不是从体积守恒方程中得到，而是 1 减去离散相的体积值。	离散相体积分数需大于 10%
Eulerian 模型（欧拉模型）	对各相都进行单独计算，每相都有单独的守恒方程，各相独自计算迭代，计算量巨大。	Mixture 模型是 Eulerian 模型的折中

5.2 气固两相流场特性分析

5.2.1 气固两相悬浮系统

气固两相悬浮系统是指固体颗粒相与气体流体相之间相互掺杂、相互作用的体系。在悬浮系统内，气固两相流动不仅要考虑颗粒相在流体相中的各种类型的受力，而且也要考虑颗粒相之间的相互碰撞作用。当采用拉格朗日方法对颗粒相的运动轨迹进行描述时，随着颗粒相浓度的增加，颗粒相间的相互碰撞对气固两相流动有着非常重要的影响。颗粒相与流体相、颗粒相与颗粒相之间的相互作用是气固两相悬浮系统中动量与能量传递的主要方式。随着悬浮系统中颗粒浓度的不同，两者的相对地位也有所不同。

对于稀相悬浮系统，流体相与颗粒相之间的相互作用占主导地位，颗粒相与颗粒相之间的相互作用可以忽略不计；对于稠相悬浮系统，则需要考虑颗粒相与颗粒相之间的相互作用。研究认为，当颗粒相碰撞的平均自由行程大于颗粒之间的平均间隔时，可认为悬浮系统内每个颗粒都有足够的自由活动空间，此时的悬浮系统属于稀相，即需要满足：

$$(\sqrt{2}\pi n_p d_p{}^2)^{-1} > n_p^{-\frac{1}{3}} \qquad (5\text{-}1)$$

式中，d_p—颗粒粒径，m；

$\quad\quad n_p$—单位容积内颗粒的数量，粒 /m³。

将临界值：

$$\phi = \frac{1}{6}\pi n_p d_p{}^3 \qquad (5\text{-}2)$$

带入（5-1）式，可得：

$$\phi < 0.056 \qquad (5\text{-}3)$$

即当 $\phi < 0.056$ 时，悬浮系统属于稀相。

对于较小的颗粒体积份额（$\phi < 0.056$），颗粒向湍流的动量传输对流动基本不产生影响，颗粒和湍流之间只存在湍流对颗粒的单向耦合，这也意味着此时的颗粒扩散取决于湍流的状态。

5.2.2　稠相流场特性分析

（1）气固两相间的关系

对于同一稠相悬浮系统，在固相与气相的质量比和气相表观速度不变的条件下，若固相粒径相同，密度越小，单位体积中的固相数量就越多，固相浓度也就越大，固相间的相互作用程度加强，气固两相间的滑移速度增大，从而气相悬浮固相向前运动的能耗增加、阻力增大。因此，若固相密度变小或粒径变小，气相的能量损耗就增大，速度也就降低。

（2）入口固相体积分数对气流速度的影响分析

入口固相体积分数是指入口气流中固相颗粒所占的容积份额。当颗粒的容积份额大于 5% 时，颗粒沉降就会受阻，并且不再遵循斯托克斯定律。随着颗粒所占的体积分数的增大，当单个颗粒四周的流体边界层的厚度超过颗粒间间隔的二分之一时，就不能将单个球体颗粒的阻力系数应用于颗粒群了。在这种条件下，阻力系数是雷诺数 Re 和孔隙度 ε 的函数：

$$C_D = C_{DS}\varphi_{(\varepsilon)} \qquad (5\text{-}4)$$

式中，C_{DS} 为单个颗粒的阻力系数；$C_{DS} = \dfrac{24}{Re}\left(1+0.15Re^{0.687}\right)$；

Re —— 应根据单个颗粒在无限流体内自由沉降的终端速度 u_{ts} 计算；

$\varphi_{(\varepsilon)}$ —— 根据雷诺数 Re 来确定。

当 $Re > 500$ 时，$\varphi_{(\varepsilon)} = \varepsilon^{-4.78}$；当 $Re < 0.2$ 时，$\varphi_{(\varepsilon)} = \varepsilon^{-4.85}$；作为平均值可取 $\varphi_{(\varepsilon)} = \varepsilon^{-4.7}$。

当入口固相体积分数大于 5% 时，可认为气固两相流动系统已属于稠相悬浮系统，此时固相与固相间的双向耦合不再忽略，气相对固相的单向耦合也转变为两者间的双向耦合。因此，在稠相悬浮系统内，入口固相体积分数便成了影响气固两相流动不可忽视的因素。

图 5.1 给出了入口固相体积分数分别为 5%、10%、15% 和 20% 时对改进型风沙分离器内气流速度的变化趋势。图 5.2 则给出了入口固相体积分数分别为 5%、10%、15% 和 20% 时 $z = 157.5\text{mm}$ 和 $y = 0\text{mm}$ 截面内气流速度云图。从图 5.1 可以看出，入口固相体积分数对气流速度的影响明显，掺杂固相的入口气流在改进型风沙分离器内的降速效果明显好于纯气体的入口气流。当入口固相体积分数的逐渐增大时，气流速度有所降低，但是降低幅度不大，说明入口气流中掺杂固相颗粒时会增加气流在风沙分离器内能量的损耗，但随着入口固相体积分数的增大，对气流在风沙分离器内的能量损耗越来越不明显。

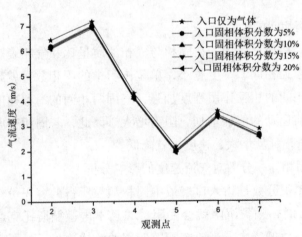

图 5.1 不同入口固相体积分数时气流速度变化趋势

对比图 5.2 和图 4.2（a）可以看出，气固两相流的流动规律与纯气相流基本一致，但其降速效果好于纯气相流。因此，在气固两相流场内，由于存在气固两相间的双向耦合，故会加剧气流能量的损耗，固相受气相的曳力和阻力影响也会降低，从而提高气固分离效果。

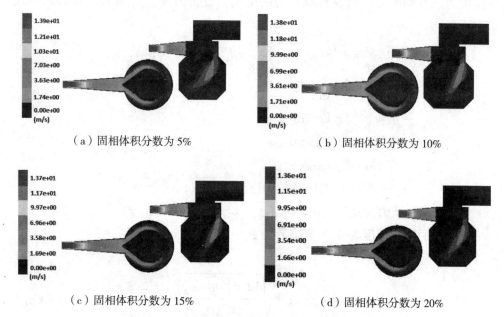

（a）固相体积分数为 5%　　　　　　　　（b）固相体积分数为 10%

（c）固相体积分数为 15%　　　　　　　　（d）固相体积分数为 20%

图 5.2　不同入口固相体积分数时气流速度云图

5.2.3　稀相流场的固相运动轨迹

（1）颗粒在悬浮系统中的受力分析

在气固两相悬浮系统中，颗粒的受力可归纳为三种类型：

① 气流对颗粒的作用力，即流体力，是指当气流与颗粒间存在相对运动时，流体对颗粒所产生的力。当气流速度大于颗粒运动速度时，气流对颗粒产生曳力；当颗粒运动速度大于气流速度时，颗粒受到气流阻力。

② 颗粒与颗粒、颗粒与壁面间的相互接触、碰撞所产生的作用力，即固体力。在气固两相流动中，由于气流中颗粒群在颗粒粒径、运动速度等方面不完全一致，通常不可避免地在颗粒与颗粒、颗粒与壁面之间产生碰撞与摩擦，形成固体间的作用力。

③ 外界物理场对颗粒的作用力，即场力。如重力场对颗粒运动所产生的作用力，以及在一些特定情况下，如磁场、电场等对铁磁颗粒或带电颗粒运动所产生的作用力。

对于稀相悬浮系统，与颗粒本身的惯性相比，固体力、Basset 力、Saffman 力和 Magnus 力等均很小，可忽略不计，而只考虑重力场影响。此时，颗粒受到气流曳力、气动阻力，以及自身重力的影响，设合力为 F_p，则其计算公式可表示为：

$$F_p = \frac{1}{6}\pi d_p{}^3 g\left(\rho_p - \rho_g\right) - \frac{1}{8}\pi d_p{}^2 C_D \rho_g \left(u_g - u_p\right)^2 \tag{5-5}$$

式中，d_p——颗粒直径，m；

ρ_p——颗粒密度，kg / m³；

ρ_g——空气密度，kg / m³；

C_D——流体的阻力系数；

u_g、u_p——空气和固体颗粒的速度，m / s；

g——重力加速度，m / s²。

设颗粒的沉降速度为 u_m，取临界值 $F_p = 0$，则：

$$u_m = u_g - u_p = \sqrt{\frac{4 d_p g\left(\rho_p - \rho_g\right)}{3 C_D \rho_g}} \tag{5-6}$$

当 $u_p = 0$ 时，颗粒悬浮于流体中，此时 $u_m = u_g$；当 $u_m > u_g$ 时，颗粒下沉；当 $u_m < u_g$ 时，颗粒上升。

可见，气流速度和颗粒速度是影响气固分离和颗粒沉降的关键因素。

（2）气相对固相的单向耦合

从前述的风洞试验数据看，在利用风洞模拟不同风速下的风沙流时，土样在截面 1m×1.2m 的风洞里输送时间平均为 10 ~ 11 分钟，且土样为粒径 $d_p < 0.5$mm 的混合土样。假设土样呈均匀的球形，密度为 2650kg / m³，当试验风速为 $v \geq 6$m / s 时，土样浓度为 $n_p < \dfrac{1}{190800\pi d_p{}^3}$ 粒 / m³，再将这些参数代入公式（5-2），可得出风洞内气固悬浮系统的临界值为 $\phi < 8.74 \times 10^{-7}$。

将临界值 $\phi < 8.74 \times 10^{-7}$ 对比公式（5-3）的参考值可知，前述的风洞输沙环境属于稀相悬浮系统。在该悬浮系统中，可忽略固相对气相的耦合，仅考虑气相对固相的单向耦合。在单向耦合时，气相不受固相体积分数、运动速度、振荡时间、惯性力等的影响，但固相却受气相流动速度、湍流脉动等因素的影响。当可以忽略固相对气相的影响时，固相往往被作为离散存在的单个粒子，计算时，首先计算气相流场，再结合流场变量求解每一个粒子的运动轨道。

（3）颗粒相运动轨迹

在气相流场中加入固相必然要引起气相质量、动量、能量的变化，因此气固两相湍流流动模拟的关键在于固相的模拟。基于欧拉－拉格朗日方法的固相随机轨道模型是对粒子运动特征的描述，该模型将气相看作连续相，固相看作离散相。气相的运动规律采用连续介质的 N–S 方程进行描述，固相的运动轨迹则通过分析拉格朗日坐标系中每个粒子的运动轨迹进行描述。离散的固相在气相中受力 F 而发生线性运动，速度的改变量 Δv 为：

$$\Delta v = \frac{F}{m} \Delta t \tag{5-7}$$

式中，Δv —— 速度改变量，m / s；

　　　Δt —— 时间间隔，s；

　　　F —— 风力，N；

　　　m —— 单个粒子的质量，kg。

则可以估算出离散的固相在 $t + \Delta v$ 时刻的位移：

$$S_{t+\Delta t} = S_t + \Delta t \left(v_t + \frac{F}{m} \Delta t \right) \tag{5-8}$$

固相作为离散相处于稀相悬浮系统时，才可以忽略固相与固相之间的耦合作用和固相体积分数等对连续相的影响，这意味着颗粒相的体积分数必然很低。

假设固相与气相同时、等速进入改进型风沙分离器，气相为空气，作为主相，密度取 1.205kg / m³；固相为土壤粒子，作为离散的第二相，密度取 2650kg / m³，粒径分别取 0.5mm、0.1mm 和 0.01mm，进行粒子运动轨迹的数值模拟。首先对气相进行数值模拟，在计算域内固体壁面采用无滑移边界条件，对于近壁面区域流动则采用满足对数分布的标准壁面函数条件，数值计算设置如表 3.7 所示。气相流场数值计算完毕后，再采用 Injections 来添加入口的粒子喷射流，由前述的风洞测试数据推算可知，固相的质量流量为 0.0152kg/s，初始速度按强风气流的最大值 13.8m / s 给出，沿 x 轴负方向进入，则得出 0.5mm、0.1mm 和 0.01mm 三种粒子的运动轨迹。

从图 5.3 可以看出：

① 在进气管和分流对冲腔内，粒径 0.5mm 的粒子的运动轨迹较多，且杂乱无序，而且碰触壁面后的反弹现象也较为明显，说明此时粒子具有较大的惯性力，在反向对冲区域的回流影响下，形成了全方位振荡，有些粒子甚至逆流而回至进气管，并未从进气口逃逸，说明选择合适长度的进气管是很有必要的。

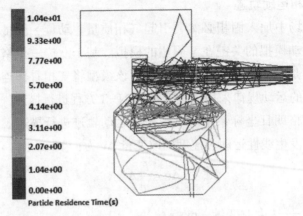

图 5.3　粒径 0.5mm 粒子的运动轨迹

但是，粒子的振荡时间不长，大约 1s 左右，说明此时粒子对气流的跟随性较好，气固并未发生分离。

②在扩容腔和反向对冲腔内，粒子振荡时间增加，有些粒子的振荡时间达 10s 以上，从前述的气相湍动能场分析结果可知，上回流腔是涡流场分布范围最广的区域，但此时粒子并未形成旋流轨迹，却是运动轨迹与壁面的交点增多，再由公式（2-4）可知，此时气流已无力曳引粒径 0.5mm 的粒子，说明此时粒子的自身惯性力已经破坏了回流腔内流场的诱导，发生气固分离，仅靠惯性力影响形成了长时间的振荡。通过长时间的振荡，可以加剧粒子动能的损耗，有利于粒子惯性力的减弱。

③在分离腔内，粒子的运动轨迹均是从上回流腔出口逃逸的，保持了原有的动能，进而才形成了 4～10s 的长时间振荡，待动能耗尽后，最终会靠自身重力落入集沙盒。

④排气管内出现了一条粒子的运动轨迹，该轨迹在碰触壁面后又返回了分离器，说明当入口气固两相流受强风作用时，排气管内粒径 0.5mm 的粒子仅靠其惯性力影响而从排气口排出的可能性不大。

从图 5.4 可以看出：

①在进气管和分流对冲腔内，粒径 0.1mm 的粒子的运动轨迹较集中于中心轴线区域，而且运动轨迹平滑有序，在反向对冲区域的回流影响下，存在回流现象，但并未返回进气管，而是随气流进入扩容腔，振荡时间在 0.75s 以下，说明此时粒径 0.1mm 的粒子受自身惯性力的影响远小于受气流的曳力影响，对气流的跟随性较好，气固未发生分离。

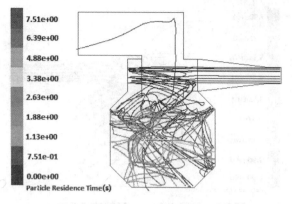

图 5.4　粒径 0.1mm 粒子的运动轨迹

② 在扩容腔和上回流腔内，粒子的运动轨迹变乱，但圆滑的运动轨迹还是很明显的，而且振荡时间不长，约 1s 左右，说明此时粒子仍未脱离气流。

③ 在分离腔内，粒子振荡时间增加，有的粒子振荡时间达 7s 以上，碰触壁面的机会增多，说明此时粒子已脱离气流，发生气固分离，其惯性力起到主要作用，从而形成长时间振荡。

④ 排气管内出现了一条粒子的运动轨迹，该动轨迹并没有碰触壁面，便随气流排出，说明当入口气流为强风时，粒径 0.1mm 的粒子在其惯性力和气流曳力共同作用下，存在从排气口排出的可能性。

从图 5.5 可以看出，粒径 0.01mm 的粒子的运动轨迹线变得更加平顺、圆滑，运动轨迹与流体矢量相近，尤其在上回流腔内，运动轨迹呈旋流状，且在腔体内滞留时间较短，约 1s 左右，说明粒径 0.01mm 的粒子对气流的跟随性更好，其惯性力几乎无影响，在风沙分离器内部发生气固分离的可能性较小，而且当入口气流为强风时，粒径 0.1mm 的粒子从排气口排出的可能性变大。

综上所述，当气固两相流受强风作用时，固相粒子在改进型风沙分离器内部呈现出如下运动规律：

① 粒子会受到自身惯性力和气流曳力的综合影响，粒子的粒径越小，受自身惯性力影响就越小，对气流的跟随性就越好，从排气口排出的可能性就越大；粒子的粒径越大，受自身惯性力影响就越大，对气流的跟随性就越差，从排气口排出的可能性就越小。

② 粒子的振荡时间取决于其粒径，粒径越小，受其自身惯性力影响就越小，振荡时间也就越短；粒径越大，受其自身惯性力影响就越大，振荡时间也就越长。

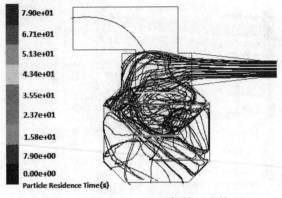

图 5.5 粒径 0.01mm 颗粒的运动轨迹

③ 粒径较大的粒子虽然对气流的跟随性较差，但由于受其自身惯性力的影响较大，存在从排气口排出的可能性，故会直接影响了气固分离效率和集沙效率。

④ 粒子的粒径越大，气流对其曳引能力就越差，碰壁的概率和次数就越多，随机性就越大，发生气固分离的位置就越靠前。

⑤ 粒径接近或大于 0.5mm 的粒子受流场变化的影响较小，惯性运动起主要作用，几乎不受流场的诱导，在上回流腔内便会发生脱离气流，受强风作用时从排气口排出的可能性不大；而粒径接近或小于 0.1mm 的粒子则较容易受到流场的诱导，多数在分离腔内才能脱离气流，尤其是粒径接近或小于 0.01mm 的粒子，在风沙分离器内始终跟随气流，从风沙分离器排出后才有可能脱离气流，因此粒径接近或小于 0.1mm 是影响集沙效率的主要粒径分布范围。

从上述分析看，粒子在改进型风沙分离器内部的运动特征与蒋勇等人的研究是相一致的，他认为在气固两相流中，粒子的粒径较大时，气流携带能力差，粒子碰壁的机会增多，随机性也增大。也有研究认为，粒径大于 0.5mm 的粒子对流场的变化不太敏感，惯性运动占主导，几乎不受流场的约束，而粒径小于 0.5mm 的粒子则容易被气流曳引而随气流脉动。

5.3 气固分离的微型风洞试验

5.3.1 试验条件

试验条件：室内，无外界风力干扰，常压，温度 20 ～ 23℃。

所采设备：室内微型试验风洞（图 4.9）1 台，I2000 数字电子秤 1 台，Testo 425 热敏风速仪 1 部，BT2001 激光粒度分布仪（图 5.6）1 台，刻度尺 1 把，胶布 1 捆，土样收集袋 6 个，改进型风沙分离器 1 个、容积为 1.5kg 的集沙盒 1 个，输沙漏斗 1 个，称沙容器 1 个，土样收集盒 6 个，试验架 1 个，调整板若干。

图 5.6 BT-2001 激光粒度分布仪

BT-2001 激光粒度分布仪是一种集干法测试和湿法测试于一体的高性能激光粒度仪，测试部分采用半导体激光器和高精度光电接收器阵列形式，利用多通道数据转换电路与串行数据传输方式，配合自动对中系统等，完成对不同粒径粒子的含量测试。

5.3.2 试验方法

试验前，在改进型风沙分离器进气管等容段上端设计一个输沙孔，将输沙漏斗固定在输沙孔上，密封间隙。再将改进型风沙分离器固定在试验架上，通过调整板让进气口正对微型风洞实验段的中心轴线方向，排沙口下面放置集沙盒。在排气口后面放置一个口径大于排气管直径的土样收集袋，长约 1m，固定在室内微型风洞的支架上，试验系统如图 5.7 所示。

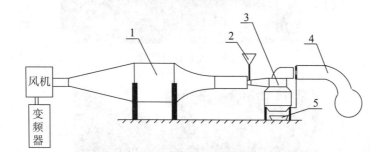

1—微型风洞 2—输沙漏斗 3—改进型风沙分离器 4—土样收集袋 5—集沙盒

图 5.7 气固分离效率测试系统

试验土样来自于内蒙古农业大学科技园试验田，首先将试验土样自然干燥，利用 I2000 电子秤从干燥后的试验土样中称取 1kg，利用恒温箱烘干法，在

105℃的烘箱内将土样烘 6 ~ 8 小时至恒重，利用土样含水率公式计算得出自然干燥后土样的含水率约 1.34%。然后利用 32 目标准筛，筛出粒径小于 0.5mm 的混合土样，取 24 份，每份 1kg。

（1）测试分离效率和土样粒径收集范围

试验时，取 6m/s、9m/s、12m/s、13.8m/s、15m/s 和 18m/s 六个试验风速，先将 Testo425 热敏风速仪探头从微型风洞实验段的测速孔伸入，放置于实验段中心轴线位置，对准来流方向，开启变频器，风机运转，缓慢调节变频器旋钮，待风速升至试验风速时，稳定风速，取出风速仪，用胶带密封测速孔。开始往输沙漏斗内添加土样，添加时间不少于 5 分钟（图 5.8）。每个试验风速做 3 次，利用 I2000 数字电子秤将每次试验后集沙盒收集的土样称重，取均值，用于分析分离效率；同一试验风速采用同一个土样收集袋，试验完毕后，将排气口排出的土样存放于 6 个土样收集盒，用于分析土样粒径收集范围。

分析土样粒径时，采用湿法测试，水桶清洗干净，加入干净的清水。测试前，先用清水在测试系统内循环若干次，以清洗干净流通管道。测试时，将土样添加到粒度分布仪的分析腔，用清水冲洗土样收集袋，所得水土混合物也添加到分析腔，开启粒径分析测试系统（图 5.9）。

图 5.8　气固分离试验

图 5.9　BT2001 激光粒度分布仪测试系统（湿法）

（2）测试不同入口体积分数对分离效率的影响

试验土样取 6 份，每份 1kg，土样添加时间依次取 300s、250s、200s、150s、100s 和 50s 左右，换算后的土样所占体积比例即为土样的不同入口体积分数。试验时，稳定试验风速至 18m/s，开始添加土样，待试验完毕后，利用 I2000 数字电子秤将每次试验后集沙盒收集的土样称重，记录数据。

5.3.3　试验结果及分析

（1）土样粒径收集范围分析

从表 5.2 可知，土样在入口气流中所占体积分数远远小于 5%，因此在改进型风沙分离器内部形成了与前述的粒子运动轨迹数值模拟的边界条件相一致的稀相悬浮系统。

表 5.2　各个试验风速时土样输送时间及体积分数

试验风速（m/s）	6	9	12	13.8	15	18
平均输沙时间（s）	310	325	331	316	309	306
体积分数	0.06%	0.038%	0.028%	0.026%	0.024%	0.02%

图 5.10 是试验前土样的粒径分布范围的检测报告截图。从图中可以看出，试验前土样粒径分布于 0.554μm ～ 450.9μm 之间，粒径小于 243.5μm 的土样占了 90%，粒径大于 117.1μm 和小于 117.1μm 的土样各占一半。

图 5.11（a）～（f）是在试验风速分别为 6m/s、9m/s、12m/s、13.8m/s、15m/s 和 18m/s 时排气口排出土样的粒径分布范围的检测报告截图。

从图 5.11（a）可以看出，当试验风速为 6m/s 时，从排气口排出土样的粒径分布在 8.059μm 以下，其中粒径小于 4.957μm 的土样约占 90%，说明在风速为 6m/s 的输沙环境时，粒径大于 8.059μm 的土样只要进入改进型风沙分离器，就可完全被收集，粒径大于 4.957μm 的土样可多数被收集。再对比图 5.11（b）～（f）可以看出，随着试验风速的继续增大，从排气口排出土样的粒径也随之增大，可被改进型风沙分离器完全收集的土样的粒径分布范围随之减小。

从表 5.3 可知，当风沙流受强风作用时，粒径 32.41μm 以上的土样只要进入改进型风沙分离器，就可被完全收集，略大于经验公式推算的粒径 24μm。

| D3:3.185um | | D6:6.192um | | D10:11.89um | | D16:22.25um | | D25:48.50um | | |
| D75:182.1um | | D84:214.4um | | D90:243.5um | | D97:300.2um | | D98:316.7um | | |

粒径um	区间%	累积%	粒径um	区间%	累积%	粒径um	区间%	累积%	粒径um	区间%	累积%
0.100 - 0.111	0	0	1.054 - 1.173	0.15	0.54	11.11 - 12.36	0.81	10.29	117.1 - 130.3	5.55	55.18
0.111 - 0.123	0	0	1.173 - 1.305	0.15	0.69	12.36 - 13.76	0.9	11.19	130.3 - 145.1	6.11	61.29
0.123 - 0.137	0	0	1.305 - 1.453	0.16	0.85	13.76 - 15.32	0.97	12.16	145.1 - 161.4	6.43	67.72
0.137 - 0.153	0	0	1.453 - 1.617	0.2	1.05	15.32 - 17.05	1.04	13.2	161.4 - 179.7	6.43	74.15
0.153 - 0.170	0	0	1.617 - 1.800	0.22	1.27	17.05 - 18.97	1.09	14.29	179.7 - 200.0	6.15	80.3
0.170 - 0.190	0	0	1.800 - 2.003	0.24	1.51	18.97 - 21.12	1.14	15.43	200.0 - 222.6	5.59	85.89
0.190 - 0.211	0	0	2.003 - 2.230	0.29	1.8	21.12 - 23.51	1.19	16.62	222.6 - 247.8	4.84	90.73
0.211 - 0.235	0	0	2.230 - 2.482	0.32	2.12	23.51 - 26.16	1.17	17.79	247.8 - 275.8	3.88	94.61
0.235 - 0.262	0	0	2.482 - 2.762	0.35	2.47	26.16 - 29.12	1.18	18.97	275.8 - 306.9	2.79	97.4
0.262 - 0.291	0	0	2.762 - 3.075	0.39	2.86	29.12 - 32.41	1.17	20.14	306.9 - 341.6	1.7	99.1
0.291 - 0.324	0	0	3.075 - 3.422	0.42	3.28	32.41 - 36.07	1.2	21.34	341.6 - 374.7	0.71	99.81
0.324 - 0.361	0	0	3.422 - 3.809	0.45	3.73	36.07 - 40.15	1.23	22.57	374.7 - 411.1	0.15	99.96
0.361 - 0.402	0	0	3.809 - 4.239	0.46	4.19	40.15 - 44.69	1.33	23.9	411.1 - 450.9	0.04	100
0.402 - 0.447	0	0	4.239 - 4.718	0.49	4.68	44.69 - 49.74	1.46	25.36	450.9 - 494.6	0	100
0.447 - 0.498	0	0	4.718 - 5.251	0.5	5.18	49.74 - 55.36	1.66	27.02	494.6 - 542.5	0	100
0.498 - 0.554	0	0	5.251 - 5.845	0.52	5.7	55.36 - 61.61	1.91	28.93	542.5 - 595.1	0	100
0.554 - 0.617	0.01	0.01	5.845 - 6.505	0.54	6.24	61.61 - 68.58	2.23	31.16	595.1 - 652.8	0	100
0.617 - 0.686	0.03	0.04	6.505 - 7.241	0.57	6.81	68.58 - 76.33	2.61	33.77	652.8 - 716.0	0	100
0.686 - 0.764	0.05	0.09	7.241 - 8.059	0.59	7.4	76.33 - 84.95	3.07	36.84	716.0 - 785.4	0	100
0.764 - 0.850	0.08	0.17	8.059 - 8.970	0.63	8.03	84.95 - 94.55	3.62	40.46	785.4 - 861.5	0	100

图 5.10　试验土样的粒径分布范围（检测报告截图）

| D3:0.973um | | D6:1.105um | | D10:1.256um | | D16:1.415um | | D25:1.747um | | |
| D75:3.924um | | D84:4.568um | | D90:4.957um | | D97:5.762um | | D98:5.936um | | |

粒径um	区间%	累积%	粒径um	区间%	累积%	粒径um	区间%	累积%	粒径um	区间%	累积%
0.100 - 0.111	0	0	1.054 - 1.173	3.16	7.42	11.11 - 12.36	0	100	117.1 - 130.3	0	100
0.111 - 0.123	0	0	1.173 - 1.305	3.94	11.36	12.36 - 13.76	0	100	130.3 - 145.1	0	100
0.123 - 0.137	0	0	1.305 - 1.453	4.76	16.12	13.76 - 15.32	0	100	145.1 - 161.4	0	100
0.137 - 0.153	0	0	1.453 - 1.617	5.07	21.19	15.32 - 17.05	0	100	161.4 - 179.7	0	100
0.153 - 0.170	0	0	1.617 - 1.800	5.43	26.62	17.05 - 18.97	0	100	179.7 - 200.0	0	100
0.170 - 0.190	0	0	1.800 - 2.003	5.51	32.13	18.97 - 21.12	0	100	200.0 - 222.6	0	100
0.190 - 0.211	0	0	2.003 - 2.230	5.89	38.02	21.12 - 23.51	0	100	222.6 - 247.8	0	100
0.211 - 0.235	0	0	2.230 - 2.482	6.24	44.26	23.51 - 26.16	0	100	247.8 - 275.8	0	100
0.235 - 0.262	0	0	2.482 - 2.762	6.85	51.11	26.16 - 29.12	0	100	275.8 - 306.9	0	100
0.262 - 0.291	0	0	2.762 - 3.075	7.28	58.39	29.12 - 32.41	0	100	306.9 - 341.6	0	100
0.291 - 0.324	0	0	3.075 - 3.422	7.52	65.91	32.41 - 36.07	0	100	341.6 - 374.7	0	100
0.324 - 0.361	0	0	3.422 - 3.809	7.89	73.8	36.07 - 40.15	0	100	374.7 - 411.1	0	100
0.361 - 0.402	0	0	3.809 - 4.239	7.35	81.15	40.15 - 44.69	0	100	411.1 - 450.9	0	100
0.402 - 0.447	0	0	4.239 - 4.718	6.37	87.52	44.69 - 49.74	0	100	450.9 - 494.6	0	100
0.447 - 0.498	0	0	4.718 - 5.251	5.52	93.04	49.74 - 55.36	0	100	494.6 - 542.5	0	100
0.498 - 0.554	0.08	0.08	5.251 - 5.845	4.87	97.91	55.36 - 61.61	0	100	542.5 - 595.1	0	100
0.554 - 0.617	0.12	0.2	5.845 - 6.505	2.03	99.94	61.61 - 68.58	0	100	595.1 - 652.8	0	100
0.617 - 0.686	0.26	0.46	6.505 - 7.241	0.05	99.99	68.58 - 76.33	0	100	652.8 - 716.0	0	100
0.686 - 0.764	0.39	0.85	7.241 - 8.059	0.01	100	76.33 - 84.95	0	100	716.0 - 785.4	0	100
0.764 - 0.850	0.73	1.58	8.059 - 8.970	0	100	84.95 - 94.55	0	100	785.4 - 861.5	0	100
0.850 - 0.947	0.94	2.52	8.970 - 9.983	0	100	94.55 - 105.2	0	100	861.5 - 945.0	0	100
0.947 - 1.054	1.74	4.26	9.983 - 11.11	0	100	105.2 - 117.1	0	100	945.0 - 1036	0	100

（a）试验风速为 6m/s 时

图 5.11　试验风速为 6 ~ 18m/s 时排气口排出土样的粒径分布范围（检测报告截图）

D3:0.986um	D6:1.334um	D10:1.692um	D16:2.205um	D25:2.804um
D75:7.653um	D84:8.762um	D90:9.835um	D97:11.76um	D98:12.15um

粒径um	区间%	累积%	粒径um	区间%	累积%	粒径um	区间%	累积%	粒径um	区间%	累积%
0.100 - 0.111	0	0	1.054 - 1.173	1.21	4.37	11.11 - 12.36	3.64	98.7	117.1 - 130.3	0	100
0.111 - 0.123	0	0	1.173 - 1.305	1.32	5.69	12.36 - 13.76	1.25	99.95	130.3 - 145.1	0	100
0.123 - 0.137	0	0	1.305 - 1.453	1.52	7.21	13.76 - 15.32	0.04	99.99	145.1 - 161.4	0	100
0.137 - 0.153	0	0	1.453 - 1.617	1.73	8.94	15.32 - 17.05	0.01	100	161.4 - 179.7	0	100
0.153 - 0.170	0	0	1.617 - 1.800	2.19	11.13	17.05 - 18.97	0	100	179.7 - 200.0	0	100
0.170 - 0.190	0	0	1.800 - 2.003	2.67	13.8	18.97 - 21.12	0	100	200.0 - 222.6	0	100
0.190 - 0.211	0	0	2.003 - 2.230	3.15	16.95	21.12 - 23.51	0	100	222.6 - 247.8	0	100
0.211 - 0.235	0	0	2.230 - 2.482	3.38	20.33	23.51 - 26.16	0	100	247.8 - 275.8	0	100
0.235 - 0.262	0	0	2.482 - 2.762	3.74	24.07	26.16 - 29.12	0	100	275.8 - 306.9	0	100
0.262 - 0.291	0	0	2.762 - 3.075	4.07	28.14	29.12 - 32.41	0	100	306.9 - 341.6	0	100
0.291 - 0.324	0	0	3.075 - 3.422	4.35	32.49	32.41 - 36.07	0	100	341.6 - 374.7	0	100
0.324 - 0.361	0	0	3.422 - 3.809	4.62	37.11	36.07 - 40.15	0	100	374.7 - 411.1	0	100
0.361 - 0.402	0	0	3.809 - 4.239	4.93	42.04	40.15 - 44.69	0	100	411.1 - 450.9	0	100
0.402 - 0.447	0	0	4.239 - 4.718	5.16	47.2	44.69 - 49.74	0	100	450.9 - 494.6	0	100
0.447 - 0.498	0	0	4.718 - 5.251	5.47	52.67	49.74 - 55.36	0	100	494.6 - 542.5	0	100
0.498 - 0.554	0.06	0.06	5.251 - 5.845	5.84	58.51	55.36 - 61.61	0	100	542.5 - 595.1	0	100
0.554 - 0.617	0.11	0.17	5.845 - 6.505	6.23	64.74	61.61 - 68.58	0	100	595.1 - 652.8	0	100
0.617 - 0.686	0.18	0.35	6.505 - 7.241	6.73	71.47	68.58 - 76.33	0	100	652.8 - 716.0	0	100
0.686 - 0.764	0.37	0.72	7.241 - 8.059	7.33	78.8	76.33 - 84.95	0	100	716.0 - 785.4	0	100
0.764 - 0.850	0.64	1.36	8.059 - 8.970	6.24	85.04	84.95 - 94.55	0	100	785.4 - 861.5	0	100
0.850 - 0.947	0.83	2.19	8.970 - 9.983	5.34	90.38	94.55 - 105.2	0	100	861.5 - 945.0	0	100
0.947 - 1.054	0.97	3.16	9.983 - 11.11	4.68	95.06	105.2 - 117.1	0	100	945.0 - 1036	0	100

（b）试验风速为 9m/s 时

D3:1.267um	D6:1.624um	D10:2.105um	D16:2.804um	D25:4.154um
D75:13.11um	D84:15.78um	D90:17.95um	D97:20.81um	D98:21.56um

粒径um	区间%	累积%	粒径um	区间%	累积%	粒径um	区间%	累积%	粒径um	区间%	累积%
0.100 - 0.111	0	0	1.054 - 1.173	0.74	2.29	11.11 - 12.36	6.67	71.57	117.1 - 130.3	0	100
0.111 - 0.123	0	0	1.173 - 1.305	0.93	3.22	12.36 - 13.76	6.32	77.89	130.3 - 145.1	0	100
0.123 - 0.137	0	0	1.305 - 1.453	1.23	4.45	13.76 - 15.32	5.86	83.75	145.1 - 161.4	0	100
0.137 - 0.153	0	0	1.453 - 1.617	1.54	5.99	15.32 - 17.05	5.14	88.89	161.4 - 179.7	0	100
0.153 - 0.170	0	0	1.617 - 1.800	1.67	7.66	17.05 - 18.97	4.65	93.54	179.7 - 200.0	0	100
0.170 - 0.190	0	0	1.800 - 2.003	1.85	9.51	18.97 - 21.12	3.96	97.5	200.0 - 222.6	0	100
0.190 - 0.211	0	0	2.003 - 2.230	1.89	11.4	21.12 - 23.51	2.37	99.87	222.6 - 247.8	0	100
0.211 - 0.235	0	0	2.230 - 2.482	2.08	13.48	23.51 - 26.16	0.12	99.99	247.8 - 275.8	0	100
0.235 - 0.262	0	0	2.482 - 2.762	2.26	15.74	26.16 - 29.12	0.01	100	275.8 - 306.9	0	100
0.262 - 0.291	0	0	2.762 - 3.075	2.37	18.11	29.12 - 32.41	0	100	306.9 - 341.6	0	100
0.291 - 0.324	0	0	3.075 - 3.422	2.46	20.57	32.41 - 36.07	0	100	341.6 - 374.7	0	100
0.324 - 0.361	0	0	3.422 - 3.809	2.62	23.19	36.07 - 40.15	0	100	374.7 - 411.1	0	100
0.361 - 0.402	0	0	3.809 - 4.239	2.78	25.97	40.15 - 44.69	0	100	411.1 - 450.9	0	100
0.402 - 0.447	0	0	4.239 - 4.718	2.94	28.91	44.69 - 49.74	0	100	450.9 - 494.6	0	100
0.447 - 0.498	0	0	4.718 - 5.251	3.32	32.23	49.74 - 55.36	0	100	494.6 - 542.5	0	100
0.498 - 0.554	0.03	0.03	5.251 - 5.845	3.62	35.85	55.36 - 61.61	0	100	542.5 - 595.1	0	100
0.554 - 0.617	0.08	0.11	5.845 - 6.505	3.88	39.73	61.61 - 68.58	0	100	595.1 - 652.8	0	100
0.617 - 0.686	0.14	0.25	6.505 - 7.241	4.11	43.84	68.58 - 76.33	0	100	652.8 - 716.0	0	100
0.686 - 0.764	0.19	0.44	7.241 - 8.059	4.53	48.37	76.33 - 84.95	0	100	716.0 - 785.4	0	100
0.764 - 0.850	0.27	0.71	8.059 - 8.970	4.89	53.26	84.95 - 94.55	0	100	785.4 - 861.5	0	100
0.850 - 0.947	0.35	1.06	8.970 - 9.983	5.43	58.69	94.55 - 105.2	0	100	861.5 - 945.0	0	100
0.947 - 1.054	0.49	1.55	9.983 - 11.11	6.21	64.9	105.2 - 117.1	0	100	945.0 - 1036	0	100

（c）试验风速为 12m/s 时

图 5.11（续）

| D3:1.287um | D6:1.664um | D10:2.055um | D16:2.895um | D25:4.306um |
| D75:13.15um | D84:16.23um | D90:18.34um | D97:24.13um | D98:25.67um |

粒径um	区间%	累积%	粒径um	区间%	累积%	粒径um	区间%	累积%	粒径um	区间%	累积%
0.100 - 0.111	0	0	1.054 - 1.173	0.67	2.13	11.11 - 12.36	6.47	71.1	117.1 - 130.3	0	100
0.111 - 0.123	0	0	1.173 - 1.305	0.92	3.05	12.36 - 13.76	6.11	77.21	130.3 - 145.1	0	100
0.123 - 0.137	0	0	1.305 - 1.453	1.13	4.18	13.76 - 15.32	5.35	82.56	145.1 - 161.4	0	100
0.137 - 0.153	0	0	1.453 - 1.617	1.34	5.52	15.32 - 17.05	4.27	86.83	161.4 - 179.7	0	100
0.153 - 0.170	0	0	1.617 - 1.800	1.56	7.08	17.05 - 18.97	3.87	90.7	179.7 - 200.0	0	100
0.170 - 0.190	0	0	1.800 - 2.003	1.73	8.81	18.97 - 21.12	3.23	93.93	200.0 - 222.6	0	100
0.190 - 0.211	0	0	2.003 - 2.230	1.79	10.6	21.12 - 23.51	2.78	96.71	222.6 - 247.8	0	100
0.211 - 0.235	0	0	2.230 - 2.482	1.97	12.57	23.51 - 26.16	2.03	98.74	247.8 - 275.8	0	100
0.235 - 0.262	0	0	2.482 - 2.762	2.13	14.7	26.16 - 29.12	1.25	99.99	275.8 - 306.9	0	100
0.262 - 0.291	0	0	2.762 - 3.075	2.24	16.94	29.12 - 32.41	0.01	100	306.9 - 341.6	0	100
0.291 - 0.324	0	0	3.075 - 3.422	2.35	19.29	32.41 - 36.07	0	100	341.6 - 374.7	0	100
0.324 - 0.361	0	0	3.422 - 3.809	2.64	21.93	36.07 - 40.15	0	100	374.7 - 411.1	0	100
0.361 - 0.402	0	0	3.809 - 4.239	2.79	24.72	40.15 - 44.69	0	100	411.1 - 450.9	0	100
0.402 - 0.447	0	0	4.239 - 4.718	3.36	28.08	44.69 - 49.74	0	100	450.9 - 494.6	0	100
0.447 - 0.498	0	0	4.718 - 5.251	3.44	31.52	49.74 - 55.36	0	100	494.6 - 542.5	0	100
0.498 - 0.554	0.03	0.03	5.251 - 5.845	3.73	35.25	55.36 - 61.61	0	100	542.5 - 595.1	0	100
0.554 - 0.617	0.07	0.1	5.845 - 6.505	3.92	39.17	61.61 - 68.58	0	100	595.1 - 652.8	0	100
0.617 - 0.686	0.12	0.22	6.505 - 7.241	4.02	43.19	68.58 - 76.33	0	100	652.8 - 716.0	0	100
0.686 - 0.764	0.17	0.39	7.241 - 8.059	4.55	47.74	76.33 - 84.95	0	100	716.0 - 785.4	0	100
0.764 - 0.850	0.25	0.64	8.059 - 8.970	5.12	52.86	84.95 - 94.55	0	100	785.4 - 861.5	0	100
0.850 - 0.947	0.33	0.97	8.970 - 9.983	5.68	58.54	94.55 - 105.2	0	100	861.5 - 945.0	0	100
0.947 - 1.054	0.49	1.46	9.983 - 11.11	6.09	64.63	105.2 - 117.1	0	100	945.0 - 1036	0	100

（d）试验风速为 13.8m/s 时

| D3:1.367um | D6:1.856um | D10:2.425um | D16:3.514um | D25:5.331um |
| D75:18.24um | D84:21.35um | D90:23.88um | D97:28.97um | D98:30.39um |

粒径um	区间%	累积%	粒径um	区间%	累积%	粒径um	区间%	累积%	粒径um	区间%	累积%
0.100 - 0.111	0	0	1.054 - 1.173	0.58	1.92	11.11 - 12.36	5.13	54.17	117.1 - 130.3	0	100
0.111 - 0.123	0	0	1.173 - 1.305	0.75	2.67	12.36 - 13.76	5.32	59.49	130.3 - 145.1	0	100
0.123 - 0.137	0	0	1.305 - 1.453	0.92	3.59	13.76 - 15.32	5.82	65.31	145.1 - 161.4	0	100
0.137 - 0.153	0	0	1.453 - 1.617	1.03	4.62	15.32 - 17.05	6.22	71.53	161.4 - 179.7	0	100
0.153 - 0.170	0	0	1.617 - 1.800	1.15	5.77	17.05 - 18.97	6.33	77.86	179.7 - 200.0	0	100
0.170 - 0.190	0	0	1.800 - 2.003	1.31	7.08	18.97 - 21.12	5.94	83.8	200.0 - 222.6	0	100
0.190 - 0.211	0	0	2.003 - 2.230	1.43	8.51	21.12 - 23.51	5.33	89.13	222.6 - 247.8	0	100
0.211 - 0.235	0	0	2.230 - 2.482	1.57	10.08	23.51 - 26.16	4.65	93.78	247.8 - 275.8	0	100
0.235 - 0.262	0	0	2.482 - 2.762	1.72	11.8	26.16 - 29.12	3.25	97.03	275.8 - 306.9	0	100
0.262 - 0.291	0	0	2.762 - 3.075	1.93	13.73	29.12 - 32.41	2.09	99.12	306.9 - 341.6	0	100
0.291 - 0.324	0	0	3.075 - 3.422	2.06	15.79	32.41 - 36.07	0.87	99.99	341.6 - 374.7	0	100
0.324 - 0.361	0	0	3.422 - 3.809	2.11	17.9	36.07 - 40.15	0.01	100	374.7 - 411.1	0	100
0.361 - 0.402	0	0	3.809 - 4.239	2.15	20.05	40.15 - 44.69	0	100	411.1 - 450.9	0	100
0.402 - 0.447	0	0	4.239 - 4.718	2.23	22.28	44.69 - 49.74	0	100	450.9 - 494.6	0	100
0.447 - 0.498	0	0	4.718 - 5.251	2.37	24.65	49.74 - 55.36	0	100	494.6 - 542.5	0	100
0.498 - 0.554	0.02	0.02	5.251 - 5.845	2.58	27.23	55.36 - 61.61	0	100	542.5 - 595.1	0	100
0.554 - 0.617	0.06	0.08	5.845 - 6.505	2.67	29.9	61.61 - 68.58	0	100	595.1 - 652.8	0	100
0.617 - 0.686	0.09	0.17	6.505 - 7.241	2.83	32.73	68.58 - 76.33	0	100	652.8 - 716.0	0	100
0.686 - 0.764	0.14	0.31	7.241 - 8.059	3.54	36.27	76.33 - 84.95	0	100	716.0 - 785.4	0	100
0.764 - 0.850	0.23	0.54	8.059 - 8.970	3.79	40.06	84.95 - 94.55	0	100	785.4 - 861.5	0	100
0.850 - 0.947	0.34	0.88	8.970 - 9.983	4.24	44.3	94.55 - 105.2	0	100	861.5 - 945.0	0	100
0.947 - 1.054	0.46	1.34	9.983 - 11.11	4.74	49.04	105.2 - 117.1	0	100	945.0 - 1036	0	100

（e）试验风速为 15m/s 时

图 5.11（续）

D3:1.396um	D6:1.864um	D10:2.645um	D16:3.856um	D25:6.132um
D75:23.14um	D84:28.05um	D90:32.01um	D97:40.96um	D98:43.57um

粒径um	区间%	累积%	粒径um	区间%	累积%	粒径um	区间%	累积%	粒径um	区间%	累积%
0.100 - 0.111	0	0	1.054 - 1.173	0.51	1.64	11.11 - 12.36	3.73	45.79	117.1 - 130.3	0	100
0.111 - 0.123	0	0	1.173 - 1.305	0.76	2.4	12.36 - 13.76	4.11	49.9	130.3 - 145.1	0	100
0.123 - 0.137	0	0	1.305 - 1.453	1.02	3.42	13.76 - 15.32	4.35	54.25	145.1 - 161.4	0	100
0.137 - 0.153	0	0	1.453 - 1.617	1.09	4.51	15.32 - 17.05	4.79	59.04	161.4 - 179.7	0	100
0.153 - 0.170	0	0	1.617 - 1.800	1.12	5.63	17.05 - 18.97	5.15	64.19	179.7 - 200.0	0	100
0.170 - 0.190	0	0	1.800 - 2.003	1.17	6.8	18.97 - 21.12	5.74	69.93	200.0 - 222.6	0	100
0.190 - 0.211	0	0	2.003 - 2.230	1.23	8.03	21.12 - 23.51	6.05	75.98	222.6 - 247.8	0	100
0.211 - 0.235	0	0	2.230 - 2.482	1.34	9.37	23.51 - 26.16	5.42	81.4	247.8 - 275.8	0	100
0.235 - 0.262	0	0	2.482 - 2.762	1.48	10.85	26.16 - 29.12	5.09	86.49	275.8 - 306.9	0	100
0.262 - 0.291	0	0	2.762 - 3.075	1.59	12.44	29.12 - 32.41	4.23	90.72	306.9 - 341.6	0	100
0.291 - 0.324	0	0	3.075 - 3.422	1.69	14.13	32.41 - 36.07	3.54	94.26	341.6 - 374.7	0	100
0.324 - 0.361	0	0	3.422 - 3.809	1.82	15.95	36.07 - 40.15	2.63	96.89	374.7 - 411.1	0	100
0.361 - 0.402	0	0	3.809 - 4.239	1.93	17.88	40.15 - 44.69	1.85	98.74	411.1 - 450.9	0	100
0.402 - 0.447	0	0	4.239 - 4.718	2.03	19.91	44.69 - 49.74	1.24	99.98	450.9 - 494.6	0	100
0.447 - 0.498	0	0	4.718 - 5.251	2.15	22.06	49.74 - 55.36	0.02	100	494.6 - 542.5	0	100
0.498 - 0.554	0.01	0.01	5.251 - 5.845	2.36	24.42	55.36 - 61.61	0	100	542.5 - 595.1	0	100
0.554 - 0.617	0.05	0.06	5.845 - 6.505	2.45	26.87	61.61 - 68.58	0	100	595.1 - 652.8	0	100
0.617 - 0.686	0.1	0.16	6.505 - 7.241	2.72	29.59	68.58 - 76.33	0	100	652.8 - 716.0	0	100
0.686 - 0.764	0.13	0.29	7.241 - 8.059	2.84	32.43	76.33 - 84.95	0	100	716.0 - 785.4	0	100
0.764 - 0.850	0.18	0.47	8.059 - 8.970	2.89	35.32	84.95 - 94.55	0	100	785.4 - 861.5	0	100
0.850 - 0.947	0.29	0.76	8.970 - 9.983	3.32	38.64	94.55 - 105.2	0	100	861.5 - 945.0	0	100
0.947 - 1.054	0.37	1.13	9.983 - 11.11	3.42	42.06	105.2 - 117.1	0	100	945.0 - 1036	0	100

（f）试验风速为 18m/s 时

图 5.11（续）

表 5.3 各试验风速时改进型风沙分离器可收集土样的粒径分布范围

粒径分布范围 （μm）	试验风速（m/s）					
	6	9	12	13.8	15	18
完全被收集	>8.059	>17.05	>29.12	>32.41	>40.15	>55.36
多数被收集	>4.957	>9.835	>17.95	>18.34	>23.88	>32.01

（2）气固分离效率分析

气固分离效率是指气固分离后集沙盒收集到的固相质量 m_0 与气固分离前的固相质量 m 之比，表示为：

$$\eta = \frac{m_0}{m} \times 100\% \qquad (5-9)$$

每个试验的输沙量为 1000g，由表 5.4 和公式（5-9），可得出试验风速为 6 ~ 18m/s 时改进型风沙分离器内气固分离效率分别为 99.89%、99.84%、99.78%、99.75%、99.73% 和 99.69%，平均气固分离效率为 99.78%。可见，分离效率随试验风速增大而略有减小，但分离效率仍高于99.69%。再看图5.12，改进型风沙分离器集沙效率明显低于其气固分离效率。由于进气口的土样采集效率和风沙分离器的气固分离效率是影响风沙分离器集沙效率的主要因素，因此改进型风沙分离器集沙效率偏低的主要原因是进气口的土样采集效率偏低。

表5.4　改进型风沙分离器集沙盒收集土样重量（g）

试验次序	试验风速（m/s）					
	6	9	12	13.8	15	18
1	998.79	998.54	997.76	997.49	997.24	996.88
2	998.92	998.47	997.89	997.54	997.31	997.02
3	998.84	998.27	997.69	997.47	997.19	996.92
均值	998.85	998.43	997.78	997.50	997.25	996.94

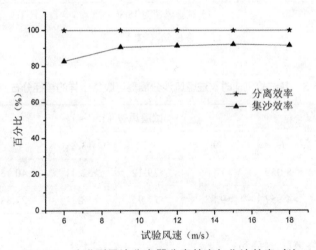

图5.12　改进型风沙分离器分离效率与集沙效率对比

（3）不同入口体积分数对分离效率的影响分析

从表5.5可知，随着入口土样所占体积分数的增大，改进型风沙分离器分离效率也逐渐增大，当体积分数进一步增大时，分离效率的增大趋势则逐渐不明显。也就是说，当进气口的采集效率增大时，分离效率会随之增大，集沙效率也会随之增大；当进气口的采集效率进一步增大时，分离效率会趋于某上限值，集沙效率却会继续增大，但增大幅度会越来越不明显。

表 5.5　不同入口体积分数时的分离效率

项　目	输送时间（s）					
	312	265	208	153	117	75
体积分数	0.02%	0.023%	0.03%	0.041%	0.053%	0.083%
收集量（g）	996.83	997.25	997.43	997.52	997.59	997.67
分离效率	99.58%	99.73%	99.74%	99.75%	99.76%	99.77%

综上所述，对改进型风沙分离器内部气固分离与流场特性的关系分析得到如下结果。

① 对于同一稠相悬浮系统，在固相与气相的质量比和气相表观速度不变的条件下，固相密度变小或粒径变小，气相的能量损耗就增大，速度也就降低。

② 入口固相体积分数是影响气固两相流动的不可忽视的因素。当临界值 $\phi < 0.056$ 时，气固两相流动系统属于稀相悬浮系统。此时，颗粒向湍流的动量传输对流动基本不产生影响，颗粒和湍流之间只存在湍流对颗粒的单向耦合，此时的颗粒扩散取决于湍流的状态。

③ 在稠相悬浮系统中，气固两相间的双向耦合会加剧气流能量的进一步损耗，降速效果要好于纯气相流场。

④ 土壤风蚀环境均为稀相悬浮系统，在该悬浮系统内，可只考虑气相对固相的单向耦合，忽略固相体积分数、运动速度、振荡时间、惯性力等对气相的影响，固相被作为离散存在的单个粒子，在数值模拟时可先计算气相流场，再结合流场变量求解每一个粒子的运动轨道。

⑤ 在稀相悬浮系统中，粒子会受到自身惯性力和气流曳的综合影响，粒子的粒径越小，受自身惯性力影响就越小，对气流的跟随性就越好，从排气口排出的可能性就越高；粒子的振荡时间取决于其粒径，粒径越小，受其自身惯性力影响就越小，振荡时间也就越短；粒子的粒径越大，气流对其曳引能力就越差，碰壁的概率和次数就越多，随机性就越大，发生气固分离的位置就越靠前；粒径接近或大于 0.5mm 的粒子受流场变化的影响变小，惯性运动起主要作用，几乎不受流场的诱导，受强风作用时从排气口排出的可能性不大；而粒径接近或小于 0.1mm 的粒子则较容易受到流场的诱导，受强风作用时从排气口排出的可能性较大，是影响集沙效率的主要粒径分布范围。

⑥ 当风沙流受强风作用时，粒径 32.41μm 以上的土样只要进入改进型风沙

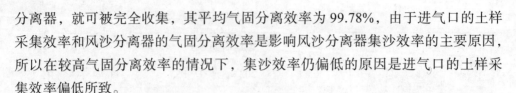

分离器，就可被完全收集，其平均气固分离效率为 99.78%，由于进气口的土样采集效率和风沙分离器的气固分离效率是影响风沙分离器集沙效率的主要原因，所以在较高气固分离效率的情况下，集沙效率仍偏低的原因是进气口的土样采集效率偏低所致。

⑦ 当进气口的采集效率增大时，分离效率会随之增大，集沙效率也会增大；当体积分数进一步增大时，分离效率会趋于某上限值，集沙效率却会继续增大，但增大幅度会越来越不明显。

总之，当风速、土壤粒径分布、采集时间等一定时，对于具有较高气固分离效率的改进型风沙分离器，若要进一步提高其集沙效率，关键是提高其进气口的土样采集效率。

参考文献

[1] 熊源泉，章名耀，袁竹林，等. 气固喷射器内气固两相流动三维数值模拟 [J]. 中国电机工程学报，2005, 25(20): 77–81.

[2] 蔡桂英，袁竹林. 用离散颗粒数值模拟对陶瓷过滤器过滤特性的研究 [J]. 中国电机工程学报，2003, 23(12): 203–207.

[3] 刘向军，徐旭常. 循环流化床内稠密气固两相流动的数值模拟 [J]. 中国电机工程学报，2003, 23(5): 161–165.

[4] 袁竹林，朱立平，耿凡，等. 气固两相流动与数值模拟 [M]. 南京：东南大学出版社，2015.

[5] 刘柏谦、魏高升. 迷宫高温气固分离器流场分析 [J]. 过程工程学报，2002, 2(增刊): 233–236.

[6] 王涛，陈广庭，赵哈林，等. 中国北方沙漠化过程及其防治研究的新进展 [J]. 中国沙漠，2006, 26(4): 507–516.

[7] 张正偲，董志宝，赵爱国. 人工模拟戈壁风沙流与风程效应观测 [J]. 中国科学：地球科学，2011, 41(10): 1505–1510.

[8] 丁国栋. 风沙物理学 [M]. 北京：中国林业出版社，2010.

[9] 宋涛，陈智，边炳传，等. 分流对冲与多级扩容组合式自动集沙仪设计与试验 [J/OL]. 农业机械学报，2016, 47(11): 134–141.

[10]　陈宝阔 . 剪切流传感器结构优化与性能测试 [D]. 天津 : 天津大学 , 2012.

[11]　吴翠平 . SLG 型粉体表面改性机流场特性与数值模拟研究 [D]. 北京 : 中国矿业大学 , 2013.

[12]　王升贵 . 水力旋流器分离过程随机特性的研究 [D]. 成都 : 四川大学 , 2006.

[13]　王振波 , 马艺 , 金有海 . 切流式旋流器内两相流场的模拟 [J]. 中国石油大学学报 : 自然科学版 , 2010, 34(4): 136–140.

[14]　李晓丽 , 申向东 , 解卫东 . 土壤风蚀物中沙粒的动力学特性分析 [J]. 农业工程学报 , 2009, 25(6): 71–75.

[15]　麻硕士 , 陈智 . 土壤风蚀测试与控制技术 [M]. 北京 : 科学出版社 , 2010.

[16]　宋涛 , 陈智 , 麻乾 , 等 . 分流对冲式集沙仪设计及性能试验 [J]. 农业机械学报 , 2015, 46(9): 173–177.

[17]　吕子剑 , 曹文仲 , 刘今 , 等 . 不同粒径固体颗粒的悬浮速度计算及测试 [J]. 化学工程 , 1997, 25(5): 42–46.

[18]　张扬 . 多孔介质内汽液相变传递的非均匀性效应 [D]. 北京 : 清华大学 , 2008.

[19]　黄飞 . 袋式除尘器内气固两相流动的数值模拟及优化研究 [D]. 南京 : 东南大学 , 2012.

第6章 分流对冲式多通道无线集沙仪

集沙仪又称为沙尘采集器，是研究地表输沙率与风速之间关系的必需仪器。现有集沙仪大体可以分为两类。一类是手动集沙仪，集沙盒为可拆装式，待风蚀观测完毕后，需要将集沙盒拆下进行沙尘称重，采用这类集沙仪不仅无法得到连续的观测数据，而且在一定程度上增加了人为劳动；另一类是自动集沙仪，即集沙盒下设计了称重传感器，虽然减少了人为劳动。实现了集沙盒内沙尘重量的实时测量和记录，但是由于发生土壤风蚀地区的平均风速一般比较大，特别是受强风（约 10.8 ~ 13.8m/s）以上风力作用时，风力对称重传感器容易产生较大的扰动，影响观测数据的精确性；同时风力对集沙仪内部沙尘的曳引也随之增大，风沙分离不彻底，容易随风从排气口排出，影响集沙效率。

研究表明，当集沙仪满足等动力性、高效率性和非选择性三条设计原则时，可以认为是精确的。等动力性是指集沙仪进气口的风速等于没有安装集沙仪时的自然风速；高效率性是指集沙仪能够尽可能多地采集到进气口方向的风蚀量；非选择性是指集沙仪能够等效率地采集到不同大小的土壤颗粒。

因此，研制一种抗强风干扰、具有较高测量精度和较高集沙效率、多通道无线采集数据的新型自动集沙仪，可以提高观测数据的长期性、连续性、科学性和可靠性，满足复杂多变的野外风蚀观测需求。

6.1 分流对冲与多级扩容风沙分离器设计

风沙分离器是设计集沙仪的关键部件，其降速性能及抗强风干扰能力直接影响到内部气固分离效率、自动称重系统工作的稳定性和数据采集的准确性，也影响到集沙仪的集沙效率等。因此，设计制作能够大幅降低出口风速的风沙分离器，以提高集沙效率，减弱甚至消除强风作用下出口风速对称重系统的冲击作用，将是设计的关键技术。

6.1.1　扩散型进气管设计

一维定常变截面流动基本方程可以表述气流速度与管道截面之间的关系：

$$\frac{\mathrm{d}A}{A}=(M^2-1)\frac{\mathrm{d}c}{c} \tag{6-1}$$

式中，a — 音速；

　　　c — 气体流速；

　　　M — 马赫数，$M=\dfrac{c}{a}$。

因为大气速度远远小于音速，即 $M^2-1<0$，$\mathrm{d}c$ 与 $\mathrm{d}A$ 异号，表明气流速度的变化与管道截面积的变化相反。所以，欲使气流速度减小（$\mathrm{d}c<0$），则管道的截面积必须逐渐增大（$\mathrm{d}A>0$），即分离器进气口必须设计成扩散形管道。

由于近地表输沙量在垂直地面方向上呈指数递减分布规律，因此在相同截面积下，进气口截面取高宽比大于 1 的方形时集沙效果更好。为使气流在发生分流前实现初步降速，将分离器的进气管设计成扩散型结构，并通过仿真模拟的方法确定进气管尺寸大小，分别如图 6.1 和图 6.2 所示。

图 6.1　扩散型进气管结构

图 6.2　进气管结构仿真分析

通过数值模拟得出该进气管的最佳尺寸为：进气口内径尺寸 $7\times12\mathrm{mm}$，出气口内径尺寸 $14\times24\mathrm{mm}$，扩散角 $13°$。采用打印精度为 $0.254\mathrm{mm}$ 的 3D 打印机制作了实验样机，并通过风洞实验在 8 种不同入口风速的作用下，研究了进气管的扩容降速作用，实验结果如表 6.1 所示。

表 6.1　进气管降速实验结果

进气口风速 （m/s）	出气口风速 （m/s）	降速比 （%）	进气口风速 （m/s）	出气口风速 （m/s）	降速比 （%）
4	1.97	50.75	12	5.98	50.17
6	3.14	47.70	14	7.03	49.79
8	4.06	49.25	16	7.93	50.44
10	5.10	49.00	18	8.89	50.61

由表 6.1 可知，在 4 ～ 18m/s 的进口风速作用下，管道出口风速约为进口风速的一半，降速比达 50% 左右，表明该进气管具有较强的扩容降速作用。

6.1.2　建立分流对冲扩容降速结构模型

降速比越大，分离器出口风速越小，对底部自动称重系统的冲击作用就越小，不仅有助于提高集沙效率，也提高了集沙仪的抗强风干扰能力，使测量结果更准确。

采用气流分流对冲与多级扩容组合降速原理，研制一种具有双重降速作用和抗强风干扰能力的风沙分离器，使气流在分离器内腔实现了分流对冲与多级扩容降速，降低了分离器出口风速，极大地减弱了强风振荡对称重系统的扰动，提高了测量的准确性。

该风沙分离器主要由进气管、分流楔形体、排气口、排沙口和上回流腔等 5 部分组成，其三维结构模型如图 6.3 所示。

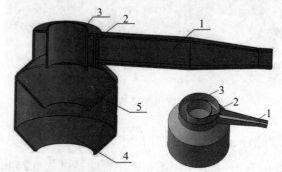

1—进气管　2—分流楔形体　3—排气口　4—排沙口　5—上回流腔

图 6.3　风沙分离器三维模型及其剖面图

当风沙流从进气口进入进气管的扩散形管道后，实现第一级扩容降速并释放能量；气流被分流楔形体分为两股气流，分别在分离器外筒内壁与排气管之间做旋转运动，并在进气管对面一侧形成反向对冲，实现第一次对冲降速；对冲后的一部分气流继续旋转至分流楔形体下方，形成第二次对冲降速；以此反复，逐步减小气流的能量，粒径较大的沙尘颗粒在自身重力作用下向分离器下排风口移动，从而实现了大颗粒沙尘的气固分离作用。同时，风沙流经过分流楔形体后，进入第二级扩容结构，实现二级扩容降速；对冲后的气流向下进入上回流腔，进入第三级扩容降速；由于该部分内腔体积较大，加之壁面的摩擦力作用与边界层的影响，使气流速度得到进一步减弱，并使气固分离作用进一步增强；此时，由于收缩段壁面对气流的阻碍作用，导致一部分气流携带粒径较小的沙尘向上经排气口排出，剩余的气固两相流继续向分离器底部运动，进入下回流腔，实现第四级扩容降速；最后，残余的低速气流和风蚀颗粒经排沙口排出。由于集沙盒与排沙口之间留有 1 ～ 2cm 的间隙，使排出的低速气流速度还可以进一步降低。

6.1.3 分离器降速作用仿真分析

通常，在强风（10.8 ～ 13.8m/s）以上风力作用下，气流振荡会对集沙仪称重系统工作的稳定性和测量的准确性造成较大影响。因此，为了测试分离器的结构参数设计是否合理及其抗强风干扰能是否满足设计要求，采用软件模拟的方法对分离器的降速性能进行分析。

采用 Gambit 建立分离器的三维仿真模型并将其导入 Fluent 软件当中，对分离器内部气流降速过程进行模拟。仿真分析时，将 13.8m/s 的风速由进气口注入分离器，以中心截面为参照面查看仿真结果，分离器内部速度场分布如图 6.4 所示。

从图 6.4 看出：

① 在整个降速过程中，分离器内部存在两个较为明显的大幅降速阶段，分别为"进气管扩散降速阶段"和"分流对冲扩容降速阶段"；

② 由于壁面的摩擦阻力和分离器内部边界层作用，气流流速在三级扩容阶段得到进一步降低；

③ 排沙口的气流平均速度在 0.551m/s 以下，与进气口的风速相比，降速比高达 96%。

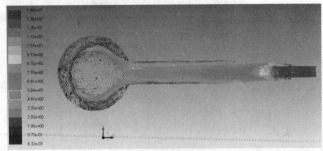

（a）气流分流对冲降速

（b）气流扩容降速

图 6.4　分离器降速性能仿真

6.2　集沙单元设计

　　集沙单元整体结构为圆柱体，高 14.2cm，直径 7.6cm；主要由风沙分离器、分离器底座、集沙盒、集沙盒托盘、称重传感器和支撑连接架等六部分构成，其总体结构如图 6.5（a）所示。

　　根据风沙分离器排沙口的形状，在分离器底座内设计了一个 45° 的圆形倾斜面并与分离器配合约束，避免分离器在工作过程中发生纵向位移，其半剖视图如图 6.5（b）所示。支撑架连接集沙盒底座和集沙仪支撑杆，用来固定集沙单元。集沙盒被置于托盘上方，用来收集由风沙分离器分离出来的风蚀物；称重传感器一端被固定在底座上，另一端固定集沙盒托盘，用来实时测量收集到的风蚀量；风沙分离器的排沙口与集沙盒之间保持 1 ～ 2cm 的间隙，用来释放排沙口剩余气流的能量，以减小排沙口风速对称重传感器的干扰。

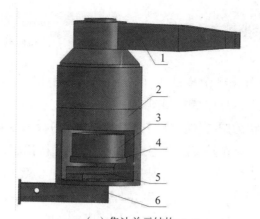

（a）集沙单元结构

1—风沙分离器　2—分离器底座　3—集沙盒　4—集沙盒托盘　5—称重传感器　6—支撑架

（b）剖面图

图 6.5　集沙单元整体结构

采用打印精度为 0.254mm 的 Dimension SST 1200es 型 3D 打印机制作了集沙单元测试模型，如图 6.6 所示。

图 6.6　集沙单元 3D 打印实物图

6.3 初期集沙仪结构设计

集沙仪机械部分由 8 个集沙单元、支架、固定底盘、旋转底座、悬挂架、导向板和外壳等组成，总体结构如图 6.7 所示。

集沙仪总体形状为圆柱体，高度为 107cm（导向板高度除外）。由于分离器的体积约束，集沙单元在垂直高度上无法按照指数规律排布，因此在内部结构上将 8 个集沙单元分成两列安装，两列分离器进风口中心点间距 12.5cm；8 个集沙单元的进风口分别被固定在垂直地面方向上距离旋转底盘 16cm、22cm、33cm、46cm、50cm、63cm、67cm 和 80cm 高度处，用来采集不同高度上的风蚀量。

为了测量近地表风沙流结构的分布情况及其与风速间的关系，需将最下方风沙分离器的进风口中心置于距地表 0.8～2cm 的位置；实验时，将集沙仪底座埋入地下，并保证旋转机构能够自由旋转，8 个集沙单元的进气口中心分别位于距地表 2cm、8cm、19cm、32cm、36cm、49cm、53cm 和 66cm 高度处。

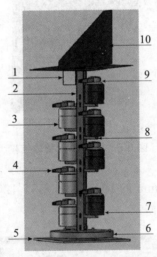

1—无线收发器装置　2—支架　3—集沙盒　4—进风口　5—固定底盘　6—旋转底座
7—称重传感器　8—悬挂架　9—风沙分离器　10—导向板

图 6.7　多通道集沙仪结构图

6.3.1　集沙仪支架结构设计

为了能够实现单点采集不同高度的输沙量，能够更加便捷直观的得到风沙流结构曲线，所设计的集沙仪支架如图 6.8 所示。

该支架可在不同高度上安装 8 个集沙单元，考虑到集沙单元与支架的连接问题以及集沙仪排线问题，支架主体采用 30 的方形管材 1 作为支撑，方形管材中空心部分作为布线结构，传感器整体安装布线从下向上依次进行，最终从排线出口 2 穿出连接到单片机上。集沙仪支架也是连接集沙仪外壳结构、导向板以及自适应旋转机构的主体。其中下托盘 5 底面焊接一轴承与旋转机构连接，同时在下托盘均匀设计 6 个通孔，该孔与外壳通过螺钉与螺纹连接。上托盘 6 设计了 6 个通孔通过螺钉螺纹连接与集沙仪导流板进行连接紧固。

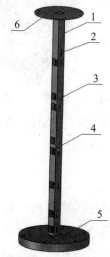

1—方形管材 2—排线出口 3—紧固孔 4—集沙单元安装口 5—下托盘 6—上托盘

图 6.8 集沙仪支架

为了使集沙单元能够牢固固定到支架上，设计了方形支撑连接架使其可以与集沙单元安装口 4 配合安装，并通过紧固孔 3 进行固定。考虑到实际中产生的误差，设计的集沙单元安装口尺寸稍大，使支持连接架（图 6.9）可以上下调整，避免因误差导致的安装问题，使装配更加便捷。同时，对应的紧固口也采用圆环跑道形设计方便配合支撑连接架上下调节。

集沙单元通过紧固口 1 与支撑连接架螺纹连接紧固，紧固口采用圆环设计，可使集沙单元左右调节，方便电子系统的装配。集沙单元中传感器的数据线从分离器底座穿出，与固定在支撑连接架上的 A/D 转换模块连接，接入单片机中。转换模块支架 2 是根据 A/D 转换模块的具体尺寸设计制造，并且通过 M1 的自攻螺丝紧固安装。为了防止支撑连接架脱落，设计了支撑防脱板，考虑到集沙单元排布问题，厚度不易太厚。

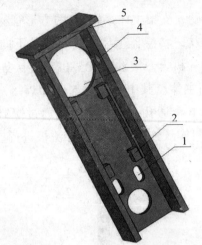

1—紧固孔　2—转换模块支架　3—走线孔　4—支架紧固孔　5—支撑防脱板

图 6.9　支撑连接架

6.3.2　集沙仪导向装置设计

导向装置（图 6.10）由导向板、挡风板组成。导向板是测定气流来向的装置，其形状往往是不对称的，重心往后偏移。当气流作用于导向板时，由于导向板头部受力面积较小，尾翼受力面积较大，从而产生不相等的风压，垂直于尾翼的风压产生风压力矩，使导向板绕垂直轴线旋转，直至导向板头部正对来流方向，由于翼板两边受力平衡，导向板则会稳定于某一方位。

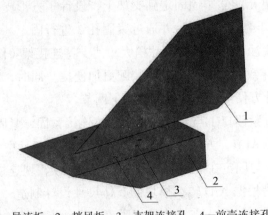

1—导流板　2—挡风板　3—支架连接孔　4—前壳连接孔

图 6.10　导向装置

挡风板起到抵挡侧向来流的作用。在风向复杂多变的自然环境下，当集沙仪进气口正对来流时，侧向气流往往会干扰排气口，使排气口出现回流，影响集沙仪的正常工作。设计挡风板时，对于垂直轴线的不对称设计，不仅可以抵挡侧向气流干扰，而且也可以起到导向作用。

导向板 1 设计为多边形，其面积大小与重心位置的确定是能否使集沙仪旋转的关键问题。

风压计算公式为：

$$\overline{P} = \frac{rv^2}{2g} \tag{6-2}$$

式中，r —— 重度，KN/m^3；

$\qquad v$ —— 气流速度，m/s；

$\qquad g$ —— 重力加速度，m/s^2；

风压系数为：

$$k = \frac{r}{2g} \tag{6-3}$$

由公式（6-2）和（6-3）可得：

$$\overline{P} = kv^2 \tag{6-4}$$

式中，k ——风压系数，大陆风压系数一般取 $\frac{1}{16} \sim \frac{1}{26}$。

集沙仪的摩擦力矩：

$$M = \frac{1}{2}\mu fd \tag{6-5}$$

式中，μ —— 摩擦系数，取 $0.001 \sim 0.0015$；

$\qquad f$ —— 承受载荷，N；

$\qquad d$ —— 轴承公称内径，mm。

当风压力矩大于摩擦力矩时，旋转导向装置才可绕垂直轴线旋转，即需满足：

$$\overline{P}Sl > M \tag{6-6}$$

式中，S—— 受风压面积，m^2；

$\qquad l$——受风压面重心到垂直轴线距离，m。

通过公式（6-4）、（6-5）和（6-6）计算可得，集沙仪的旋转导向装置在风速约 3.2m/s 时就可以旋转。风洞试验发现，由于机械部件间的摩擦和密封调心轴承的阻力作用等因素，当风速达到 3.4m/s 时集沙仪可自由转动。所设计导向板与集沙仪支架和集沙仪外壳通过支架连接孔 3 和前壳连接孔 4 连接，便于组装拆卸。

6.3.3 集沙仪外壳结构设计

集沙仪前壳（图 6.11）与上端导向板通过前壳上固定孔 1 连接。为了使集沙单元在轴向方向固定，进气管配合口设计为方形结构，与进气管过度配合保证集沙仪的密封性。所设计的集沙单元进气口安装高度分别为 2cm、8cm、19cm、32cm、36cm、49cm、53cm 和 66cm。集沙仪外壳下端与集沙仪支架通过前壳下固定孔采用螺钉紧固连接。图 6.12 是集沙仪外壳与集沙仪支架的装配图，设计集沙仪后壳长度尺寸小于前壳作为集沙仪排气装置，同时后壳底端设计通孔与集沙仪支架采用螺钉连接。

1—上固定孔　2—进气管配合口　3—下固定孔
图 6.11　集沙仪前壳

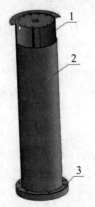

1—集沙仪前壳　2—集沙仪后壳　3—集沙仪支架
图 6.12　集沙仪外壳与支架装配图

优化后的集沙仪（图 6.13）主要由导向板、集沙仪外壳、旋转装置、集沙仪支架、集沙单元五部分构成。导向板作为集沙仪的导向机构，主要作用是保证起风时集沙仪的进气口可以始终正对来风方向。集沙仪外壳主要用来保证集沙单体的高度，同时保护集沙单体以及内部的电子元器件不受外界环境的干扰。旋转装置是集沙仪的旋转机构，使集沙仪在风力作用下可以自由旋转。集沙仪支架的作用主要是支撑集沙单体和保护线路。集沙单元是集沙仪的主要工作部分，用来收集风蚀物，并通过集沙盒下的称重传感器自动称重。

图 6.13　分流对冲与多级扩容组合集沙仪整体结构图

6.4.1　风沙分离器设计方案

风沙分离器二维结构模型（图 6.14）中，D_1 代表排气管直径，H_1 代表排气管长度，D_2 代表排沙口直径，H_2 代表排沙口收缩高度。原初期集沙仪所用风沙分离器的排气管直径为 30mm，排气管长度为 30mm，排沙口直径为 15mm，排沙口收缩高度为 15mm。以原风沙分离器结构为基础，对排气管直径参数、排气管长度参数、排沙口直径参数、排沙口收缩高度参数进行改进。排气管长度分别取 25mm、35mm、45mm，排气管直径分别取 5mm、15mm、25mm、30mm、35mm、45mm，排沙口收缩高度分别取 5mm、15mm、25mm、35mm，排沙口直径分别取 20mm、35mm、50mm、65mm、75mm。对这四个不同的结构参数进行组合，利用 GAMBIT 软件建模，导入 FLUENT 环境进行模拟，观察不同组合参数下排气口和排沙口的最低风速，通过比较 360 个不同结构参数模拟后的结果，得到一个最优的结构参数，从而降低排气口和排沙口气流速度，达到降低风沙流对传感器的冲击和提高集沙效率的目的。

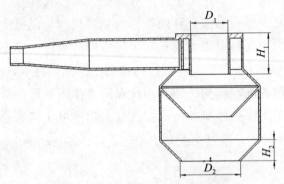

图 6.14　风沙分离器二维结构示意图

6.4.2　风沙分离器速度场数值模拟对比

对 360 个不同结构参数模拟后的结果进行数据汇总排序，得到排气口风速和排沙口风速都比较低的参数组合为：排气管直径 25mm、排气管长度 25mm、排沙口直径 75mm、排沙口收缩高度 15mm。原风沙分离器和优化后风沙分离器的对比仿真结果如图 6.15 和图 6.16 所示。

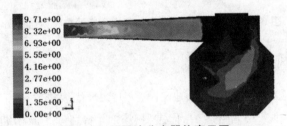

图 6.15　原风沙分离器仿真云图

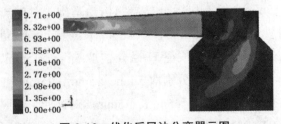

图 6.16　优化后风沙分离器云图

从 FLUENT 仿真结果中可以测出原风沙分离器排气口最高风速为 2.41m/s，排沙口最高风速为 2.25m/s，优化后的风沙分离器排气口最高风速为 2.12m/s，排沙口最高风速为 1.42m/s，对比仿真结果可以看出，优化后的风沙分离器排气口以及排沙口最高风速比原风沙分离器分别降低了 12.03% 和 36.89%。

从图 6.17 可以看出风蚀颗粒的运动轨迹在进气管和分流对冲腔内集中分布在中心轴线区域，且平滑有序，在气流对冲区域中有回流现象，并随气流进入扩容腔，振荡时间在 0.75s 以下，表明气流对沙粒的影响仍是主要的，此时未发生气固分离，沙粒随气流进入上回流腔，沙粒运动轨迹变得杂乱无章，但圆滑的运动轨迹还是很明显的，而且振荡时间不长，约 1s 左右，说明此时粒子仍未脱离气流。沙粒随气流继续运动至分离腔内，其振荡时间开始增加，有的沙粒振荡时间长达 7s，表明此时的沙粒已经脱离气流，发生气固分离，沙粒的惯性力起主要作用，通过排沙口落入下方被收集到。

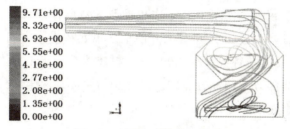

图 6.17 风蚀颗粒运动轨迹

6.4.3 集沙单元优化设计

优化后的集沙单元结构如图 6.18 所示。集沙单元主要包括风沙分离器，风沙分离器底座，集沙盒，集沙盒托盘，称重传感器，传感器垫块，支撑连接架。风沙分离器底座上半部分主要用来固定风沙分离器，给其一个径向的支撑力。集沙盒 3 和集沙盒托盘 4 与原来的连接方式相同，不同之处是在集沙盒托盘上设计了和传感器连接的螺丝沉头孔，解决了用螺丝连接集沙盒托盘和传感器后集沙盒在集沙盒托盘上凹凸不平的问题。传感器以及传感器垫块和风沙分离器底座采用螺栓配螺母的方式固定。传感器数据线孔由后方改到传感器的一侧，使传感器数据线接线更便捷。支撑连接架比原来设计更加简约，具备支撑风沙分离器底座和布线的双重功能，安装芯片更加方便，布线更加简单，而且该支撑架制造成本低廉。

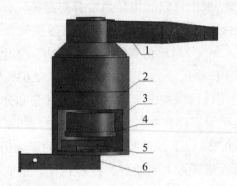

1—风沙分离器　2—风沙分离器底座　3—集沙盒　4—集沙盒托盘　5—称重传感器　6—支撑连接架

图 6.18　集沙单元结构图

6.4.4　集沙仪外壳优化设计

优化后的集沙仪外壳（图 6.19）由单筒改为双筒体设计，主要为减少集沙仪本身对风沙流流场的扰动，同时也方便集沙单元在垂直方向上的布局。每个筒体直径为 100mm，总体高度为 800mm，材质为铝合金。从外观上看起来更加小巧。集沙仪筒体分为两部分，即前筒体和后筒体，两半部分筒体通过法兰、导向板以及旋转座连接固定在一起。

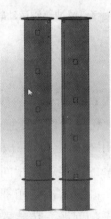

图 6.19　优化后集沙仪外壳图

土壤风蚀发生的时候，随着高度的增加，输沙量是逐渐减小的，输沙规律曲线遵循幂函数规律。所以，设计高度为 2cm、8cm、19cm、32cm、36cm、49cm、53cm 和 66cm。为了达到理论要求的高度，在前筒体的正中间设计了相应高度的方形孔，风沙分离器的进气管通过方形孔伸到筒体外面。

通过 GAMBIT 建模，再导入到 FLUENT 中进行模拟，可得到原筒体和优化后筒体的流场图（图 6.20 和图 6.21），对比看出优化后的筒体对整体流场的干扰大大降低。

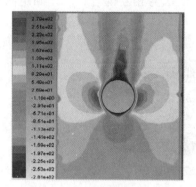

图 6.20　原筒体模拟图

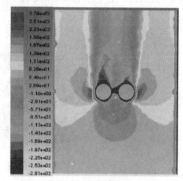

图 6.21　优化后筒体模拟图

6.4.5　集沙仪支架优化设计

优化后的集沙仪支架如图 6.22 所示，按开放式的"几"字形设计，中间凹槽部分为布线的通道，无论是线路的安装还是检修都非常方便。两个筒体共需要两根集沙仪支架，支架通过螺丝固定在前筒体的侧壁上。每根支架上都有 4 排长 20mm、宽 2mm 的方形小孔，通过螺栓和螺母与集沙仪单体上的小支撑架连接，由于小支撑架在方形小孔上高度可以调节，集沙单体在高度上也可以微调，使风沙分离器的进气管与筒体上的方形孔配合得更好。

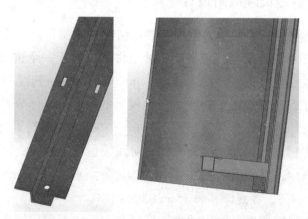

图 6.22　优化后集沙仪支架

6.4.6 集沙仪旋转装置优化设计

优化后的旋转装置如图 6.23 所示。选用长 60mm，宽 40mm，高为 70mm 的双轴承座，可保证旋转的稳定性。中间用一根长 150mm 的铝轴和上面的盖板连接，在盖子上有两圈螺纹孔，与两个筒体上的法兰相互配合，用于固定两个筒体。

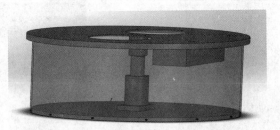

图 6.23　优化后集沙仪旋转机构

在盖板下面设计了一个用于安放电池和变压器的金属盒，充电口和控制电源的开关设计在盖板的后上方，使充电变得更加方便，开关外置使控制更加便捷。在轴承的外面设计了防护装置，以保护在野外环境作业时轴承不受风沙的影响。

6.5　集沙仪数据采集处理系统

6.5.1　传感器信号调理电路设计

合理选择称重传感器的测量范围和测量精度是研制自动称重系统的首要问题，经过长期野外实验发现，在自然吹蚀条件下，对于一个进沙口宽为 7mm，高为 12mm 的风沙分离器，在距离地表 2cm 和 60cm 处，连续一周的土壤风蚀量分别不会超过 200g 和 10g。在土壤风蚀较弱的环境下，部分高度上收集到的风蚀量不足 0.1g。因此，选择量程范围为 0 ~ 300g、测量精度达 0.01g 的小体积悬臂梁称重传感器作为前端感知元件，对风蚀量进行采集；该传感器的综合误差在 0.05% 以内，灵敏度为 1.0 ± 0.1mV/V，零点输出 ± 0.1mV/V，非线性度为每 3min 0.05% F.S，零点漂移每 1min 0.05% F.S。

由于悬臂梁称重传感器输出的电压信号在未经放大前比较微弱，且容易受到外部噪声信号干扰，因此需要设计信号调理电路对其输出信号进行处理、放大，并滤除干扰信号，以提高传感器输出信号的稳定性，最后通过 A/D 转换器对信号进行采集。采用具有差分输入和可编程放大器的高精度电子秤专用 24 位 A/D 转换器芯片 HX711 设计了传感器信号调理电路，对悬臂梁称重传感器的输出电压信号进行滤波、放大和转换；桥式传感器的差分输出连接到 HX711 的通道 A，可编程增益和数据输出速率分别设置为 128 和 10Hz。其电路原理图如图 6.24 所示。

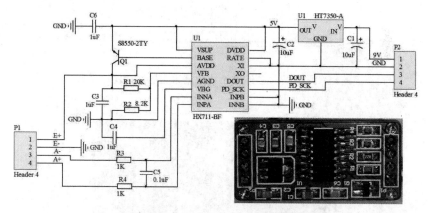

图 6.24　传感器信号调理电路原理图

其中，P2 端口连接外部电源输入端和 A/D 转换器数据输出端口；电容 C1、C2 和 HT7350 组成的稳压电路将输入的 9V 电压稳定至 5V，为信号调理电路提供标准工作电源；P1 端口的 E+、E− 和 A+、A− 分别连接称重传感器的电源输入端和信号输出端；将芯片管脚 VSUP 连接到 5V 电源上，管脚 VBG 通过电容 C4 连接至地，以使能 HX711 内部稳压电路，稳压电路模拟输出管脚 BASE 通过片外 PNP 三极管 S8550 和分压电阻 R1、R2 向称重传感器和 A/D 转换器提供稳定的低噪声模拟电源（即 AVDD 和 GND 电压），该电压由 AVDD=VBG（R1+R2）/R2 计算，其中 VBG 为模块基准电压 1.25V。

6.5.2　低成本无线数据采集器设计

该节点集成了单片机控制系统、无线传输模块、数据存储模块和电源模块，完成 8 通道集沙量数据的自动采集、处理与短距离无线传输。节点的电路原理图及硬件实物分别如图 6.25 和图 6.26 所示。

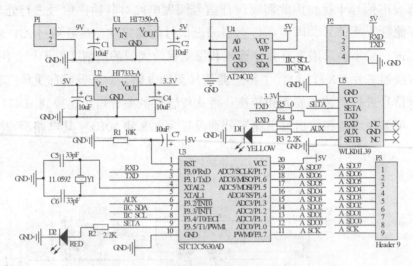

图 6.25　多通道无线数据采集器原理图

图 6.26　多通道无线数据采集器

　　该硬件部分主要由单片机控制器电路、稳压电路、串口通信电路、数据存储电路和无线收发模块等组成。系统稳压电路输出的 3.3V 电压主要负责给无线收发模块供电；无线收发模块通过串口通信方式与单片机实现数据传输；单片机控制电路的时钟频率为 11.0592MHz，完成上位机指令信息的接收与应答及对传感器组的控制和数据的读取、处理、打包等任务。由于称重传感器信号调理电路通过 IIC 通信方式与单片机进行数据传输，为节省端口资源，8 路信号调理电路共用一个时钟控制端口，均连接至 A_SCK 端口，8 个数据输出端分别连接 A_SDO0 ～ A_SDO7 端口，从而实现不同高度上集沙量数据的采集；数据存储器用来存储 8 路重传感器的校正参数、初始化数据及当前集沙量数据等；SETB

和 AUX 分别用来控制无线模块的工作模式及单片机工作模式；D1 和 D2 分别为无线模块收发指示灯和工作模式指示灯。

6.5.3　称重系统数据处理算法

为降低甚至消除外部环境对称重系统的干扰，提高数据采集的准确度，就需要研究传感器数据处理算法，以减弱甚至消除噪声信号和环境风速突变对称重系统的影响。研究发现：噪声信号的作用始终伴随着传感器输出信号，且其功率谱密度在整个频域内分布均匀；而较强的气流冲击作用只有在进风口风速变化较大的瞬间才会发生，具有随机性和突发性，表现为输出信号的陡增与陡降。通过对上述两种干扰信号的分析发现，采用均值法与阈值限定相结合的方法可以有效地降低甚至消除其对称重系统的干扰。

程序削弱干扰的方法如下。

首先，确定一个用来比较的阈值，在某一设定时长内对传感器信号连续采集 12 次，并存储到数据缓存区（数组）内。

其次，对数据缓存区里的数据进行如下处理：① 判断数组中的数据是否均为零，如果全为零，则将零作为称重传感器的采集值输出；若不全为零，则进入第 ② 步对数据进行处理。② 将 12 个数按照从小到大的顺序进行排列，并求出中间两个数据的平均值，作为当前比较值。③ 将该比较值分别与数组中的第 6 个和第 7 个数值进行相减，如果差值的绝对值均不大于设定的阈值，则保留该值并取其平均值替换当前比较值；否则，认为数据波动较大，需重新对传感器进行数据采集。④ 再将当前比较值分别与第 5 个和第 8 个数值进行比较，如果差值的绝对值均不大于阈值，则保留该值并取其平均值替换当前比较值；如果有一个差值的绝对值大于阈值，则停止比较。⑤ 重复第 ④ 步，直至数组比较结束或出现差值的绝对值大于阈值的情况。

最后，将比较结束前数组中所有保留值的平均值作为传感器的输出值，同时将数组和当前比较值清零，为下一轮数据采集与处理做准备。

如何确定阈值的大小以确保该算法能够准确有效地运行，将是该算法的重点研究内容。绝对输沙率是指风沙流在距地表一定高度的单位断面上在单位时间内所通过的实际风蚀量，其单位为 $g \cdot cm^{-2} \cdot min^{-1}$。风蚀物的收集是一个缓慢积累的变化过程，为了便于观察土壤风蚀过程中近地表风沙流结构的动态变化，将数据采集的时间间隔设置为 5s。因此，如何用实验的方法准确地测量出绝对输沙率的大小，并计算出风沙分离器在 5s 内的最大集沙增量将是确定该比较阈值的关键。

由风沙流结构特性可知，距离地面越近的地方，风蚀量越大。地表覆盖度越小的地表，风蚀量越大。通过风洞实验的方法测量出在地表覆盖度为零的情况下，距离风洞底面 2cm 高的集沙单元在不同风速下的绝对输沙率，以确定比较阈值的大小。风洞实验结果如表 6.2 所示。

表 6.2　不同风速下的绝对输沙率

风　速（m/s）	集沙量（g）	绝对输沙率（g·cm⁻²·min⁻¹）
6	10.54	1.331
9	22.04	2.783
12	20.47	2.585
15	19.19	2.423
18	17.32	2.187

由表 6.2 可计算出，在不同风速下，分离器 5s 内的最大集沙量分别为 0.08g、0.17g、0.16g、0.15g 和 0.13g。在进行野外土壤风蚀研究时，环境风速不超过 14m/s，地表覆盖度也不为零，且风蚀能力和输沙率比风洞携沙实验要小得多，故将数据处理算法中的阈值设置为 0.2g，可有效保证算法能在野外风蚀环境下有效运行。试验表明：该数据处理算法通过平均值法削弱了由噪声引起的信号波动，同时采用阈值限定的方法消除了因气流冲击作用而引起的奇点，传感器组工作状态稳定。

6.6　集沙仪性能测试

6.6.1　称重传感器标定及线性度测试

传感器线性度的好坏直接影响到集沙仪工作的稳定性和数据采集的准确性，因此，在设计集沙仪称重系统前，需要对传感器进行标定并测试其线性度。实验采用国标 F2 级标准砝码对传感器的线性度进行测量（图 6.27）。

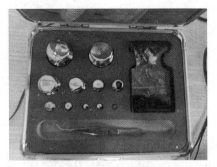

图 6.27 国标 F2 级 14 种规格的标准砝码

为了更好地体现传感器的线性程度，选取砝码质量为 0g、0.02g、0.04g、0.09g、0.1g、0.02g、0.15g、0.2g、0.25g……150g、160g 和 170g 等 39 个标定点，在标准砝码的配合下，得到 39 个重量值不一样的标定点，收集得到的称重数据信号。分别对 8 路称重传感器的输出信号进行采集。实验时，在每个标定点处连续采集 20 次数据，并取其平均值作为测点的标定值，最后以该标定值为横轴，以砝码质量为纵轴，采用最小二乘法对 8 路称重传感器的标定值进行拟合，并研究传感器的线性度。

实验发现，将传感器输出的 A/D 值转换成电压（V）值后再进行线性拟合所得到的标定曲线，将造成较大的测量误差，甚至达到 10g 以上；而直接采用传感器输出的 A/D 值进行线性拟合的方法得到的标定曲线，不仅能够使传感器的测量精度到达 0.01g，且测量误差也很小。原因在于 HX711 芯片通过内部稳压电源的输出电压 AVDD 向称重传感器和 A/D 转换器提供参考电源，该参考电压由外部分压电阻 R1、R2 和芯片输出参考电压 VBG 共同决定 AVDD=VBG（R1+R2）/R2），VBG 为模块基准电压 1.25V。虽然电阻 R1、R2 为千分之一精度，但相对于 24 位的 A/D 转换器来说，精度仍然不够，导致转换后的电压值准确度不高。因此，直接采用传感器输出的 A/D 值进行曲线拟合。1 号传感器的标定数据如表 6.3 所示。

表 6.3 1 号传感器标定数据表

砝码重量（g）	AD 值	砝码重量（g）	AD 值	砝码重量（g）	AD 值
0.0	201253	1.5	208650	60	479656
0.02	201414	2.0	210942	70	525985

砝码重量（g）	AD 值	砝码重量（g）	AD 值	砝码重量（g）	AD 值
0.04	201638	3.0	215610	80	572301
0.09	201891	4.0	220235	90	618622
0.1	201979	6.0	229487	100	664930
0.15	202242	8.0	238779	110	711246
0.2	202560	10	248070	120	757554
0.25	202808	15	271154	130	803870
0.3	203062	20	294354	140	850199
0.4	203535	25	317534	150	896500
0.5	204003	30	340688	160	942856
0.7	204909	40	387030	170	989163
1.0	206304	50	433289	180	1035513

同理，对 2 ～ 8 号传感器也进行标定，将 8 个传感器都进行标定后进行数据汇总，得到拟合方程（表 6.4）和拟合曲线（图 6.28）。

表 6.4　传感器组拟合方程

传感器编号	拟合方程	拟合度 R^2
1 号	$y = 0.0002158511\,x - 43.5217$	1.0
2 号	$y = 0.0002105750\,x - 66.3772$	1.0
3 号	$y = 0.0002133690\,x - 50.5606$	1.0
4 号	$y = 0.0002081275\,x - 12.2612$	1.0
5 号	$y = 0.0001984582\,x - 15.6416$	1.0
6 号	$y = 0.0002163768\,x - 12.6614$	1.0
7 号	$y = 0.0002021210\,x - 50.7992$	1.0
8 号	$y = 0.0002050624\,x - 21.5222$	1.0

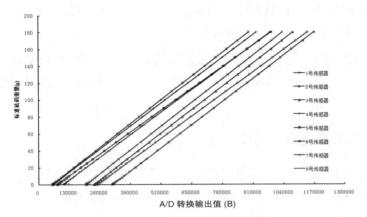

图 6.28　称重传感器拟合曲线

由拟合曲线和拟合方程可以看出，传感器的线性度良好，具有很好的精度和稳定性，符合集沙仪工作要求。

6.6.2　传感器的精度及稳定性测试

在实验室条件下，将单片机开发板、300g 量程的称重传感器和信号调理电路连接成称重系统电路，分别对标定后的传感器的测量精度及工作稳定性进行测试，电源电压为直流 9V。

试验时，将 14 种不同质量的 F2 级标准砝码分别置于称重传感器托盘上，连续测量 5min，对传感器的测量精度和短期测量误差进行测试；然后，将 500mg、10g、50g、100g 和 200g 等 5 种标准砝码分别置于传感器托盘上，连续测量 10h，对其长期稳定性进行测试。100g 标准砝码的短期静态误差测试和累积静态误差测试结构分别如图 6.29（a）和图 6.29（b）所示。

　（a）短期静态误差测试　　　　　　　　（b）累积静态误差测试

图 6.29　称重系统测试

实验结果表明：① 该称重系统的测量精度可达 0.01g；② 当称重质量小于 10g 时，传感器的短期静态误差基本为零，长期静态累积误差小于 ±0.02g；③ 当称重质量大于 10g 时，随着质量的增加，传感器的短期静态误差和累积误差均略有增加；④ 当称重质量为 100g 时，传感器的短期静态误差为 ±0.02g，长期累积误差不超过 ±0.04g。

6.6.3 分离器降速效果测试

采用 3D 打印机制作分离器试验样机，将改进型风沙分离器放入专用试验壳体中，调整壳体位置，并保持分离器进气管正对风洞试验段中心且位于试验段出口内部 2cm 位置处，如图 6.30 所示。

图 6.30　分离器降速性能风洞实验

实验时，设计风洞风速为 6m/s、9m/s、12m/s、13.8m/s、15m/s 等 5 个试验风速，分别测取五个风速下风沙分离器排气口与排沙口的风速（表 6.5）。

表 6.5　改进型风沙分离器排气口和排沙口风速

试验风速（m/s）	排气口最高风速（m/s）	排气口平均风速（m/s）	排沙口最高风速（m/s）	排沙口平均风速（m/s）
6	1.13	0.2 以下	0.8	0.2 以下
9	1.56	0.2 以下	1.02	0.2 以下
12	1.84	0.49	1.22	0.2 以下
13.8	2.23	0.68	1.52	0.23
15	2.83	0.75	1.98	0.35

从表 6.5 中看出，无论是排气口还是排沙口，改进后的风沙分离器其最高风速和平均风速都比较低。当试验条件在强风条件（13.8m/s）以下时，改进型风沙分离器排沙口 95% 以上的区域风速在 0.2m/s 以下，处于静风条件。在强风条件时，排沙口大部分区域平均风速也非常低，与仿真过程中模拟的状况接近。通过实验数据可以得出，强风条件下，改进后的风沙分离器排沙口的最高风速为 1.52m/s，比原风沙分离器降低了 35.59%，排沙口平均风速为 0.23m/s，比原风沙分离器降低了 28.13%。

6.6.4　集沙仪等动力性试验

集沙仪的等动力性是指在某一风速下，集沙仪进气口中心位置处的风速与未放集沙仪时该点处的风速的比值，可用来表征集沙仪对周围流场品质的干扰作用。由于实验过程中，很难保持风洞风速恒定，故将距离集沙仪各分离器进风口中心位置前 20cm 处的风速作为参考风速。

试验是在内蒙古农业大学 OFDY-1.2 型移动式风蚀风洞中完成的。该风洞由过渡段、整流段（包括开孔板、蜂窝器、阻尼网和非均匀网格）、收缩段和试验段组成。该风洞全长 10.9m，试验段为矩形无底截面，长为 7.2m，断面 1m×1.2m，湍流度 ≤ 1.5%，横向均匀性指数 ≤ 1%，风速范围为 0 ～ 20m/s，风速控制采用无级调速。野外测试时由柴油发电机组提供动力。经中国科学院寒区旱区环境与工程研究所测定，该风洞结构符合低速风洞的设计要求，在试验段能够模拟自然风，产生自由旋涡气流和稳定流动的气流场，其风速廓线与真实地表自然风速廓线一致。试验时，在风洞净风条件下，分别调节风洞中心风速至 6 m/s（风沙启动风速）和 13.8m/s（强风作用），采用热线风速仪分别测量集沙仪各分离器进风口中心位置及其前方 20cm 处的风速，对集沙仪 8 个风沙分离器所在位置处的等动力性进行同时测试分析。实验如图 6.31 所示，实验数据如表 6.6 所示。

图 6.31　集沙仪等动力性测试实验

表 6.6　参照风速与进气口风速（m/s）

测点 1	10 个流速瞬态值					均　值
参照风速	13.63	13.69	14.15	13.88	13.60	13.79
	13.79	13.63	13.88	13.90	13.78	
进气口风速	12.82	12.88	12.61	12.86	12.74	12.71
	12.58	12.44	12.70	12.81	12.61	
测点 2	10 个流速瞬态值					均　值
参照风速	13.57	13.75	13.91	13.82	13.50	13.71
	13.35	13.54	13.77	13.84	13.68	
进气口风速	12.56	12.47	12.52	12.61	12.71	12.60
	12.60	12.40	12.58	12.79	12.60	
测点 3	10 个流速瞬态值					均　值
参照风速	13.66	13.74	13.90	13.71	13.60	13.71
	13.53	13.65	13.74	13.85	13.75	
进气口风速	12.53	12.48	12.46	12.70	12.80	12.61
	12.57	12.43	12.65	12.82	12.66	
测点 4	10 个流速瞬态值					均　值
参照风速	13.69	13.96	13.98	13.89	13.58	13.73
	13.41	13.57	13.75	13.86	13.64	
进气口风速	12.72	12.60	12.68	12.74	12.77	12.64
	12.52	12.44	12.55	12.75	12.64	
测点 5	10 个流速瞬态值					均　值
参照风速	13.58	13.92	14.12	13.94	13.53	13.76
	13.34	13.57	13.84	13.91	13.89	
进气口风速	12.53	12.63	12.41	12.68	12.74	12.67
	12.73	12.39	12.80	12.91	12.83	

测点 6	10 个流速瞬态值					均　值
参照风速	13.95	13.77	13.96	13.77	14.02	13.78
	13.42	13.72	13.50	14.07	13.65	
进气口风速	12.83	12.65	12.94	12.62	12.87	12.71
	12.53	12.45	12.55	12.88	12.73	
测点 7	10 个流速瞬态值					均　值
参照风速	13.57	13.75	13.91	13.82	13.50	13.70
	13.45	13.64	13.87	13.84	13.68	
进气口风速	12.53	12.47	12.47	12.70	12.78	12.62
	12.60	12.51	12.66	12.86	12.65	
测点 8	10 个流速瞬态值					均　值
参照风速	13.78	13.97	13.73	13.91	13.77	13.77
	13.43	13.53	13.96	13.77	13.88	
进气口风速	12.74	12.58	12.52	12.87	12.79	12.66
	12.64	12.43	12.62	12.73	12.63	

从表 6.6 可得集沙单元进气口风速与参照风速的均值之比分别为 0.9217、0.9190、0.9198、0.9206、0.9208、0.9224、0.9212、0.9194，即 8 个不同高度的风沙分离器的等动力性分别为 92.17%、91.90%、91.98%、92.06%、92.08%、92.24%、92.12%、91.94%。其平均等动力性为 92.06%。研究表明，等动力性达到 91% 以上的集沙仪可认为满足等动力性设计要求。

6.6.5　集沙仪集沙效率试验

集沙效率（E）是衡量集沙仪性能的重要指标，其理论确定方法是：将设计的集沙仪与标准集沙仪在相同位置、相同条件下观测的输沙率进行比较。然而，目前尚没有标准集沙仪，且完全相同的实验条件很难满足，在实际测试时，通常将集沙仪实测输沙量与实际输沙量的比值定义为集沙效率。

$$E = Q_s / Q_c \qquad (6-7)$$

式中，E—集沙效率；

Q_s—集沙仪实测输沙量；

Q_c—实际输沙量。

风洞配套的输沙器由六套螺旋式槽轮输沙部件、输沙漏斗、输沙管、传动系统及控制装置组成，输沙漏斗与输沙管相接后从风洞顶部插入风洞内至风洞底部 17～19cm，输沙器距试验段入口 13cm，如图 6.32 所示。

图 6.32　风洞排沙器

为使数据具有可对比性，实验时保证不同风速下的总输沙量相等，且假定通过风洞试验段横截面上的风蚀量分布均匀；将通过风洞试验段横截面上宽度等于分离器进风口宽度的风蚀量定义为实际输沙量 Q_c，将集沙仪收集到的不同高度上的风蚀量数据经指数拟合后的积分值定义为集沙仪实测输沙量 Q_s。

试验时，将集沙仪置于距风洞口 150cm 处的实验段，通过调整集沙仪下面调整板的数量调整集沙仪的高度，使最下部集沙单元进气口距风洞底板的距离为 2cm，则其他七个风沙分离器到风洞底部的距离为 8cm、19cm、32cm、36cm、49cm、53cm、66cm，这 8 个高度为集沙仪收集风蚀物的试验高度。调节输沙器转速为 29r/min，即输沙率为 17g/s，输沙时长约 11min。分别取 6m/s、9m/s、12m/s、15m/s 和 18m/s 等 5 个试验风速进行试验，得到不同风速下集沙仪不同高度的集沙量（表 6.7）。

表 6.7　不同风速下集沙仪 8 个高度上的集沙量（g）

高度 /（cm）	风速 /（m·s⁻¹）				
	6	9	12	15	18
2	9.44	9.72	9.63	9.56	8.92

高度 /（cm）	风速 /（m · s⁻¹）				
	6	9	12	15	18
8	1.26	1.54	1.46	1.42	1.41
19	0.45	0.72	0.62	0.63	0.83
32	0	0.16	0.44	0.53	0.42
36	0	0	0.25	0.22	0.35
49	0	0	0	0.13	0.11
53	0	0	0	0	0
66	0	0	0	0	0

通过 Matlab 软件对表 6.7 的试验结果进行方程拟合，近地表风沙流结构近似符合幂函数分布：

$$q = az^b \tag{6-8}$$

式中，q — 某采集高度的集沙量，g；

　　　a、b — 拟合方程系数；

　　　z — 采集高度，cm。

再将集沙量 q 积分，可得 $1 \sim 66\text{cm}$ 高度上的实测输沙量 $Q_s = \int_1^{66} q\mathrm{d}z$。

在风洞中心风速分别为 6 m/s、9 m/s、12 m/s、15 m/s 和 18m/s 下的拟合曲线如图 6.33 所示，其中横坐标为不同集沙高度，纵坐标为不同高度所对应的集沙量。5 种风速下计算出的实测输沙量如表 6.8 所示。

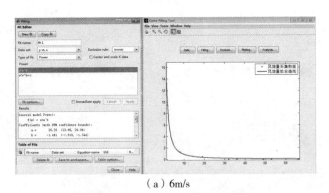

（a）6m/s

图 6.33　不同风速下函数拟合图

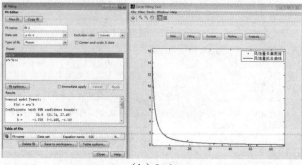

（b）9m/s

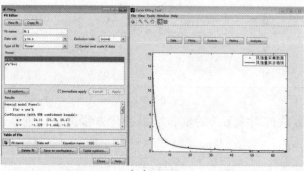

（c）12m/s

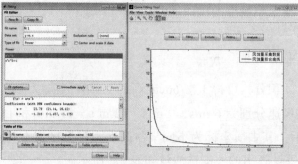

（d）15m/s

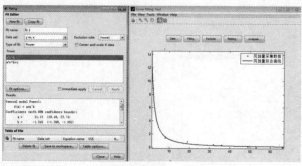

（e）18m/s

图 6.33（续）

表 6.8 幂函数分布下不同风速下的实测输沙量

风速（m/s）	参　数			实测集沙量（g）
	a	b	R	
6	26.36	−1.481	0.9991	47.49
9	24.6	−1.339	0.9981	55.03
12	24.11	−1.325	0.9986	55.18
15	23.78	−1.316	0.9981	55.23
18	21.12	−1.245	0.9971	55.32

　　每份土样的总重量为 10kg，风洞实验段宽度为 1000mm，则 6mm 宽度（进气口宽度）上的实际输沙量为 60g，通过计算可以得出 6m／s、9m／s、12m／s、15m／s 和 18m／s 的集沙效率分别为 79.16%、91.72%、91.96%、92.05% 和 92.2%。绘制成折线图如图 6.34 所示。

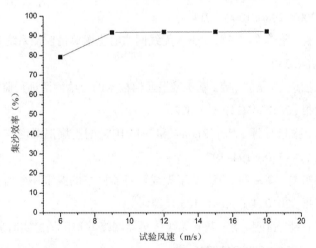

图 6.34 风速 6 ~ 18m/s 时风沙分离器的集沙效率

　　从图 6.34 看出，试验风速为 6m/s 的集沙效率明显要比其他试验风速的集沙效率低很多，一是因为部分试验土样残留在风洞底部，二是因为 6m/s 的试验风速使部分土样直接以蠕移的方式从风洞底部被吹走而难以被集沙仪收集。如果舍去试验风速 6m/s 时的集沙效率，则通过计算得出集沙仪的平均集沙效率为 91.98%。

总之，根据气流分流对冲降速原理和相似理论，研制了分流对冲与多级扩容组合的，具有抗强风干扰和自动称重功能的多通道无线自动集沙仪，设计了低成本无线数据采集器和传感器信号调理电路，可实时采集距地面 2cm、8cm、19cm、32cm、36cm、49cm、53cm 和 66cm 高度上的风蚀量。利用均值法与阈值限定相结合的方法有效消除了外部噪声信号和环境风速突变对称重系统的干扰。为建立基于无线传感网络的土壤风蚀监测系统提供了硬件条件。

参考文献

[1] 宋涛，陈智，麻乾，等. 分流对冲式集沙仪设计及性能试验 [J]. 农业机械学报，2015, 46(9): 173–177, 197.

[2] 王金莲，赵满全. 集沙仪的研究现状与思考 [J]. 农机化研究，2008(5): 216–218.

[3] 赵满全，付丽宏，王金莲，等. 旋风分离式集沙仪在风洞内集沙效率的试验研究 [J]. 中国沙漠，2009, 29(6): 1009–1014.

[4] 胡培金，江挺，赵燕东. 基于 Zigbee 无线网络的土壤墒情监控系统 [J]. 农机工程学报，2007, 27(4): 230–234.

[5] 刘卫平，高志涛，刘圣波，等. 基于铱星通信技术的土壤墒情远程监测网络研究 [J]. 农业机械学报，2015, 46(11): 316–322.

[6] 王丽，张华，张景林等. 基于 ZigBee 和 LabVIEW 的土壤温湿度监测系统设计 [J]. 农机化研究，2015, (8): 194–197.

[7] 郭文川，程寒杰，李瑞明，等. 基于无线传感器网络的温室环境信息监测系统 [J]. 农业机械学报，2010, 41(7): 181–185.

[8] 孙宝霞，王卫星，雷刚，等. 基于无线传感器网络的稻田信息实时监测系统 [J]. 农业机械学报，2014, 45(9): 241–246.

[9] 范贵生. 可移动式风蚀风洞设计及其空气动力学性能研究 [D]. 呼和浩特：内蒙古农业大学，2005.

[10] 段学友. 可移动式风蚀风洞流场空气动力学特性的测试与评价 [D]. 呼和浩特：内蒙古农业大学，2005.

第 7 章　热敏式多通道风速廓线仪

　　地表空气动力学粗糙度是地表平均风速减小到零的高度，其值越大意味着土壤表面对风速的削弱作用越明显，抗风蚀能力越强。近地表风速廓线是指风速随高度的分布曲线，是风的重要特性之一，表征了风速在垂直方向上的强度变化规律。地表粗糙度的变化将直接导致地表风速廓线的变化，即近地表风速廓线的变化可间接地反映地表粗糙度的变化，可以用来评价被测区域内土壤的抗风蚀能力。

　　因此，研制小体积、低功耗、高精度且具有硬件温度补偿功能的恒温式风速传感器及具有自组网和自动风向识别功能的多通道风速廓线仪，对于土壤风蚀监测十分重要。

7.1　热敏式低功耗风速传感器

7.1.1　热敏式风速传感器测量原理

　　热敏式风速传感器常采用具有高灵敏度的铂电阻作为敏感元件，可测量较小的速度脉动，具有测量精度高、响应速度快、重复性和信噪比好等优点，在风速测量领域得到了广泛的应用。

　　热敏风速传感器是基于热传递和热耗散平衡机理研制的风速测量设备，加热元件在气流中的热对流耗散功率与气流速度之间满足 King 定律 [98、99].

　　根据 King 定律：

$$Nu = A + B\sqrt{Re} \tag{7-1}$$

式中，Re —— 雷诺数；

　　　　A、B —— 校准常数；

　　　　Nu —— 努塞尔数。

雷诺数 Re 是用来表征流体流动情况的无量纲数：

$$Re = \frac{\rho v d}{\eta} \tag{7-2}$$

式中，v、ρ、η — 分别为流体的流速、密度与黏性系数；

　　　d — 传感器特征长度；

努赛尔数 Nu 的物理意义是表示对流换热的强烈程度，是流体层导热阻力与对流传热阻力的比值，其定义为：

$$Nu = \frac{Q}{\pi \lambda l(T_H - T)} \quad\quad (7-3)$$

式中，λ — 流体导热系数；

　　　Q — 热量；

　　　T — 流体温度；

　　　T_H — 热敏探头温度；

　　　l — 热丝在流体中的长度；

由公式（7-1）和（7-3）得到：

$$Q = \pi \lambda l(T_H - T)(A + B\sqrt{Re}) \quad\quad (7-4)$$

由于传感器工作在流场当中，λ 和 l 均为常数，可合并到校准常数 A、B 中。因此，公式（7-4）可简化为：

$$Q = (T_H - T)(A + B\sqrt{Re}) \quad\quad (7-5)$$

同时，根据焦耳定律，电流通过热敏传感器时所产生的热量为：

$$Q_1 = I_H^2 R_H \quad\quad (7-6)$$

式中，R_H — 热敏传感器的电阻；

　　　I_H — 流过热敏传感器的电流。

在气流速度一定的情况下，单位时间内流过传感器热敏元件的气流所带走的热量与热敏元件所产生的热量相等时，传感器电路进入热平衡状态，流过传感器的电流保持恒定，则有 $Q = Q_1$，由公式（5）和（6）得到：

$$I_H^2 R_H = (T_H - T)(A + B\sqrt{Re}) \quad\quad (7-7)$$

由公式（7-2）可知，在传感器敏感元件尺寸一定时，雷诺数 Re 与风速 v 呈一一对应关系，由公式（7-2）和（7-7）可得：

$$I_H^2 R_H = (T_H - T)(A + B\sqrt{v}) \quad\quad (7-8)$$

由此可知，当 $K = T_H - T$ 为恒定常数（如：30℃）时，流体速度 v 是通过热敏元件电流 I_H 的函数；且流速 v 越大，电流 I_H 越大，反之。

热敏风速传感器就是采用上述工作原理，通过测量流过热敏元件的电流大小来计算流体速度。

7.1.2　传感器敏感元件选择

　　风速传感器探头是将气流速度转换成被测电信号的敏感元件，是制作风速传感器的关键部件，其性能的优劣对风速传感器的工作状态与测量精度起决定性作用。

　　在土壤风蚀研究当中，测试环境较为恶劣，不仅气流中常伴有粒径不一的细小砂粒，而且需要长期对近地表的风速进行精确测量。因此，为减小测量误差，提高传感器工作稳定性，对风速传感器敏感元件的强度、体积、功耗和测量方法等有特殊的要求。在充分对比现有风速传感器优缺点的基础上，选择体积小、测量精度高、响应速度快、无机械误差且具有抗污染能力等特点的热线 / 热膜式风速传感器敏感元件来实现风速信号的转换，如图 7.1 所示。

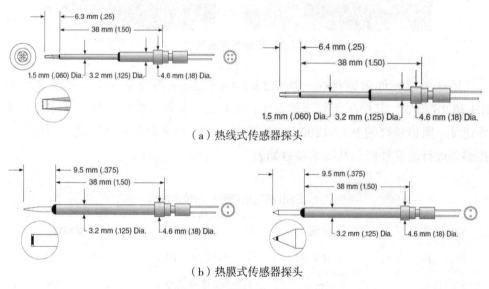

（a）热线式传感器探头

（b）热膜式传感器探头

图 7.1　热膜热线传感器探头

　　热线式风速敏感元件常采用直径仅有 5 ～ 10μm，长度为 0.5 ～ 2mm 的铂钨金属丝作为风速敏感元件。该元件比较脆弱，在风沙环境下极易损坏，且受环境污染后不易清理。热膜式风速敏感元件采用 0.1μm 厚的金属薄膜代替金属丝，虽然解决了热线风速敏感元件存在的问题，但其加热面积较大，造成的功耗较大，且对低风速不敏感。

　　为解决上述问题，瑞士 IST 公司研制了一种体积小、测量精度高且具有极低功耗的薄膜流量传感器敏感元件。该敏感元件由极低导热率的陶瓷薄片、高纯度的铂金薄膜层和超薄的钝化玻璃层组成。采用光刻与化学腐蚀的方法在陶瓷薄片上形成两个高纯度的铂金电阻丝作为风速敏感元件，并采用丝印技术在电阻结构上覆盖一层钝化玻璃，使敏感元件与空气隔绝。不仅提高了敏感元件的强度和抗污染能力，而且大大降低了传感器的功耗，其结构如图 7.2 所示。

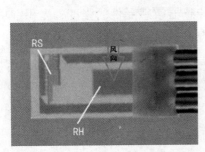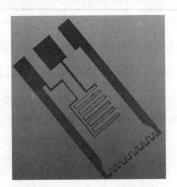

图 7.2　传感器探头结构

风速敏感元件由钝化在一块 7.2×2.4×0.15mm 陶瓷基片上的两个铂电阻 RH 和 RS 组成，其中阻值较小的 RH（仅 45Ω）被用作加热元件，用来测量流体速度。阻值较高的 RS（1200Ω）为热敏元件，用来测量环境温度，可用于对传感器进行温度补偿。其技术参数如表 7.1 所示。

表 7.1　FS5 风速敏感元件的技术参数

参数名称	参数值	参数名称	参数值
测量范围	0 ~ 100m/s	温度测量范围	−20 ~ +150℃
测量精度	0.01m/s	温度敏感度	< 0.1%/K
测量准确度	< 3%/ 测量值	最大阻值误差	< ±1%
风速响应时间	2s	最大加热电压	3V（0m/s 风速下）

7.1.3　传感器探头设计

风速传感器探头是将流速信号转变为电信号的一种敏感元件，此元件容易被损坏而影响其灵敏度，需设计传感器外壳对该敏感元件进行保护。通过对传感器结构的研究可知，当风向平行穿过传感器表面时，测得的风速的可靠性和准确性较风向垂直穿过传感器表面有所提高（减少了风速在垂直方向的分量）。根据风速廓线仪的外形及结构设计的要求，将热敏传感器探头的形状设计成 L 形，保证设计精度及表面的平滑度。传感器探头被安装在风速廓线仪的前端，使传感器在自动对准风向机构的引导下始终能够对准来风方向。传感器外壳为铝合金材质，应用数控技术加工而成（图 7.3）。

图 7.3　传感器探头外壳设计

该 L 形探头前端开有导气孔，传感器风速敏感元件被固定在导气孔的中心位置，为减小导气孔内壁边界层效应对气流速度的影响，在保证结构强度的条件下将其壁厚设计为 0.6mm。将敏感元件所在部分设计成具有一定导流作用的扁平椭圆状，以降低传感器探头对其周围流场品质的影响，提高风速测量的准确性。另外，考虑到风速传感器探头体积较小、材质较脆、风速敏感元件较易污染等因素，采用小体积航空接头将其设计成可插拔结构。

7.1.4　电路设计原理

热敏风速传感器的工作原理是将风速敏感元件置于被测环境中，当气体流过其表面时带走部分热量，通过惠斯通电桥平衡关系来确定被测截面的流体速度。热敏风速传感器有两种设计工作模式，即恒流式和恒温式。

① 恒流式：通过热线或热膜的电流保持不变，环境温度的变化导致热线／热膜的阻值改变，使热线／热膜两端电压发生变化，由此实现流速测量。

② 恒温式：通过改变流过热线／热膜的电流大小，以保持热线／热膜在不同气流速度下温度恒定，并使电桥输出平衡，气流速度是电流的单值函数，根据所需施加的电流大小来实现流速的测量。

恒温式风速传感器因其热惯性较小、响应速度快等特点得到广泛的应用。因此，本书以恒温式测量方法为基础，借鉴现有热线／热膜风速传感器的设计原理对传感器电路进行设计。

电路设计设计时，将热敏流量探头上的加热器 RH 接入惠斯顿电桥并置于被测流体中，调节电桥的四个桥臂上的电阻配比，使传感器在工作过程中，始终保持加热器 RH 的温度与被测环境的温度差在 30℃左右。采用仪表放大器对电桥输出电压进行放大，并用放大后的电压控制三极管发射极的电流。然后将发射极电流作为反馈信号施加到惠斯通电桥中，调节流过加热器 RH 的电流，形成闭环调节。最后电桥达到平衡状态时，流过加热器的电流保持不变，从而实现风速测量。在气流速度为零时，调节电桥电阻，使流过加热器的电流所产生的热量与其热耗散量相等，此时流过加热器的电流保持不变。当气体流速不为零时，流过加热器表面的气流带走部分热量，导致加热器产生的热量小于其热耗散量，加热器冷却且电阻发生变化，使电桥输出失衡，进而导致流过加热器的电流增大。由于探头的放热系数与气流速度有关，流速越大，放热系数也越大，散热越快，加热电流越大；反之。因此，电桥输出的电信号与流速呈一定的数学关系。

为了便于数据采集，采用轨对轨仪表放大器 TS922 的输出电压 V_0 作为传感器的输出信号，并将其作为反馈信号调节 NPN 型三极管 BC817 的发射极电流，从而调节流过加热器的电流大小。传感器电路如图 7.4 所示。

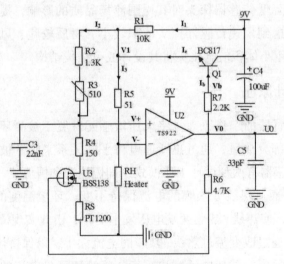

图 7.4　传感器电路数学模型

该电路的工作原理：该探头上的加热元件 RH 具有较高的温度系数，将其作为风速测量元件接入惠斯通电桥，并与电压放大器和三极管构成负反馈电路，对流过 RH 的电流进行调控，使 RH 的温度与流体温度差保持在 30℃左右。工作时，探头被置于流体中，在流体速度为零且电路达到平衡状态时，放大器的输出电压（即三极管基极电压）V_0 保持不变，使得三极管发射极输出电流 I_e 和流过 RH 的电流 I_3 保持不变，RH 产生的热量与其自身的热耗散量相等，此时电路的输出电压为零风速电压。当气流速度增大或减小时，流经 RH 表面的气流带走的热量发生变化，导致 RH 的温度和电阻发生变化，电桥两个桥臂上的电压差（$V+-V-$）和放大器的输出电压 V_0 发生变化，使三极管基极电压 V_b 和发射极电流 I_e 发生变化，流过 RH 的电流 I_3 也发生变化；最终在电路的负反馈作用下，调节流过 RH 的电流大小，使 RH 产生的热量与其热耗散量相等，电路再次进入平衡状态，此时电路的输出电压 V_0 即为该风速下所对应的电压值。气体流速越大，输出电压越大。因此，放大器的输出电压 V_0 是流体速度 v 的函数。

7.1.5　硬件温度补偿分析

热敏式风速传感器在风速测量过程中，其测量精度和准确度容易受到被测流体温度的影响。在不同环境温度条件下，即使流体速度相同，气流从加热器 RH 上带走的热量也不同；外界温度越低，单位时间内的热耗散量越多，外界温度越高，热耗散量越少，从而导致同一流速下传感器的输出电压不同。因此，为提高测量精度和准确度，温度补偿电路的设计在传感器的研制过程中至关重要。

由于传感器探头上的温度敏感元件 RS(Pt1200) 采用温度系数为 0.00374/℃ 的铂电阻设计而成，其阻值与环境温度有关，即：温度越高，阻值越大，温度越低，阻值越小。因此可将其作为温度测量元件接入惠斯通电桥的另一个桥臂上，对加热器进行温度补偿。当被测流体温度升高时，RS 的阻值随着温度升高而增大，$V+$ 也随之升高，使放大器输入电压（$V+-V-$）和输出电压 V_0 同时增大；同时导致三极管 Q1 发射极电流 I_e 和流过 RH 的电流 I_3 增大，进而使 RH 上产生的热量及其两端电压 $V-$ 升高。最终在负反馈电路的作用下，使电桥输出电压和放大器输出电压 V_0 保持稳定，RH 的温度与环境温度的差值保持在 30℃ 左右，反之亦然。从而，使得加热器 RH 在单位时间内产生的热量与其热耗散量在不同环境温度下保持一致，实现传感器的硬件温度补偿作用。

另外，为提高传感器的反应速度，在 RS 所在桥臂上增加了 N 沟道增强型场效应管，并利用放大器输出电压 V_0 控制其栅源电压，形成负反馈控制电路。当被测流体速度增大时，加热器 RH 上的热耗散量大于其自身的产热量，RH 的温度降低且其阻值和两端电压 $V-$ 减小，进而使放大器输入电压（$V+-V-$）和输出电压 V_0 瞬间增大，导致 V_{GS} 和 I_3 增大，使 $V+$、V_0、I_e 和 I_3 得到进一步增大，从而使流过 RH 的电流 I_3 在较短时间内实现较大的增幅，RH 上产生的热量和温度得到了快速提高，从而缩短电路进入稳定状态的时间；当被测流体速度减小时，加热器 RH 上的产热量大于其热耗散量，RH 的温度升高且其阻值和两端电压 $V-$ 随之增大，放大器输入电压（$V+{-}V-$）和输出电压 V_0 瞬间减小，导致 V_{GS} 和 I_3 减小，使 $V+$、V_0、I_e 和 I_3 得到进一步减小，从而使流过 RH 的电流 I_3 在较短时间内实现较大的降幅，RH 上产生的热量和温度迅速下降，同样缩短了电路进入稳定状态的时间。综上所示，通过在电路中增加 N 沟道增强型场效应管 BSS138 后，通过放大器输出电压的负反馈作用有效缩短了电路的响应时间，提高了风速传感器的测量性能。

风速传感器在测量过程中，测量精度和准确度容易受到被测流体温度的影响。在不同环境温度条件下，即使流体速相同，气流从加热器 RH 上带走的热量也不同，导致同一流速下传感器的输出电压不同。因此，需对其进行硬件温度补偿测试。此测试将在标定时使用风洞中进行，分别在环境温度为 $-2℃$ 和 $20.1℃$ 的条件下，对各风速传感器的硬件温度补偿功能进行测试。

实验时，选择 0m/s、0.4m/s、0.8m/s、1.2m/s、2m/s、2.5m/s、3m/s、3.5m/s、4m/s、4.5m/s、5m/s、6m/s、7m/s、8m/s、9m/s、10m/s、11m/s、12m/s、13m/s、14m/s、15m/s、16m/s 等 22 个测点，每个风速下采用 4.2 节设计的无线采集系统对风速廓线仪的 8 路风速信号采集 25 次数据，取其平均值为横坐标；用 Testo-425 热线风速仪在 8 路风速传感器探头旁 1cm 处采集 25 次中心风速，取其平均值为纵坐标，采用最小二乘法进行标定。以 8 号传感器为例，分别在两种温度下（$-2℃$ 和 $20.1℃$）进行硬件温度补偿前后拟合曲线（图 7.5）。

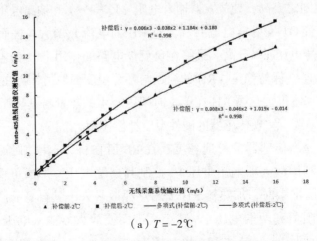

（a）$T = -2℃$

图 7.5　不同温度下 8 号传感器的标定拟合曲线

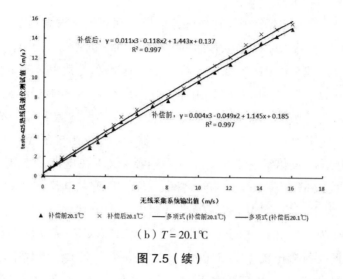

（b）$T = 20.1℃$

图 7.5（续）

① 在同一温度下，虽然补偿前后的曲线拟合度保持不变，但经过温度补偿后的输出值更接近真实风速。

② 在不同温度下，温度越高，传感器输出值与真实值的偏差越小。此处仅对两个温度的硬件温度补偿做出标定。对于多点标定，同时利用软硬件结合实现温度补偿，效果会更好。

7.1.6　传感器电路分析

电路采用直流 9V 供电，电阻 R1 在电路中起到限压和保证三极管 Q1 和场效应管 U3 分别始终工作在电流放大区和可变电阻区的作用。三极管和场效应管的输出特性曲线如图 7.6 所示。

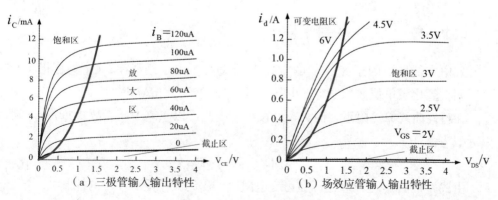

（a）三极管输入输出特性　　　（b）场效应管输入输出特性

图 7.6　输入输出特性曲线

三极管 Q1 工作状态分析：在传感器上电瞬间，由于放大器 U2 输出电压 V_0 为 0，导致三极管 Q1 的基极电流 I_b 和场效应管 U3 的栅源电压 V_{GS} 均为 0；电路中仅有由 R1、R5 和 RH 组成的回路处于工作状态（其中，R1、R5 和 RH 的阻值分别为 10Ω、51Ω 和 45Ω），由此可计算出 V_1 和 $V-$ 的电压分别为 0.0861V 和 0.0405V；由于场效应管 U3 的栅源电压 V_{GS} 为 0，导致 I_3 流经的支路断开，则有 V_1 与 $V+$ 的电压相等，此时仪表放大器 U2 的输出电压 V_0 约为电源电压 9V（U2 的电压放大倍数为 200V/mv）；三极管 Q1 在电路中起电流放大作用（BC817-25 放大倍数在 $160\sim400$ 之间，集电极最大电流 500mA），由于 V_0 和 V_1 的差值大于三极管的门槛电压 V_T（硅管 0.7V，锗管 0.2V），此时流过基极的电流 I_b 约为 4.05mA，由于三极管 Q1 的 VCE=VCC-V_1，使得 Q1 工作在电流放大区，且发射极电流 I_e 为 500mA。在传感器正常工作过程中，由于 R1 的分压作用，导致 Q1 的 VCE 远大于 1V，且有 $V_c > V_b > V_e$ 始终成立，使得三极管 Q1 始终工作在电流放大区。

场效应管 U3 工作状态分析：由于上电瞬间，放大器 U2 的输出电压 V_0 为 9V，即场效应管 U3 的栅源电压 V_{GS} 约为 9V，大于其开启电压 V_T（最大 1.5V）（实验发现：正常工作状态下的传感器输出电压 V_0 在 1.8V 以上），使的电阻 R1、R2 和 RS 所在支路导通；由于场效应管 U3 导通时的漏源电阻较小（当 V_{GS}=4.5V 时，RDS（ON）=6.0Ω），以及电阻 R1、R2 和 RS 的分压作用，导致在正常工作状态下，场效应管的漏源电压 V_{DS} 较小，使得场效应管始终工作在可变电阻区，且有 $V_{DS} \leqslant V_{GS}-V_T$；根据场效应管的输出特性曲线，流过漏极与源极的电流 i_D 可近似为：

$$i_D = K_n \left[2(V_{GS} - V_T) \cdot V_{DS} - V_{DS}{}^2 \right] \tag{7-9}$$

式中，$K_n = \dfrac{K_n'}{2} \cdot \dfrac{W}{L} = \dfrac{u_n C_{ox}}{2}\left(\dfrac{W}{L}\right)$。

式中本征导电因子 $K_n' = u_n C_{ox}$，u_n 是反型层中电子迁移率，C_{ox} 为栅极（与衬底间）氧化层单位面积电容，电导常量 K_n 的单位为 mA/V²。

在特性曲线原点附近，因为 V_{DS} 很小，因此可以忽略 $V_{DS}{}^2$，故式（7-9）可以近似为：

$$i_D \approx 2K_n(V_{GS} - V_T) \cdot V_{DS} \tag{7-10}$$

由式（7-10）可以看出，在可变电阻区，i_D 的大小受到 V_{GS} 的控制。

电路中各电阻值计算和电容的作用如下：

① R5 阻值计算：在 18m/s 的风速作用下，通过对所有风速传感器的输出电压进行测试可知，仪表放大器输出电压 V_0 的最大值在 6 ～ 6.5V 之间；由于三极管工作的放大区时的 $V_{BE(on)}$ 在 0.5 ～ 0.7V 之间，所以 V_1 的电压范围在 5.3 ～ 5.8V 之间，由于加热器电阻 RH 为 45Ω 且最大加热电压不超过 3V，故需要增加分压电阻 R5，阻值为 51Ω。

② R2 和 R3 阻值计算：由于 RS 的阻值为 1200Ω，为使惠斯通电桥正常工作，需要增加电阻 R2；同时考虑到 RS 的阻值受温度影响，为便于风速传感器标定，增加了可调电阻 R3。课题选择 0 ～ 500Ω 的可调电阻，传感器标定时，为使 R3 具有较大的调节范围，在室温条件下取 R3 阻值为 280Ω 左右，R2 阻值设置为 1.3KΩ。

③ R4 阻值计算：工作时为保持电桥平衡，并使场效应管 U3 工作在输出特性曲线的原点附近，根据 R5/RH ＝（R2+R3）/（R4+RS），将 R4 的阻值设计为 150Ω。此时，由于 U3 的漏源电阻 R_{dso}<6Ω，V_{DS} 值几乎接近 0V，使得 I_d 满足公式（7-10）的使用条件。

④电容 C4 用来减弱电源电压的波动，减小传感器因电源不稳造成的输出波动。工作过程中，输出电压 V_0 的波动会导致 V_{GS} 和 I_3 产生波动，进而使 $V+$ 发生波动，故增加滤波电容 C3 以稳定 $V+$ 和放大器输出电压 V_0；电容 C5 同样用来稳定输出电压 V_0，从而为下级电路提供较为稳定的输入信号，提高风速测量准确度。C3 和 C5 的值是通过实验测试的方法得出的，试验发现：当两者电容较小时，对输出电压 V_0 的稳定作用不明显，当两者电容较大时，虽然提高了输出电压 V_0 的稳定性，但由于充放电时间较长，造成输出信号的响应时间大大增加。

7.1.7 输出电压与风速的函数关系

由"虚短"和"虚断"可知，运算放大器两输入端的电压 $V+$ 和 $V-$ 相等，流入运算放大器的电流为零，因此流过电阻 RS 和 RH 的电流分别与 I_2 和 I_3 相等，则有：

$$V_1=I_3 \cdot (R5+RH) \tag{7-11}$$

由三极管开启电压 $V_{BE(on)}$ 为恒值，则有基极电流：

$$I_b = \frac{V_0 - V_1 - V_{BE(on)}}{R_7} \tag{7-12}$$

由"节点电流法"可知：$I_1 + I_e = I_2 + I_3$，则有：

$$\frac{9-V_1}{R1}+(1+\beta)I_b = I_d + I_3 \qquad (7-13)$$

式中，$I_1=\dfrac{9-V_1}{R1}$，$I_e=(1+\beta)I_b$。

所以，将式（7-10）、（7-11）和（7-12）代入式（7-13）得：

$$\frac{9-I_3\cdot(R5+RH)}{R1}+(1+\beta)\cdot\frac{V_0-I_3\cdot(R5+RH)-V_{BE(on)}}{R7} \qquad (7-14)$$
$$=2K_n(V_{GS}-V_T)\cdot V_{DS}+I_3$$

由于公式（7-14）中的 β、R1、R5、R7、RH、K_n 和 $V_{BE(on)}$ 均为常量，且 V_{GS} 和 V_{DS} 的大小受到 V_0 的控制，因此，输出电压 V_0 与加热电流 I_3 之间存在一定的非线性关系；再结合公式（7-8）可知，传感器输出电压 V_0 与风速之间存在一定的非线性数学关系。

7.1.8 传感器输入输出特性

在制作电路板前，采用 NIUSB-6002 数据采集卡和插针式电子元器件搭建了传感器电路及其数据采集系统，并在风洞中心风速为 0 ～ 16m/s 的范围内对传感器的输出电压进行采集，确定了传感器输出电压与风速之间的关系曲线（图7.7）。

从图7.7 中的曲线 U0 可以看出，该传感器的输出电压与风速间呈非线性关系，且对低风速较为敏感，测量范围满足设计需求。零风速和 16m/s 风速下的输出电压 U0 分别在 2V 和 6V 以上。曲线 U0 的稳定性有待进一步优化处理。

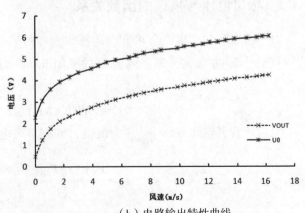

（a）传感器测试电路　　　　　　　　　　（b）电路输出特性曲线

图 7.7　传感器输入输出特性曲线

为便于系统集成并采用参考电压为 5V 的 16 位 A/D 转换器对传感器输出电压进行采集，就需要增加减法器电路将传感器的输出电压限制在 0 ~ 5V 以内，并对输出的电压信号做进一步滤波处理。在室温环境下，通过对 10 个风速传感器探头的实验测试发现，各传感器的零风速电压最小值为 1.834V；在 16.4m/s 风速下的最大输出电压为 6.173V。因此，采用放大器 AD623 和稳压芯片 HT7318 设计了减法器电路，将输出电压 U0 减去 1.8V 后作为传感器的输出信号，并增加了滤波电容 C8 输出电压进行滤波。传感器电路原理图如图 7.8 所示。

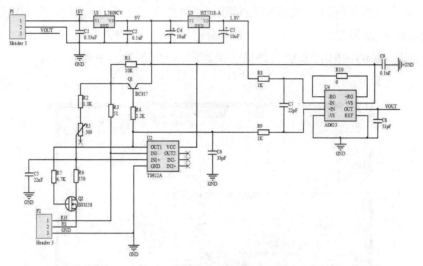

图 7.8　传感器电路原理图

7.1.9　传感器性能参数实验分析

采用优化后的电路原理图，制作了风速传感器电路板并搭建了测试电路，以验证电路设计的合理性及传感器的工作性能，如图 7.9 所示。

图 7.9　传感器测试电路

将风速传感器探头固定在低速微型风洞实验段内，采用 NI USB-6002 多功能高速数据采集卡分别对测试电路板上放大器 U2 的输出电压 V_0、稳压电源 U3 的输出电压 V_1 和放大器 U4 的输出电压 VOUT 进行采集。同时，采用 LabVIEW 编写了多通道高速数据采集系统对数据进行读取，分别对传感器的响应时间、分辨率、稳定性等参数进行分析。

实验过程中，测试环境温度为 20℃，采集卡采样电压范围为 −5 ～ +5V，采样频率设置为 2Hz，A/D 转换器分辨率为 16 位，分别对传感器上电后输出电压达到稳定状态时所需时间、风速变化的响应时间及传感器的测量精度等参数进行分析。性能测试结果如图 7.10 所示，图中通道 1 采集的是 U2 的输出电压 V_0，通道 2 采集的是 U3 的输出电压 V_1，通道 3 采集的是 U4 的输出电压 VOUT。

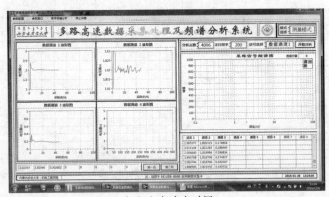

（a）上电响应时间

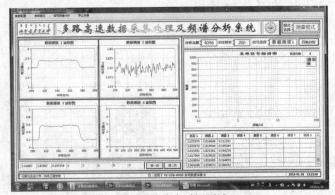

（b）风速响应时间测试

图 7.10　风速传感器性能测试结果

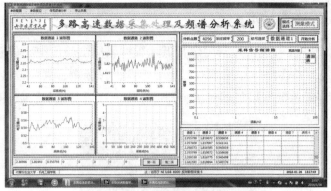

（c）测量精度实验

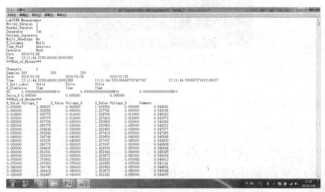

（d）滤波延时测试

图 7.10（续）

　　由图 7.10（a）可知，稳压电源 U3 的输出电压 V_1 在 ±3mV 内波动；在室温环境、流速为零的条件下，传感器自上电至输出电压达到稳定状态所需时间约为 5～8s。由图 7.10（b）可知，当被测流体速度增大时，传感器输出电压达到稳定状态所需时间约为 2s；当被测流体速度减小时，传感器输出电压达到稳定状态所需时间约为 2.5～3s。由图 7.10（b）和图 7.10（c）可知，在 0～6m/s 风速下，传感器输出电压的最大偏差在 10mV 以内，测量精度不低于 0.05m/s（实验测得，在 16m/s 的风速下，传感器输出的最大电压不超过 3.7V）；在 6～16m/s 的风速下，传感器测量输出电压的最大偏差在 30mV 以内，测量精度不低于 0.13m/s。图 7.10（d）为实验数据的部分截图，通过对数据库进行分析可知，在 U4 的输出端增加滤波电容后，导致 U4 的输出比 U2 的输出滞后约 0.4s。

7.1.10 风速传感器标定

标定过程中，将风速传感器固定于低速微型风洞试验段中心位置且距离试验段出口 10cm 处，并在净风作用下对风速传感器进行标定，采用设计的集成 16 位 A/D 转换器的多通道数据采集器对传感器的输出电压进行采集，如图 7.11 所示。

图 7.11 风速传感器标定

由传感器输出特性曲线可知，该传感器对低风速较为敏感，测量精度随风速的增大而减小。标定时，在 0 ～ 10m/s 和 10 ～ 16m/s 的风速下，标定间隔分别选择为 0.5m/s 和 1m/s，共选取 26 种不同的风洞中心风速。标定过程中，通过调节变频器来改变风洞试验段中心风速，采用 Testo-425 热线风速仪对距传感器探头前方 2cm 处的风速进行测量，连续采集 20 组数据，并将其平均值作为风洞中心风速；然后，采用设计的风速传感器对风洞风速进行测量，连续采集 20 组输出电压，并将其平均值作为标定值；以风速传感器的输出平均值为横坐标，以 Testo-425 风速仪的平均风速为纵坐标，采用最小二乘法对数据进行多项式拟合，以获得风速传感器的标定曲线及其标定方程。表 7.2 为 1 号风速传感器的标定数据，图 7.12 为 8 路风速传感器的标定曲线，其拟合方程如表 7.3 所示。

由图 7.12 和表 7.3 可知：

① 8 路风速传感器的输出特性曲线符合单调递增规律，且在 0 ～ 6m/s 的范围内呈非线性关系，在 6 ～ 16m/s 的范围内基本呈线性关系；

② 传感器输出电压范围在 0.3 ～ 4.3V 之间，满足 A/D 采集器的电压输入要求；

③ 采用 5 次多项式拟合得到的拟合方程基本能够反映风速与传感器输出电压间的函数关系，曲线拟合度均在 0.999 以上。

表 7.2　一号风速传感器标定数据表

风速（m/s）	电压（V）	风速（m/s）	电压（V）	风速（m/s）	电压（V）
0.0000	0.6553	2.6067	2.1292	8.2867	2.7458
0.2500	1.2347	2.9087	2.1783	8.8233	2.7858
0.4327	1.4114	3.5660	2.2521	9.8033	2.8644
0.7593	1.5681	4.2833	2.3559	10.7227	2.9104
1.1880	1.6552	4.9447	2.4235	12.1800	3.0024
1.4880	1.7578	5.3953	2.4889	13.5027	3.1207
1.6453	1.8594	6.1050	2.5439	14.3720	3.1558
1.9567	1.9230	7.0553	2.6113	15.3660	3.2431
2.3413	2.0270	7.5980	2.6765		

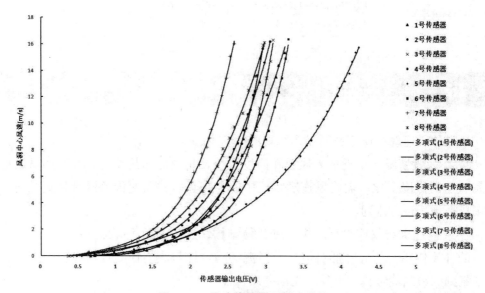

图 7.12　风速传感器组标定曲线

表 7.3　风速传感器组拟合方程

编　号	拟合方程	拟合度 R^2
1 号传感器	$y = -0.98292x^5 + 9.46614x^4 - 33.53637x^3 + 56.71912x^2 - 44.52561x + 12.63353$	0.99926

编　号	拟合方程	拟合度 R^2
2 号传感器	$y = 0.61784x^5 - 3.86928x^4 + 10.10839x^3 - 12.73785x^2 + 8.22394x - 2.17225$	0.99904
3 号传感器	$y = 0.60004x^5 - 3.65787x^4 + 8.40066x^3 - 8.26283x^2 + 4.07028x - 0.76331$	0.99906
4 号传感器	$y = 0.16574x^5 - 1.25214x^4 + 5.00877x^3 - 8.88132x^2 + 7.76395x - 2.29992$	0.99908
5 号传感器	$y = 0.03455x^5 - 0.34472x^4 + 1.56138x^3 - 2.72103x^2 + 2.52664x - 0.73405$	0.99911
6 号传感器	$y = 0.87144x^5 - 7.65808x^4 + 26.94943x^3 - 45.44206x^2 + 36.67297x - 11.01838$	0.99936
7 号传感器	$y = -0.10528x^5 + 1.51854x^4 - 3.74461x^3 + 4.34396x^2 - 1.40800x + 0.11303$	0.99907
8 号传感器	$y = -0.17644x^5 + 1.55622x^4 - 3.82264x^3 + 4.66219x^2 - 1.83078x + 0.21644$	0.99910

7.2　热敏式风速廓线仪研制

设计风速廓线仪应遵循如下原则：

① 一般情况下，近地表风速在高度上符合指数分布规律，为准确测量近地表风速的梯度变化，需将风速廓线仪中的 8 路热敏式风速传感器沿竖直方向上按指数规律进行排列。

② 风速廓线仪应设计成楔形细长体结构，迎风面面积应尽量减小且具有一定的导流作用，从而降低机体自身对流场稳定性与均匀性的扰动和影响，确保采集到的数据能够真实地反映流场品质特性。

③ 考虑到野外测试环境等因素，为防止风沙对系统元件的污染和磨损，设计时要求机械结构具有一定的封闭性。

④ 由于风向变化具有瞬时性和不可预测性，为了能够准确测量风速大小，应该设计自动风向对准结构，以保证传感器探头能够时刻对准来风方向。

⑤ 尽量减小廓线仪内部电路连接的复杂程度，合理布局各个模块的位置，采用无线数据传输模式代替有线传输方式，减小因线路问题带来的测量误差。

7.2.1　风速廓线仪整体结构

风速廓线仪是用来测量近地表风速廓线的专用仪器，在研究地表抗风蚀能力方面起着重要的作用。该风速廓线仪集成了风速、温湿度、大气压力等传感器，主要由机械结构、风速传感器组、单片机数据采集控制系统和无线数据传输系统等组成，其结构如图 7.13 所示。

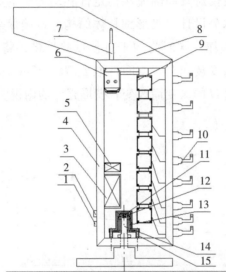

1—电源开关　2—充电口　3—大容量锂电池　4—廓线仪外壳　5—电压转换模块

6—无线发送模块 7—天线　8—风向标　9—热膜传感器 10—传感器探头

11—轴承端盖　12—集流环　13—双切边双轴承　14—带底盘旋转轴　15—垫片

图 7.13　风速廓线仪整体结构

其各模块的功能和作用有：

① 8 路风速传感器按照指数形式分布，安装在风速廓线仪前端的迎风面上，分别距地面高度位置为 2cm、4cm、8cm、16cm、23cm、32cm、45cm 和 64cm，用来测量 8 个不同高度上的风速，以绘制近地表风速廓线；

② 为了使整体结构的迎风面实时对准来风风向、提高风速传感器采集数据的准确性和真实性，整体结构将采用楔形细长型，在楔形体顶端安装导向板，使得整体结构具有导向作用；

③ 无线数据采集模块、电池以及电压转换器安装在风速廓线仪的背风面和侧面，保证整体结构受力均衡。

7.2.2　风速廓线仪外壳 Gambit 建模

该楔形结构的张角及尺寸等参数主要从以下两个方面来确定：

① 风速廓线仪内部各关键部件的尺寸及排布；

② 楔形结构对其周围流场的影响，特别是对前端风速传感器探头所在位置处流速的影响。

为了减小风速廓线仪对其周围流场稳定性和均匀性的影响，提高风速测量的准确性，将其机械部分设计成楔形细长体结构，以确保采集的数据能够真实反映近地表风速变化规律。同时为便于野外试验携带，将楔形角 α 控制在 20º 以内，考虑到传感器的安装和布置空间选取 L_1 为 15mm，为了方便轻巧高度 H 应尽力缩小，L_2 随高度 H 的改变而改变。楔形壳体的俯视图如图 7.14 所示。

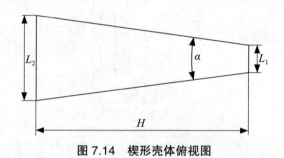

图 7.14　楔形壳体俯视图

使用功能强大的前处理软件 Gambit 建立楔形壳体的三维几何模型，再将模型划分为两个区域：区域 1 为楔形体，区域 2 为长方体，利用 split 方法从区域 2 中去除与区域 1 共有的部分，形成两个独立的域，且两区域之间默认为数据的互不流通，如图 7.15（a）所示。

在 Gambit 软件中对建立的风速廓形仪几何模型进行网格划分时，为保证网格的划分精度，采用由面到体的划分方法。首先面网格划分运用 Quad 网格（四边形）和 Pave 生成方法：区域 1 选择楔形体顶端梯形面 1 为网格生成面、选定的 Interval count（网格数）为 10，区域 2 选择长方体顶端面 2 为网格生成面、选定的网格数为 6～9；其次，体网格划分运用多体网格的 Tet/Hybrid 网格和 TGrid 生成方法，其中区域 1 选定的网格大小（Interval size）为 30，区域 2 选定的网格大小为 15～17。网格划分结构如图 7.15（b）所示。

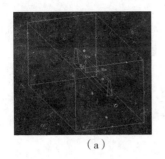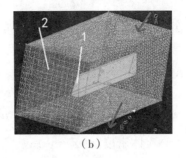

（a）　　　　　　　　　　（b）

图 7.15　三维建模及网格划分

由于野外工作环境风向的随意性和不确定性，因此边界条件设置时选用自由入口类型（VELOCITY_INLET 适用于需定入口速度和需要计算的所有标量值）为进气口，自由出口类型（OUTFLOW 适用于模拟在求解问题前，不知道出口速度或压力）为出气口，其他默认为墙类型（WALL）。

考虑到楔形壳体的角度大小对速度影响较为复杂，同时壳体外壁湍流流动受壁面的影响较大，结合湍流模型的特点选取 RNGk-ε 湍流模型。如图 7.15（b）所示，流体从自由入口 A 流入，从自由出口 B 流出，在楔形体的外部会形成湍流场。

7.2.3　风速廓线仪外壳 Fluent 仿真

将 Gambit 建好的模型输出为 mesh 文件，并导入 Fluent 中进行仿真。由于在 select scale 中的单位统一为毫米，为了防止网格单位面积小于零，首先对导入的模型进行网格检查，如图 7.16 所示（蓝色网格面为湍流入口，红色网格面为湍流出口）。

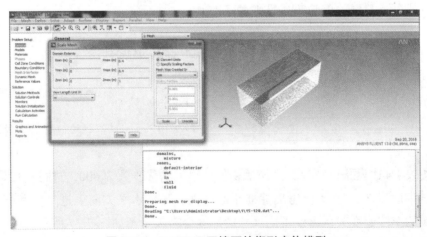

图 7.16　FLUENT 环境下的楔形壳体模型

雷诺数作为一种用来表征流体流动情况的无量纲数，可区分流体流动的类型（层流或湍流），也可确定流体流过风速廓线仪迎风面的阻力。

计算公式为：

$$Re = \frac{\rho v d}{\mu} \tag{7-15}$$

式中，ρ —— 流体密度，kg / m^3；

v —— 流体速度，m / s；

μ —— 流体动力黏度，$Pa \cdot s$；

d —— 特征长度，m。

针对特征长度 d 而言，若迎风面呈圆形，则 d 为当量直径；若迎风面呈方形，则 $d = \dfrac{4S}{L}$（其中 S 为迎风面面积，L 为迎风面的周长）。

湍流强度是描述大气湍流运动特性的最重要的特征量，反映流体流动的相对强度。计算公式如下：

$$I = 0.16 Re^{-\frac{1}{8}} \tag{7-16}$$

式中，Re —— 雷诺数；

I —— 湍流强度。

一般来说，其判定方法为：I 小于 1% 为低湍流，I 在 1% ~ 10% 之间为中湍流，I 高于 10% 为高湍流。

设定风速廓线仪的工作情况为土壤风蚀环境起沙风速（6m/s 左右）、常压常温，则其入口气流的边界条件如表 7.4 所示。

表 7.4 6m/s 风作用时入口气流的边界条件

密度 ρ （kg / m^3）	速度 v （m / s）	特征长度 d （m）	动力黏度 μ （$Pa \cdot s$）	雷诺数 Re	湍流强度 I
1.205	6	0.57	1.8×10^{-5}	228950	3.42%

按表 7.4 边界条件对计算区域赋初值，设置迭代步数为 600，进行迭代计算。计算结束后以 $Z = 20$ 为参考面建立中心截面，显示水平方向上进气口和楔形外壳区域的流体速度矢量图，不同尺寸的风速分布矢量图如图 7.17 所示。

分别在楔形张角 α 为 10°、12.5°、15°、17.5°、20° 五种参数下，对高度 H

分别为 105mm、120mm、135mm 和 150mm 四种楔形模型进行模拟仿真分析，以确定楔形张角 α 与高度 H 的最佳配合。

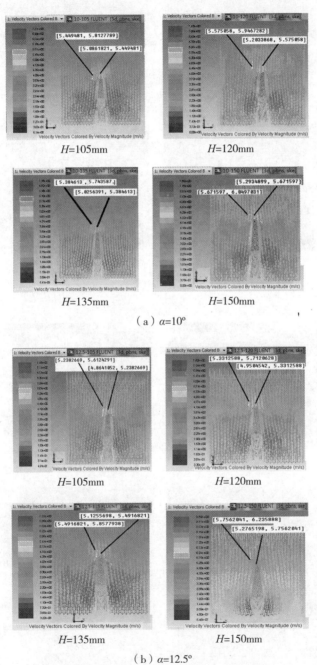

图 7.17　楔形体不同参数时进口气流速度矢量图

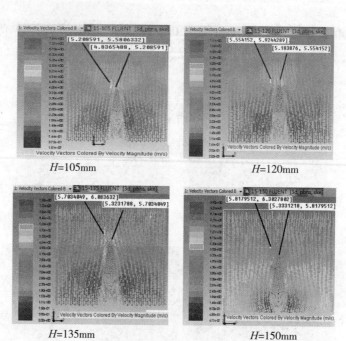

（c）α=15°

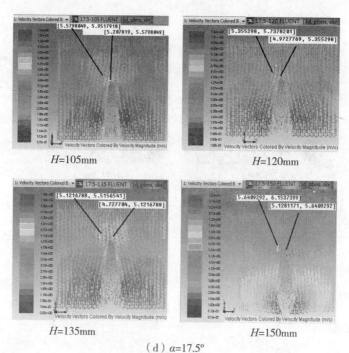

（d）α=17.5°

图 7.17（续）

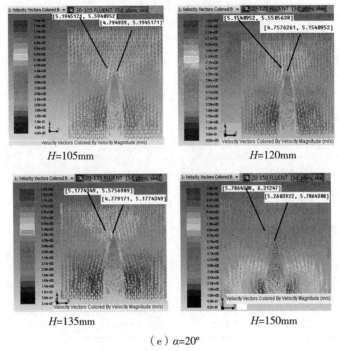

（e）$\alpha=20^{\circ}$

图 7.17（续）

　　通过数值模拟仿真分析，观察图 7.17 不同尺寸的流场特性可知：① 在楔形高度 H 一定时，随着楔形张角 α 的增大，楔形结构对其周围流场的影响逐渐变大，气流入口的速度随着张角 α 的增大而减小；② 在楔形结构张角 α 一定的情况下，随着楔形高度 H 的增大，楔形结构对其周围流场的影响也不断变大，同时气流入口速度随着楔形高度 H 的增大而减小；③ 不同楔形张角 α 和高度 H 的楔形壳体的入口气流平均风速不同，且入口气流流速降幅越小，楔形壳体对其入口流场特性的影响越小。

　　楔形外壳的结构尺寸主要受其周围气流流场和壳体内部零件尺寸的影响，因此，在充分考虑内部传感器、无线传输模块、自动转向机构、电池等结构的同时，最大程度降低廓线仪结构本身对其周围流场影响（表 7.5），选出相对最优的楔形体结构尺寸：张角 α 为 15°，高度 H 为 135mm，L_1 为 15mm（图 7.18），图中点 P 为原点，h 为重心其坐标为（48.64，19.22，−315.06）。

　　考虑到楔形体迎风面受气流的影响以及整体结构的协调性，取传感器探头 L 长为 40mm、50mm、60mm、70mm、80mm、90mm 的六种参数的几何模型进行模拟仿真，选出降速幅度最小且对迎风面流场影响最弱的参数（表 7.6）。

表 7.5 6m/s 风作用下廓线仪前端风速降幅情况

参数 （$\alpha-H$）	平均速度 （m/s）	降速 幅度	参数 （$\alpha-H$）	平均速度 （m/s）	降速 幅度
10−105	5.270	12.2%	15−135	5.510	8.0%
10−120	5.388	10.2%	15−150	5.580	7.0%
10−135	5.205	13.3%	17.5−105	5.394	10.1%
10−150	5.480	8.7%	17.5−120	5.160	14.0%
12.5−105	5.425	9.6%	17.5−135	5.319	11.4%
12.5−120	5.520	8.0%	17.5−150	5.380	10.3%
12.5−135	5.309	11.5%	20−105	4.994	16.8%
12.5−150	5.520	8.0%	20−120	4.956	17.4%
15−105	5.394	10.1%	20−135	4.978	17.1%
15−120	5.369	10.5%	20−150	5.520	8.0%

图 7.18 无线风速廓线仪楔形外壳

表 7.6 6m/s 风作用时传感器不同尺寸的入口平均风速及其降速幅度

传感器探头长 L（mm）	平均速度（m/s）	降速幅度
40	5.840	2.7%
50	5.138	14.4%
60	5.495	8.4%

传感器探头长 L（mm）	平均速度（m/s）	降速幅度
70	5.846	2.6%
80	5.500	8.3%
90	5.520	8.0%

通过仿真并结合实际零件尺寸与布局，选择楔形外壳俯视图中的张角 α 为 15°，高度 H 为 135mm，L_1 为 15mm；整体外壳高度为 700mm，传感器长为 70mm，并再次通过 Fluent 将无线风速廓线仪分别置于 8m/s、10m/s、12m/s、15m/s 四种风速下研究风速传感器所在位置的流场特性，如图 7.19 所示。

根据图 7.19 可知，在以上四种风速下，风速传感器所在位置受整体风速廓线仪结构影响不明显，风速传感器周围流畅分布变化也大致不变。不同风速下迎风面处探头前端的气流速度均有所下降，分别为 7.74m/s、9.64m/s、11.52m/s 以及 14.4m/s，降速幅度分别为 3.25%、3.6%、4%、4%。可见，在不同风速下，楔形体周围流畅环境对壳体影响基本不变。

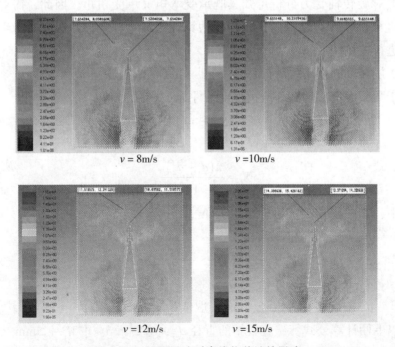

图 7.19　不同风速对廓线仪前端的影响

7.2.4 风速廓线仪自动旋转机构设计

为了使无线风速廓线仪在野外试验过程中能够实时对准风向，使得廓线仪能够随风向自由旋转，同时保证廓线仪在正常工作中始终保持风速传感器准确对准来风风向。因此，将无线风速廓线仪设计成楔形壳体和底座（自动旋转）两部分。自动旋转机构主要由旋转轴，不锈钢圆盘底座，以及双切边双轴承组成，将旋转轴与底盘连接，使得轴与轴承配合带动楔形壳体转动更加稳定，如图 7.20 所示。

图 7.20　无线风速廓线仪自动旋转机构

通过对旋转轴受力分析可知其既承受弯矩又承受扭矩。因此，需对旋转轴进行强度条件计算，首先以扭转强度估算轴的最小轴径，然后以弯扭组合对轴的强度进行校核。

（1）旋转轴的扭转强度计算

对于圆截面空心轴，其抗扭强度条件为：

$$\frac{T}{W_T} \leqslant [\tau_T] \qquad (7-17)$$

$$W_T = \frac{\pi(d_1 - d_2)^3}{16} \qquad (7-18)$$

式中，T — 旋转轴所受扭矩，N·m；

　　　W_T — 抗扭截面模量；

　　　τ_T — 许用剪应力，取值为 25 ～ 45MPa；

　　　d_1 — 旋转轴的外径，mm；

　　　d_2 — 旋转轴的内径，mm，取值为 4mm。

由以上两计算公式算出旋转轴的直径 $d_1 \geqslant 8.24$mm。取 d_1=8.5mm 为旋转轴最小直径，以弯扭组合强度对其进行强度校核。

（2）旋转轴的危险截面强度校核

旋转轴尺寸的确定意味着作用在轴上外载荷的大小、方向、作用点、载荷种类及支点反力等也将确定，可按弯扭组合进行轴危险截面的强度校核。

对于圆截面空心轴，其抗弯扭组合强度条件为：

$$\sigma_{ca} = \sqrt{(\frac{M}{W})^2 + 4(\frac{\alpha T}{2W})^2} = \frac{\sqrt{M^2 + (\alpha T)^2}}{W} \leqslant [\sigma_{-1}] \qquad (7-19)$$

$$W = \frac{\pi d_1^3}{32}(1 - \beta^4), \quad \beta = \frac{d_2}{d_1} \qquad (7-20)$$

式中，σ_{ca} — 旋转轴所受计算应力，MPa；

M — 旋转轴所受弯矩，N·m；

T — 旋转轴所受扭矩，N·m；

W — 抗弯截面模量；

α — 折合系数；

$[\sigma_{-1}]$ — 许用弯应力，MPa（取值为60Mpa）；

d_1 — 旋转轴的外径，mm；

d_2 — 旋转轴的内径，mm（取值为4mm）。

针对折合系数而言，若扭切应力为静应力时，取 $\alpha = 0.3$；若轴出现运转不均匀、振动、启动、停车等影响因素，取 $\alpha = 0.6$；若轴长期处于正、反转状态，此时扭切应力为对称循环应力，取 $\alpha = 1$。通过计算可知：

当 $\alpha = 0.3$，$d_1 \geqslant 2.5$mm，$\sigma_{ca} \geqslant 5.42$MPa；

当 $\alpha = 0.6$，$d_1 \geqslant 3.4$mm，$\sigma_{ca} \geqslant 6.43$MPa；

则 $\sigma_{ca} = （5.42\sim6.43）$Mpa $\ll [\sigma_{-1}] = 60$MPa

结合实际合理排布楔形壳体内部的零件，选择旋转轴的外径 $d_1 = 12$mm。图7.21为旋转轴的结构图。

图 7.21 旋转轴结构图

7.3 风速廓线仪数据采集处理系统

7.3.1 低成本无线数据采集器设计

采用单片机处理器、16 位 A/D 转换器、温湿度传感器、大气压力传感器和无线数据传输模块等研制了低成本节点数据采集器，实现了被测环境的温度、湿度、大气压力及近地表 8 通道风速等数据的自动采集、处理与无线传输。为降低成本，采用模拟数据选择器 CD4051 模块和具有 16 位分辨率、250kbps 采样速率的单通道差分输入 AD 转换器 LTC1864 设计多通道 A/D 转换电路，将单片机的 3 个 I/O 端口连接至数据选择器的信号选择端，控制其实现对 8 路风速信号的循环选择与数据采集。另外，选择高精度数字温湿度传感器 SHT10 和数字大气压力传感器 BMP085 对环境温度、湿度和大气压力等参数进行采集。其性能参数如表 7.7 和表 7.8 所示。

表 7.7　SHT10 传感器性能参数

湿度		温度	
分辨率	0.03%RH	分辨率	0.01℃
精度	±2%RH	精度	±0.3℃
量程范围	0～100%RH	量程范围	−40～123.8℃
响应时间（63%）	典型值 4s	响应时间（63%）	最小 5s
重复性	±0.1%RH	重复性	±0.1℃

表 7.8　BMP085 传感器性能参数

参数名称	参数值	参数名称	参数值
分辨率	0.01hPa（大气压力）0.01℃（温度）	测量精度（3.3V）	±1hPa（0～65℃）
			±1.5hPa（−20～0℃）
量程范围	300～1100 hPa	温度转换时间	典型值 3ms
压力转换时间	典型值 5ms	重复性	±0.1℃
电源电压	1.8～3.6V	操作温度	−40～85℃

该无线数据采集器的电路原理如图 7.22 所示。主要由稳压电路、单片机控制电路、传感器电路、A/D 转换与模拟数据选择器电路、串口通信和无线收发模块等组成。

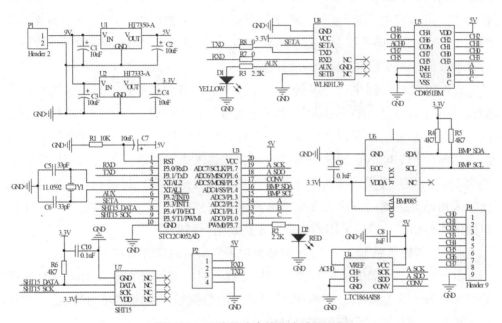

图 7.22 　无线风速廓线仪电路原理图

系统采用 9V 直流电源供电，稳压电路输出的 3.3V 电压主要负责给传感器模块和无线收发模块供电，单片机控制系统和多通道 A/D 转换电路采用 5V 供电。温湿度传感器 SHT10 和大气压力传感器 BMP085 分别采用 IIC 通信方式实现与单片机系统的直接数据传输。8 通道风速传感器的电压信号输出端分别连接至数据选择器 CD4051 的 8 个输入端 CH0 ~ CH7，然后将 CD4051 的输出端 ACH0 连接至 16 位 A/D 转换器的差分输入端 CH+，并将 CH- 接地，从而构成 8 通道 A/D 转换电路，并通过 IIC 通信方式与单片机系统进行数据通信。单片机采用轮询采集的方法通过控制 A、B、C 三个端口实现 8 路模拟输入的循环选择与数据采集，通过串口通信方式与无线收发模块进行数据传输，完成上位机指令信息的接收与应答，实现对传感器组的控制和数据的读取、处理与打包等任务。SETA 和 AUX 分别用来控制无线模块的工作模式及单片机的工作模式。D1 和 D2 分别为无线收发指示灯和数据采集指示灯。

7.3.2　数据同步采集处理算法

由于传感器电源波动及外部噪声信号的干扰，风速传感器的输出信号仍有波动。因此，为提高传感器的测量精度，采用均值法对数据进行处理。首先对各传感器的输出电压连续采集 20 次，然后将 20 个数据进行从大到小排列，取中间 18 个数的平均值作为传感器的输出值，最后将其转换成相应的风速值，并对其整数部分和小数部分进行分别存储。

在电路设计过程中，为降低节点设计成本、节约单片机端口，采用模拟数据选择器和单通道 A/D 转换器建立多通道数据采集电路，分别对 8 路风速信号进行采集。通过软件调试和实验测试发现，单片机处理器完成一次数据处理过程所用时间约 280ms。数据采集器完成 8 通道风速数据的采集与处理所需时间约为 3s。因此，为实现 8 路风速传感器的同步数据采集，需要在进行数据处理前，采用循环采集的方法首先完成 8 路风速数据的采集，并将数据存储到单片机的内部存储区，然后采用均值法对 8 路数据分别处理。

8 通道风速传感器完成 20 次循环数据采集所需时间计算如下：

由于数据选择器的通道开关及信号传播延时时间的最大值为 1μs，AD 转换器的采样频率为 250kHz，则实现单通道单次数据采集所需时间约为 5μs，实现8 通道 20 次循环数据采集所需时间约为：

$$T = 20 \times 8 \times 5 = 800 \,(\mu s) \tag{7-21}$$

由此可知，采用该方法完成 8 通道数据采集所需时间极短，相对于风速变化可忽略不计，满足了风速数据同步采集的要求。

7.4　风速廓线仪性能测试

7.4.1　风速传感器温度补偿测试

虽然加热器 RH 和温度敏感元件 RS 均采用铂金制作而成，但两者的阻值与温度之间呈非线性且无法保证完全一致，导致单纯的硬件温度补偿无法完全消除环境温度变化对传感器输出特性的影响。因此，为研究硬件温度补偿电路对风速传感器输出特性的影响，采用风洞实验的方法，分别在不同环境温度下对增加硬件温度补偿和无硬件温度补偿功能（采用 1‰精度的 1200Ω 电阻代替

RS）的风速传感器的输出特性进行测试。

分别在环境温度为 2.7℃和 18.2℃的条件下，对各风速传感器的硬件温度补偿功能进行测试。实验时，调节低速微型风洞中心风速在 0 ~ 18m/s 范围内变化，共选取 22 个风速测点；采用设计的无线土壤风蚀监测系统对风速廓线仪的8 路风速信号进行采集，同时采用 BWY-2500 型微压计分别对 8 各风速传感器探头旁 1cm 处的风速进行测量。每个风速测点下读取 20 次数据，并将其平均值作为最终输出值。

数据处理过程中，以风速传感器采集到的风速为横坐标，将 BWY-2500型微压计的测量值转换成风速后作为纵坐标，采用最小二乘法对各风速传感器进行标定。不同环境温度下，一号和二号风速传感器的测量数据拟合曲线如图7.23 和图 7.24 所示。

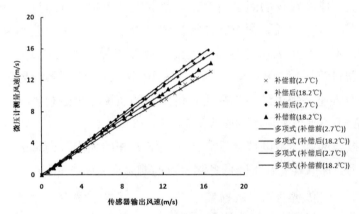

图 7.23　不同温度下一号风速传感器的标定曲线

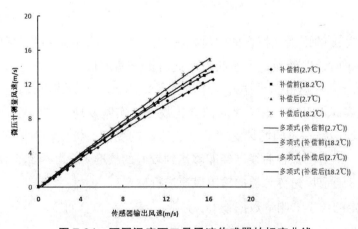

图 7.24　不同温度下二号风速传感器的标定曲线

从图中可以看出：

① 在同一环境温度下，经硬件温度补偿后的传感器输出值更接近风速真实值，且环境风速越小，输出误差越小。

② 在不同环境温度下，温度越低，传感器输出误差越大。

③ 不同传感器受温度影响的程度不一样，一号传感器拟合曲线的非线性度较二号传感器大，输出值受温度影响较大。

综上所述，该硬件温度补偿电路具有较好的温度补偿功能，但不能完全消除环境温度对风速传感器输出特性的影响，故仍需要研究软件温度补偿算法，并对风速传感器电路进行改进与优化。

7.4.2 风速廓线仪标定

为了保证风速廓线仪的测量精度，并使其能够更加准确地反映近地表风速变化规律，在投入使用前必须对其进行标定。由于受到制造工艺和电子元器件性能的影响，不同热敏风速传感器在性能上存在差异，因此需要在风洞中对 8 个热膜传感器进行同时校准。标定时，以德国 Testo-425 型热线风速仪所测风速值作为基准风速，采用最小二乘法对传感器的实测数据进行多项式拟合，寻求与给定点的距离平方和最小的曲线。

多项式拟合的好坏是以拟合后剩余误差平方和的大小来衡量的，因此拟合曲线最高阶次的选取要有利于降低各测量点的剩余误差平方和。

假设给定一组传感器测量数据集 $\{x_k, y_k\}_{k=1}^{n}$，其中 x_k 为基准值，y_k 为传感器输出值。则有，采用最小二乘法的数据拟合为：

$$y = f(x) = a_0 + a_1 x + \cdots + a_m x^m = \sum_{j=0}^{m} a_j x^j \tag{7-22}$$

随着阶次 m 的增大，拟合曲线越接近各测量点，剩余误差平方和越小；当阶次 $m = n-1$ 时，曲线通过所有测点，此时拟合精度最高。但由于实验过程中不可避免地会引入随机测量误差及系统误差，因此，拟合多项式的阶数越高，并不一定能客观地反映 x 和 y 之间的变化规律。实验发现：传感器的输出值与真实值之间的误差在不同的风速下几乎成比例的变换；将拟合多项式的最高阶次设为 3 时，得到的拟合曲线已经能够达到较好的校准效果。因此，课题选择 3 次多项式对 8 通道风速传感器的输出风速进行标定。

对于给定的传感器测量数据集 $\{x_k, y_k\}_{k=1}^{n}$，求三次拟合曲线：

$$y(x) = a_0 + a_1 x + a_2 x^2 + a_3 x^3 \tag{7-23}$$

式中，x — 传感器输出风速值；

　　　$y(x)$ — 标准风速值。

然后，确定 a_0、a_1、a_2、a_3，使 $y(x)$ 的均方差最小。即离均差平方和达到最小，此处离均差平方和计算公式为：

$$Q(a_0, a_1, a_2, a_3) = \sum_{i=1}^{m} (p(x_i) - y_i)^2 = \sum_{i=1}^{m} (a_0 + a_1 x_i + a_2 x_i^2 + a_3 x_i^3 - y_i)^2 \quad （7-24）$$

由极值的必要条件得到：

$$\begin{cases} \dfrac{\partial Q}{\partial a_0} = 2\sum_{i=1}^{m} (a_0 + a_1 x_i + a_2 x_i^2 + a_3 x_i^3 - y_i) = 0 \\[2mm] \dfrac{\partial Q}{\partial a_1} = 2\sum_{i=1}^{m} (a_0 + a_1 x_i + a_2 x_i^2 + a_3 x_i^3 - y_i) x_i = 0 \\[2mm] \dfrac{\partial Q}{\partial a_2} = 2\sum_{i=1}^{m} (a_0 + a_1 x_i + a_2 x_i^2 + a_3 x_i^3 - y_i) x_i^2 = 0 \\[2mm] \dfrac{\partial Q}{\partial a_3} = 2\sum_{i=1}^{m} (a_0 + a_1 x_i + a_2 x_i^2 + a_3 x_i^3 - y_i) x_i^3 = 0 \end{cases} \quad （7-25）$$

约定 $\sum = \sum_{i=1}^{m}$，得到方程如下：

$$\begin{pmatrix} m & \sum x_i & \sum x_i^2 & \sum x_i^5 \\ \sum x_i & \sum x_i^5 & \sum x_i^5 & \sum x_i^5 \\ \sum x_i^2 & \sum x_i^5 & \sum x_i^5 & \sum x_i^5 \\ \sum x_i^3 & \sum x_i^5 & \sum x_i^5 & \sum x_i^5 \end{pmatrix} \begin{pmatrix} a_0 \\ a_1 \\ a_2 \\ a_3 \end{pmatrix} = \begin{pmatrix} \sum y_i \\ \sum x_i y_i \\ \sum x_i^2 y_i \\ \sum x_i^3 y_i \end{pmatrix} \quad （7-26）$$

解上述方程可得出 a_0、a_1、a_2、a_3 的值，代入原方程（7-24），即得所求的拟合曲线函数。

风速廓线仪的校准实验在内蒙古农业大学研制的 OFDY-1.2 型可移动式风蚀风洞中进行（图 7.25），标定流体介质为风洞净风，室内环境温度 16.5℃，由 GB/T19068.8—2003 中的比恩（Bin）法规定，当平均风速小于或等于 15m/s 时，推荐比恩宽度应设置为 0.5m/s；标定选取风洞中心风速分别为 0m/s、0.5m/s、1.0m/s、1.5m/s、2.0m/s、2.5m/s、3.0m/s、3.5m/s、4.0m/s、4.5m/s、5.0m/s、5.5m/s、6.0m/s、6.5m/s、7.0m/s、7.5m/s、8.0m/s、8.5m/s、9.0m/s、9.5m/s、10.0m/s、11.0m/s、12.0m/s、13.0m/s、14.0m/s 和 15.0m/s 共 26 种不同风速。每种风速下，连续读取 30 次风速传感器和 Testo-425 型热线风速仪的输出数据，

并将其平均值输入由 VC++ 编写的数据处理软件进行 3 次多项式拟合。标定误差如表 7.9 所示，显示标定曲线的最大误差在 0.45m/s 以内，满足风速廓线仪的设计要求。

图 7.25　风速传廓线仪风洞标定实验

表 7.9　标定误差值

编　号	误差平方和	误差绝对值和	最大误差
1 号	0.4023	2.6595	0.252
2 号	0.3047	2.1496	0.295
3 号	1.3429	5.4291	0.444
4 号	0.1425	1.4175	0.191
5 号	0.6462	3.0042	0.414
6 号	0.3782	2.3567	0.308
7 号	0.5943	2.9241	0.397
8 号	0.4354	2.5657	0.314

7.4.3　风速廓线仪野外试验验证

将整个测试系统分别置于天然草地和传统翻耕农田两种地表中，在自然风的作用下，连续采集不同地表的风速数据。其中，天然草地的草株平均高度

15cm，植被覆盖度为 83%～90%；传统翻耕农田的植被覆盖度几乎为零。采用 Testo-425 热线风速仪测量距离地面 2m 高处的瞬时风速，将其作为风速廓线的参照风速。

实验一：测试时，环境温度在 15～17℃范围内变化，湿度在 21.4%～23.6% 范围内变化，大气压力在 852hPa 左右，最大风速 11.5m/s，最小风速 1.8m/s。通过对比距地表 2cm 和 64cm 高度处的风速，分析不同地表的粗糙度并判断不同地表的抗风蚀能力。地表空气动力学粗糙度值越大意味着土壤表面对风速的削弱作用越明显，抗风蚀能力越强。所测两种地表的风速数据与地表空气动力学粗糙度计算结果如表 7.10 与表 7.11 所示。

表 7.10　不同地表风速随高度的变化

测试探头距地面高度（cm）	天然草地（m/s）	传统翻耕农田（m/s）
2	2.03	3.25
4	2.21	3.44
8	2.74	3.81
16	3.27	4.25
23	3.94	4.97
32	4.54	5.74
45	5.83	6.68
64	7.38	7.95

表 7.11　两种不同地表的粗糙度

地表类型	4cm 高的风速（m/s）	64cm 高的风速（m/s）	风速比 V64/V4	粗糙度 Z_0（cm）
天然草地	2.21	7.38	3.34	1.21
传统翻耕农田	3.44	7.95	2.31	0.497

从表中数据分析可知，天然草地和传统翻耕农田距离地面 2cm 处的风速相较 64cm 处的风速降低幅度分别为 72.5%、59.1%。天然草地比传统翻耕农田地表的空气动力学粗糙度大，而地表空气动力学粗糙度越大其抗风蚀能力就越强。

实验二：选取天然草地和传统翻耕地对其近地表风速廓线进行测试。两种地表的测试条件如表 7.12 所示。在测试过程中，由于自然风的不可控性和随意性，实验的风速选择以实际测试结果为标准，以保证其测试结果的真实准确性。风速廓线测试如图 7.26 所示。

表 7.12   两种地表的测试条件

地表测试条件	天然草地	传统翻耕农田
环境温度（℃）	21	16.9
环境湿度（%）	19.4	37.3
大气压力（hPa）	809.9	818.8
最大风速（m/s）	10	14
最小风速（m/s）	0.03	0.53

图 7.26   风速廓线仪野外实验

测试时，将风速廓线仪置于被测地表，在测试风速数据的同时，改变接收端与仪器间的距离，观察 PC 端数据处理软件的工作状态及风速廓线的变化规律，保持系统连续工作至接收端无法正常接收数据。在草原地表和农田地表条件下，风速廓线仪在不同参考风速下采集到的风速数据绘制的风速廓线如图7.27、图 7.28 所示。

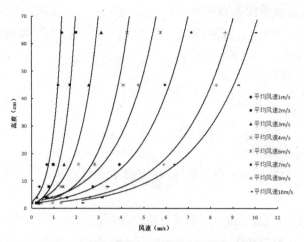

图 7.27　草原地表不同风速下的风速廓线

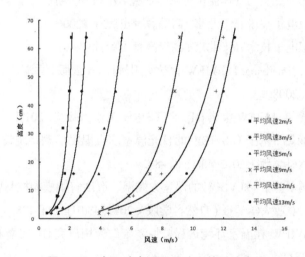

图 7.28　农田地表不同风速下的风速廓线

野外试验表明，该风速廓线仪在两种不同地表下，所测得近地表风速廓线能够比较准确定地反映近地表的风速分布规律。在空旷无遮挡的条件下，无线数据传输距离不低于 500m（无丢包）。在无外部供电的条件下，该风速廓线仪最大正常工作时长不低于 7h。总之，研制的风速传感器具有体积小、功耗低、重复性好、响应速度快和测量精度高等优点。风测量范围为 0 ~ 16m/s，最大响应时间不超过 3s，测量精度不低于 0.3m/s。在野外测试时，该风速廓线仪能自动风向校准，携带方便，流场影响小，实现无线数据传输，旋转启动风速为 3.7m/s，可同时采集所测环境的温度、湿度和大气压，所测得的风速廓线具有较高的拟合度。

其无线数据采集处理系统具有实时数据处理与显示、风速廓线实时动态绘制及数据自动存储与回放等功能，能够满足对近地表风速廓线实时测量的需求。

参考文献

[1] 郭旺. RW–64 型热膜式无线风速廓线仪的研制与试验 [D]. 呼和浩特：内蒙古农业大学，2012.

[2] 陈世超. 风蚀监测关键传感技术研究及监测系统研制 [D]. 北京：北京林业大学，2013.

[3] 巫荣闻. 热膜式风速变送器系统设计 [D]. 合肥：合肥工业大学，2010.

[4] 彭丹. 基于热膜探头的气体流量传感器研究 [D]. 杭州：浙江大学，2015.

[5] 童诗白. 模拟电子技术 [M]. 北京：高等教育出版社，2006.

[6] 康华光. 模拟电子技术 [M]. 北京：高等教育出版社，2008.

[7] Jeffrey Travis, Jim Kring. LabVIEW 大学实用教程 [M].3 版. 乔瑞萍，译. 北京：电子工业出版社，2008.

[8] 陈树学，刘萱. LabVIEW 宝典 [M], 北京：电子工业出版社，2012.

[9] 姜新华，张丽娜. 基于 LabVIEW 的日光温室多点温度监测系统设计 [J]. 内蒙古大学学报 (自然科学版)，2012, 43(1): 81–84.

[10] 卢佩，刘效勇. 基于 LabVIEW 的温室大棚温、湿度解耦模糊控制监测系统设计与实现 [J]. 山东农业大学学报 (自然科学版)，2012, 43(01): 124–128.

[11] 牟淑杰. LabVIEW 在温室环境远程监控系统的应用研究 [J]. 安徽农业科学，2012, 40(6): 3794–3811.

[12] 于海业，张云鹤，孙瑞东. 基于 LabVIEW 的温室环境远程监控系统的研究 [J]. 农机化研究，2004, (1): 75–77.

[13] 李铁，朱凤武，韩光辉. 基于 LabVIEW 的温室环境监控系统的开发 [J]. 农机化研究. 2011,(7): 201–202.

[14] 吕太国，刘子政. 基于 LabVIEW 的温室参数远程监测系统 [J]. 中国农机化，2010, (2): 80–82.

[15] 刘海洋，孔丽丽，陈智，宣传忠. 可移动微型低速风洞设计与试验 [J]. 农机化研究，2016. 10.

[16] 周立功. 单片机实验与实践 [M]. 北京：北京航空航天出版社，2004.

[17] 胡伟, 季晓衡. 单片机 C 程序设计及应用实例 [M]. 北京: 北京人民邮电出版社, 2004.

[18] 余锡存, 曹国华. 单片机原理及接口技术 [M]. 西安: 西安电子科技大学出版社, 2007.

[19] 彭伟. 单片机 C 语言程序设计实训 [M]. 北京: 电子工业出版社, 2013.

[20] 郁有文, 曹健, 程继红. 传感器原理及工程应用 [M]. 西安: 西安电子科技大学出版社, 2008.

[21] 谭浩强. C 程序设计 [M]. 3 版. 北京: 清华清华大学出版社, 2005.

[22] 胡明宝, 李妙英. 风廓线雷达的发展与现状 [J]. 气象科学. 2010, 10(5): 724–728.

[23] 邵德民, 吴志根. 上海 LAP–3000 大气风廓线仪 [C] // 首届气象仪器与观测技术交流和研讨会学术论文集, 2001.

[24] 刘海洋. 基于无线传感网络的土壤风蚀监测系统研究 [D]. 呼和浩特: 内蒙古农业大学, 2016.

[25] 麻硕士, 陈智. 土壤风蚀测试与控制技术 [M]. 北京: 科学出版社, 2010.

[26] 吴芳, 何平, 马舒庆等. 对流层 II 型风廓线仪探测数据对比分析 [C] // 中国气象学会第一届论文集, 2005.

[27] 孙悦超, 陈智, 赵永来, 等. 阴山北麓农牧交错区草地土壤风蚀测试 [J]. 农业机械学报, 2013, 44(6): 143–147.

[28] 陈智, 麻硕士, 范贵生. 麦薯带状间作农田地表土壤抗风蚀效应研究 [J]. 农业工程学报, 2007, 23(3): 51–54.

[29] 陈智, 郭旺, 宣传忠, 等. 热膜式无线风速廓线仪 [J]. 农业机械学报, 2012, 43(9): 99–102.

[30] 赵春江, 屈利华, 陈明, 等. 基于 ZigBee 的温室环境监测图像传感器节点设计 [J]. 农业机械学报, 2012, 43(11): 192–196.

[31] 贾洪雷, 李杨, 齐江涛, 等. 基于 ZigBee 的播种行表层土壤坚实度采集系统 [J]. 农业机械学报, 2015, 46(12): 39–46, 61.

[32] 胡培金, 江挺, 赵燕东. 基于 ZigBee 无线网络的土壤墒情监控系统 [J]. 农业工程学报, 2011, 27(4): 230–234.

[33] 孙宝霞, 王卫星, 雷刚, 等. 基于无线传感器网络的稻田信息实时监测系统 [J]. 农业机械学报, 2014, 45(9): 241–246.

[34] F Hedrich, K Kliche, M Storz, et al. Thermal flow sensors for MEMS spirometric devices[J]. Sensors and Actuators A: Physical, 2010, 162 (2): 373–378.

[35] 陈晓栋, 郭平毅, 兰艳亭. 基于 780MHz 频段的温室无线传感器网络的设计及试验

[J]. 农业工程学报, 2014, 30(1): 113–120.

[36] 张春元. 实时低功耗无线传感器网络设计 [J]. 仪表技术与传感器, 2013(1): 89–91.

[37] 赵瑞琴, 刘增基, 文爱军. 一种适用于无线传感器网络的高效节能广播机制 [J]. 电子学报, 2009, 37(11): 2457–2462.

[38] 罗凤敏, 辛智鸣, 高君亮等. 乌兰布和沙漠东北缘近地层风速和降尘量特征 [J]. 农业工程学报, 2016, 32(24): 147–154.

[39] 杜鹤强, 韩致文, 王涛, 孙家欢. 新月形沙丘表面风速廓线与风沙流结构变异研究 [J]. 中国沙漠, 2012, 32(1): 9–16.

[40] 尚润阳. 地表覆盖对土壤风蚀影响机理及效应研究 [D]. 北京: 北京林业大学, 2007.

第 8 章　土壤风蚀监测系统的构建

借助于现代化观测手段和高精度数据采集设备，深入研究土壤风蚀发生、发展的机理，在大量而准确的观测数据的基础上研究风蚀成因及其规律，是提出有效防治措施的前提。因此，在未来的土壤风蚀研究当中，一方面在不断优化和提高现有观测设备的结构与精度的同时，借助于传感器技术、电子信息技术和嵌入式技术等研制具有自动数据采集和处理功能的终端设备及专业的土壤风蚀观测台站；另一方面还应结合 GPRS 技术、无线传感网络技术、互联网技术和计算机辅助设计等，建立跨区域、大尺度的无线土壤风蚀监测系统，实现对网络覆盖区域内的各种环境信息进行实时监测与采集，数据的远程无线传输及处理等。

将无线传感网络技术、电子信息技术和分布式数据处理技术等引入土壤风蚀监测领域，建立并形成网络监测系统。通过对风蚀地域的一系列指标进行长期的定位观测，不仅可以解决观测资料在尺度上的推广问题，弥补监测人员难以观测到的时空范围，提高监测结果的准确性，还可以实现风蚀数据的实时采集与处理，提供从土壤风蚀起沙、运移到沉降各个过程的观测数据，从而更加有效地反映风蚀过程的整体动态和区域差异，进而揭示风蚀产生的机理与风蚀物的组成、结构、能量流动和物质循环，掌握在自然和人类活动的影响下土壤风蚀状况及其动态变化过程，阐明风蚀过程的发生、发展和演化规律。因此，建立基于无线传感网络的土壤风蚀监测系统是目前乃至今后研究土壤风蚀问题及科学防治土壤风蚀的一种有效方法。

8.1　风蚀监测系统的组成及工作原理

该风蚀监测系统主要由前端传感器节点、网络中心汇聚节点、GPRS 数据中继节点、远程网络服务器和分别运行在服务器与远程客户端上的软件系统构成。

传感器节点包括风速廓线仪节点和多通道集沙仪节点，在中心汇聚节点的控制下完成被测区域内的温度、湿度、大气压力、风速廓线及风沙流结构等数据的同步采集，并以无线自组网的方式与中心汇聚节点建立数据传输；中心汇聚节点运行自组网通信协议，负责网络的建立、传感器节点的控制与数据汇聚等功能，并采用串口通信方式将汇聚的数据传递给 GPRS 数据中继节点；中继节点通过 GPRS 网络接入 Internet 网络，以 UDP 数据传输协议实现与远程网络服务器之间的数据传输；运行在服务器上的 GPRS 数据中心负责远程无线传输网络的建立，实现大尺度、跨区域数据传输功能，接收各监测区域的数据并将其存储到数据库中；网络客户端运行的土壤风蚀数据处理软件通过 UDP 数据传输协议访问服务器上的数据库，并对数据进行实时处理，动态地显示、绘制各被区域内的温湿度、大气压力、风速、集沙量及风速廓线和风沙流结构曲线等。

土壤风蚀监测系统的网络结构如图 8.1 所示。

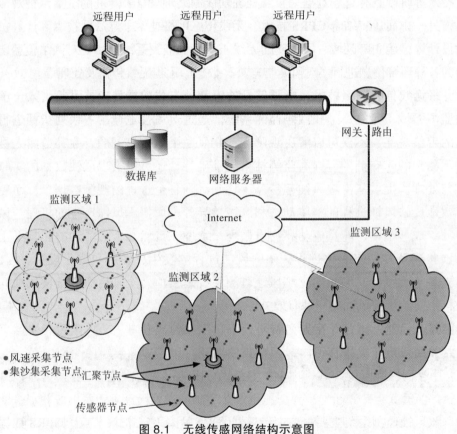

图 8.1　无线传感网络结构示意图

①网络传感器节点由数据采集模块（传感器组、信号调理电路、A/D 转换器）、数据处理与控制模块（微处理器、存储器）、无线通信模块（无线收发器）和电源等组成，结构如图 8.2 所示。

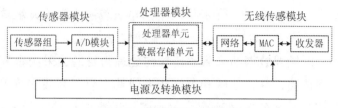

图 8.2　传感器节点结构图

传感器模块用于感知、获取被测对象，并将其转换成电信号，再通过 A/D 转换器将其转换为数字信号；处理器模块负责协调各模块的工作状态，实现节点的自动入网、控制指令的接收与解析、传感器模块的控制及低功耗模式的自动切换等功能，并对采集的数据进行必要的处理、打包；无线数传模块负责与上一层汇聚节点建立通信并完成数据传输；电源模块为节点各模块提供正常工作的能源。

②汇聚节点由双串口单片机、无线数据收发模块和 GPRS 数据传输模块组成，具有较强的数据处理能力和存储能力，是连接底层星型网络与 Internet 等外部网络的桥梁，运行自组网通信协议并汇聚采集节点返回的数据包，负责将汇聚的节点信息通过串口发送给上层网络汇聚节点或 GPRS 数据传输模块。

8.2　风蚀监测系统的特点、网络拓扑结构和全覆盖策略

该土壤风蚀监测系统是在无线传感网络技术和互联网技术基础上建立的以采集、传输和处理土壤风蚀数据为目的的网络体系结构，由具有无线自组网功能的底层星型数据采集网络、具有互联网访问和远程数据传输功能的 GPRS 网络及运行在远程客户端具有较强数量处理能力的软件系统组成。

底层星型网络是由部署在监测区域内大量低成本、随机分布的集成了传感器组、数据处理单元和短距离无线通信模块的数据采集节点通过自组织的方式构成的网络系统，借助节点内置的传感器组协作地感知、采集和处理网络覆盖区域中的环境温度、湿度、大气压力、集沙量和风速等信息，以实现对被测区域的实时监测。GPRS 网络作为连接底层星型数据采集网络与远程服务器的桥梁，由 GPRS 数据汇聚节点、远程网络服务器及运行在服务器上的 GPRS 网络数据中心软件组成，实现被测区域内的数据汇聚、无线发送及服务器端的数据库存储等功能。客户端软件系统完成与网络服务器的数据通信，对底层采集网

络返回的数据进行实时处理、分析与存储，并动态地绘制、显示被测区域内的环境温湿度、大气压力、风速廓线及风沙流结构等信息。

该监测网络以风蚀数据的采集、传输与处理为目的，采用星型网络拓扑结构实现节点数据传输，其自组网和容错能力使其不会因为某些节点的异常而导致整个系统的崩溃，研制的风速廓线仪和多通道集沙仪具有无线自组网功能、独立数据处理功能和低能耗数据访问控制策略，有效延长了网络的生命周期。另外，"地址轮询访问"和"同步采集，异步传输"的数据传输策略有效地解决了星型网络数据汇聚节点的接收"瓶颈"及数据同步采集等问题。

网络拓扑结构是指网络中通信线路和终端节点（计算机或设备）的几何排列形式。对于无线传感器网络而言，良好的网络拓扑结构，不仅能够提高数据传输效率，还有利于节省节点的能量、延长网络的生存周期。

星型网络因其结构简单、连接方便、扩展性强，网络延时小、传输误差低、管理和维护容易等优点，成为目前应用最广泛的一种网络拓扑结构。星型网络结构采用集中控制式访问机制，可在不影响系统其他设备工作的情况下快速增加和减少前端采集设备。因此，课题以星型网络拓扑结为基础构建了底层无线数据传输网络，如图8.3所示。

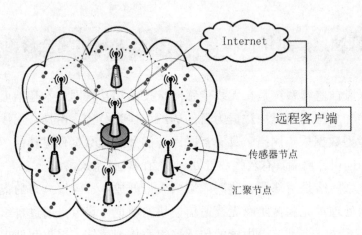

图 8.3　星型网络数据传输结构

另外，为实现监测区域的全覆盖，可通过在网络中增加汇聚节点或中继节点的方式实现底层网络的扩展，同样采用星型拓扑结构与上一层汇聚节点建立数据通信，构建多级数据传输网络。网络中的每一个传感器节点仅能与预先设定的汇聚节点建立数据通信，底层汇聚节点也被设置指向一个更高层的汇聚节

点；传感器节点采集的数据通过各级汇聚节点传递至最高层汇聚节点，并通过
GPRS 数据中继节点实现远程数据传输功能。通过在监测区域内有机地部署多个
汇聚节点，形成多级无线自组网数据传输系统，可实现监测区域的全覆盖。

8.3　低功耗无线数据采集节点设计

8.3.1　无线传输模块及数据处理单元

常用的短距离无线通信技术有 WiFi、Zigbee 和 433MHz 等。WiFi 虽然具
有较高的数据传输速率且支持"永远在线"功能，但其功耗较大、数据传输的
可靠性较低且睡眠唤醒时间较长。ZigBee 具有频带宽、可靠性高、抗干扰能力
强，组网简单等优点，但相比 433MHz 技术，其绕射能力较差、点间通信距离
近、接收灵敏度较低。433MHz 技术具有绕射能力强、传输距离远、接收灵敏
度高等优点，但其通信频带窄、穿透能力弱，大数据传输的可靠性和稳定性较
差。另外，Zigbee 和 433Hhz 技术通过合理设置"刷新时间间隔"参数可实现类
似"永远在线"的模式，且设备唤醒时间极短（小于 30ms），适用于数据传输
量较少的应用场合。

由于风蚀监测系统在某一特定监测区域内的数据传输量较小，监测区域多
为草原或农田等地势开阔且信号干扰较小的区域，为了扩大单点无线覆盖范围，
课题选择体积小、功耗低的 433MHz 无线数传模块组建底层无线数据传输网络，
如图 8.4 所示。

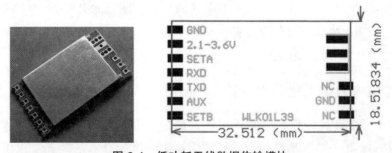

图 8.4　低功耗无线数据传输模块

该模块是一款采用 FSK 调制解调方法的远距离半双工微功耗无线数输模块，
集成了高性能射频芯片 A7139 和高速单片机，最大输出功率可达 +20dBm，工

作频段在 470 ～ 510MHz 之间，最大数据包长 256 字节；在 2kbps 空中传输速率下，开阔通信距离可达 500m 以上。模块自带 CRC 校验功能，大大提高了抗干扰能力和接收灵敏度，可在线修改发射功率、信道频率、本机地址、目标地址等参数；通过设置 SETA 和 SETB 引脚的输入电平可驱动模块进入不同工作模式，以实现低功耗网络访问功能。模块工作模式如表 8.1 所示。

表 8.1　无线数据传输模块工作模式

工作模式	设置方法	功能描述
正常收发模式	SETA=0	透明传输，模块可随时收发数据
	SETB=0	
唤醒主模式	SETA=0	在发生有效数据前，先发一个唤醒周期的前导码，激活处于唤醒从模式下的从节点
	SETB=1	
唤醒从模式	SETA=1	只能接收处于唤醒主模式下的节点发送的数据，不能发送数据
	SETB=0	
配置休眠模式	SETA=1	仅在该模式下，才能进行参数配置，不能收发数据
	SETB=1	

采集节点的核心处理单元采用片内集成 MAX810 专用复位电路、30KB 的 Flash 存储器和 768 字节 RAM 的 STC 单片机。该单片机是一款高速/低功耗/超强抗干扰的新一代增强型单时钟 51 单片机，其运行速度是传统单片机的 8 ～ 12 倍，可提供 27 个通用 I/O 端口，具有强大的数据处理能力。该单片机可通过设置内部电源管理寄存器和外部中断的方式，驱动单片机在"空闲模式"、"低速模式"和"掉电模式"等 3 种低功耗模式间自由切换；特别在"掉电模式"下，单片机的功耗小于 0.1μA。

8.3.2　低成本数据采集节点设计

为了实现土壤风蚀信息的自动采集，课题借助于多传感器融合技术，研制了集成微处理器、传感器组和无线通信模块于一体的具有低功耗工作模式和无线自组网功能的风速廓线仪及集沙仪等，实现了土壤风蚀相关环境参数（如：温度、湿度、大气压力、风速廓线和风沙流结构等）的自动采集、处理与无线传输等功能。

该土壤风蚀监测系统主要包括风速廓线仪节点和集沙仪节点，不同节点集成的传感器种类以及采集的风蚀信息不同：风速廓线仪节点主要完成 8 通道风速、环境温湿度和大气压力等信息的采集，集沙仪节点仅完成 8 通道集沙量数据的采集。因此，为便于客户端数据处理软件对数据进行处理与分析，就需要对节点发送的数据包格式及各部分所包含的内容进行统一定义，各采集节点必须按照约定好的数据包格式对采集到的风蚀数据进行处理、打包。

（1）节点数据包格式设计

合理的数据包格式不仅可以减小数据传输时间，降低数据采集节点的发送功耗，还可简化数据采集节点及中心汇聚节点程序设计的复杂程度。因此，本课题按照统一长度的数据格式对各采集节点的数据进行打包，数据包格式如表 8.2 所示。

表 8.2　传感器节点数据包格式

域　名	包　头	包　长	节点地址	信号类型	数据域	包　尾
字节数	0	1	1	2	4 ～ 26	27
例 1	249	28	07	1	风沙流结构数据	250
例 2	249	28	09	0	风速廓线等数据	250

数据包格式说明如下：

① 包头：数据包的起始码，默认值为 249。

② 包长：数据包的长度，包括包头、包尾和保留域，默认值为 28。

③ 节点地址：程序设计中为传感器节点分配的地址代码 1 ～ 248。

④ 信号类型：数据域中存储的数据的类型，0 代表采集的数据为风速廓线等数据，1 代表采集的数据为风沙流结构数据。

⑤ 数据域：存储节点采集到的风蚀数据。

⑥ 包尾：数据包的结束码，默认值为 250。

其中，对于数据域的内容，不同类型的数据采集节点存储的数据不同。集沙仪节点仅存储 8 路风蚀量数据，而风速廓线节点则需存储环境温度、湿度、大气压力和 8 路风速等数据。

数据域的数据结构如表 8.3 所示。

表8.3　数据包数据域定义

字节编号	风速廓线数据	风沙流结构数据
4	温度十位、个位	保留，默认值0，用于传感器扩展
5	温度小数位	保留，默认值0
6	湿度度十位、个位	保留，默认值0
7	湿度小数位	保留，默认值0
8	大气压力千位、百位	保留，默认值0
9	大气压力十位、个位	保留，默认值0
10	大气压力小数位	保留，默认值0
11	风速1十位、个位	集沙量1百位、十位、个位
12	风速1小数位	集沙量1小数位
…	…	…
25	风速8十位、个位	集沙量8百位、十位、个位
26	风速8小数位	集沙量8小数位

（2）数据汇聚节点设计

数据汇聚节点仅包括单片机控制系统、无线传输模块和电源模块，运行自组网协议，实现局域网的建立并对网络中的采集节点进行控制，汇聚网络中各采集节点返回的数据包，最后将数据包转发给GPRS模块。汇聚节点的电路原理图及硬件实物分别如图8.5和图8.6所示。

该硬件部分比较简单，系统采用9V电源供电，由于无线传输模块和GPRS无线模块均采用串口通信方式与控制器进行数据传递，故采用具有双串口功能的STC12C5A60S2单片机作为核心控制器，分别通过串口1和串口2实现与无线传输模块和GPRS模块的数据通信；汇聚节点仅运行实现自组网功能的控制程序，接收各采集节点返回的信息与数据包，并对数据包进行重新打包，然后通过串口将数据包发送给GPRS模块，其自身不具备数据处理能力。另外，模块的串口波特率均为9600，为减小传输误码率，单片机晶振频率选择11.0592MHz。实验发现：采用12MHz晶振时，由于单片机产生9600波特率的误差为0.16%，导致无线数据传输的误码率达20%以上，系统无法正常工作。

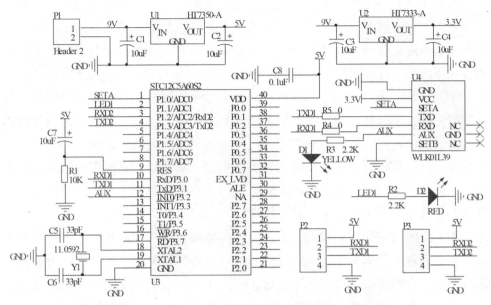

图 8.5　中心汇聚节点原理图

图 8.6　中心数据汇聚节点

8.3.3　独立数据处理机制

在传统无线自组网系统中，采集节点的数据处理与存储能力较弱，数据采集完成后直接发送至其他节点；而汇聚节点常采用具有较强数据处理能力和较大数据存储能力的增强型无线单片机。汇聚节点既需要运行自组网通信协议来实现网络的建立与维护，还需要完成无线传输过程中数据包的解析与 CRC 校验及数据的实时处理等任务。因此，大大增加了汇聚节点的负担，增大了数据传输与处理时间和节点功耗。

为了提高网络工作效率和运行稳定性，降低汇聚节点的负担，缩短数据传输与处理时间，该监测系统中的所有数据采集节点均集成了独立的无线数传模块和高速数据处理单元，通过建立独立数据处理机制，提高了节点的数据处理能力，降低网络运行功耗。无线收发模块集成的 MCU 可独立完成无线链路的建立、CRC 校验、载波监听、数据包的收发等功能，通过串口与数据处理单元进行数据传递；发送数据时，数据处理单元直接将数据包通过串口传递给无线模块，无线模块自动将数据包加载到底层无线通信协议的数据帧中并发送给指定的节点；接收数据时，无线模块在完成数据包的接收后，直接将数据从接收到的数据帧中分离出来，并以中断方式实现与数据处理单元之间的数据传输。采集节点的数据处理单元仅需要运行简单的串口程序即可实现数据的无线收发功能，使节点的数据处理过程与无线传输过程能够互不干扰地独立运行，从而大大减小了节点的数据采集、处理时间。另外，将数据采集、处理和打包等任务交由采集节点的数据处理单元来完成，提高了节点数据处理能力，使汇聚节点不再参与数据处理过程，仅完成无线网络的建立、节点监测和数据的接收、存储与转发等功能，从而大大提高了系统的数据处理效率和工作效率，降低了网络建立、数据传输与处理所需的时间及网络运行的功耗。

8.3.4　应用层低功耗数据访问策略

在大多数自组网系统中，网络中某一采集节点发送的数据，会被汇聚节点和网络中的其他采集节点同时接收，而汇集节点与某一采集节点进行数据传输时，所发送的数据同样会被已经完成数据交换的采集节点所接收。另外，为实时监测网络中各采集节点的工作状态，中心汇聚节点即使在网络空闲状态下仍需定时发送"心跳包"，采集节点也需返回"应答信息"，从而增加了网络节点的功耗；特别是在采用频率较低（采样间隔在几分钟、甚至几小时以上）的情况下，上述组网方式将大量消耗节点能量，缩短了节点的生命周期。

所研究的底层无线自组网通信协议，其数据传输过程严格上讲仍属于点对点的数据传输方法，采集节点完成数据传输后立即进入了空闲状态，且该空闲时间会随着网络中节点数量的增多而不断增大。因此，为了降低节点功耗，提高节点生存周期，在应用层程序设计上研究了低功耗数据访问策略，实现了采集节点的控制单元和无线模块工作模式的自动切换，使采集节点完成数据传输后立即自动进入低功耗工作模式，以降低节点功耗。节点程序设计如图 8.7 所示，采集节点和汇聚节点的程序流程分别如图 8.8 和图 8.9 所示。

（a）风速廓线采集节点程序设计

（b）集沙仪采集节点程序设计

图 8.7　节点程序设计界面

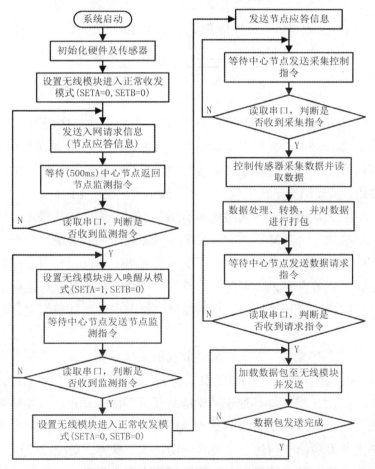

图 8.8　数据采集节点程序流程图

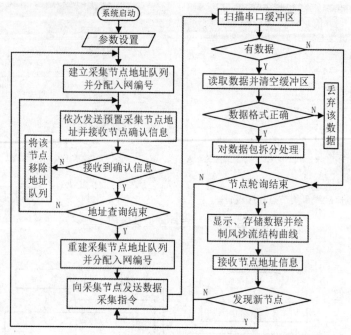

图 8.9　中心汇聚节点程序流程图

该应用层低功耗数据访问策略主要从以下 5 个方面实现了降低功耗的作用：

① 在数据处理上，采用独立数据处理机制，减小了汇聚节点的数据处理时间，提高网络运行效率；通过对采集到的数据进行转换和压缩，实现单字节传递多位数据，从而缩短了数据包的长度，减小了无线传输时间。

② 在无线模块配置上，网络中所有采集节点的无线模块采用相同的参数配置，通信目标均指向汇聚节点；而汇聚节点无线模块的通信目标则同时指向网络覆盖范围内的所有采集节点；从而使得各采集节点仅能与中心汇聚节点建立数据通信，采集节点间无法实现数据通信。当某一采集节点与汇聚节点进行数据交换时，网络中的其他采集节点不能接收该节点发送的数据包，并进入低功耗模式。

③ 在节点程序设计上，某一采集节点的无线模块在完成数据发送后立即进入"唤醒从模式"，且汇集节点的无线模块在完成数据汇聚后也立即进入"唤醒主模式"。由 4.2.1 节可知，处于"唤醒从模式"的无线模块仅能接收处于"唤醒主模式"的汇聚节点发送的唤醒前导码，不能接收处于"正常收发模式"下的汇聚节点所发送的任何信息，进入低功耗工作状态；处于"唤醒主模式"的无线模块不能接收节点数据，由节点控制器实现工作模式的自动切换。由此可

知，当汇集节点与某一采集节点进行数据传输时，已经完成数据交换的采集节点将不能接收到汇聚节点所发送的任何指令信息，从而极大地减小了采集节点在空闲状态下的能量损耗。

④ 同样，在采集节点程序设计上，其无线模块进入"唤醒从模式"后，采集节点的控制器立即进入"掉电模式"，内部时钟停振，除外部中断外，CPU、定时器、A/D 转换器、串口等内部功能部件均停止工作。当无线模块收到处于"唤醒主模式"下的无线模块发送的唤醒前导码后，在 AUX 引脚产生的低电平脉冲可唤醒控制器进入正常工作模式。由于控制器在掉电模式下的功耗小于 $0.1\mu A$，所有进一步降低了采集节点的功耗。

⑤ 在自组网协议实现上，汇聚节点仅在需要控制采集节点实现数据采集时，才对网络内的各采集节点发送节点监测指令（即：心跳包），各采集节点仅需返回一次确认信息；在网络空闲状态下，所有节点均进入低功耗工作模式，汇聚节点停止发送节点监测指令，从而大大降低了节点的能量消耗。

通过上述 5 种低功耗数据访问方式，大大地降低了网络节点功耗，延长了节点的生命周期，实现了低功耗数据访问功能。

8.4　无线数据通信机制

星型网络的通信方式实质上是一收多发的通信模式，网络中所有采集节点均需与汇聚节点建立数据传输。因此，当多个采集节点同时向汇聚节点发生数据时，就会发生数据"拥堵"现象，部分采集节点发送的数据包将无法被汇聚节点所接收。为有效避免数据传输过程中发生数据"拥堵"的现象，汇聚节点必须执行合理的数据通信机制与各采集节点建立数据传输。

采用的无线数传模块 WLK01L39 可实现在线修改模块的射频工作频率、本机地址、目标地址等参数，且在数据传输过程中，仅本机地址和目标地址相反、其他参数相同的模块间可以实现数据通信。因此，可通过"跳频通信""变址通信"和"轮询通信"等方法，保证在任一时刻网络中仅有一个采集节点可与汇聚节点建立数据交换，从而避免了"拥堵"现象的发生。

然而，为了研究风速与近地表风沙流结构间的关系，就必须设计可靠的数据同步机制来实现风速和集沙量的同步采集。由于该星型网络采用被动数据采集方式，即汇聚节点对个采集节点的数据采集和传输过程拥有绝对控制权，同时为了降低节点功耗，采集节点的无线模块在空闲状态下需要处于"唤醒从模式"。在"调频通信"和"变址通信"过程中，汇聚节点需要首先在"唤醒主模式"将所有采集节点唤醒，然后再依次改变自身的通信频率或本机地址，才能实现与各采集节点间的数据通信，网络中任一时刻仅有一个采集节点可与汇聚节点建立通信，无法实现各采集节点的同步控制和数据同步采集功能，仅适用于对数据采集的同步性要求不高的场合。而在"轮询通信方法"下，网络中的所有采集节点可同时与汇聚节点建立通信，汇聚节点可对所有采集节点进行同步控制，发送的指令能够被所有采集节点同时接收，故可较简单地实现数据的同步采集功能。因此，课题采用"轮询通信方法"来实现节点数据通信，具体实现方法如下：

假设网络中有一个汇聚节点 A 和两个采集节点 B 和 C，且所有节点工作在同一射频工作频率下（如：470 MHz），各模块地址参数配置如下：

节点 A：本机地址 0x00 0x68，目标地址 0x00 0x69。

节点 B：本机地址 0x00 0x69，目标地址 0x00 0x68。

节点 C：本机地址 0x00 0x69，目标地址 0x00 0x68。

通过上述配置，所有采集节点均与汇聚节点建立了通信。此时，主节点发送的数据或指令将被所有采集节点接收；同时，一旦有采集节点向汇聚节点发送数据，汇聚节点也将立即接收，数据接收的"拥堵"现象也将随着发生，且发送节点越多，拥堵越严重，甚至部分采集节点发送的数据永远无法被汇聚节点接收。因此，需要在汇聚节点和采集节点的程序设计中添加数据传输控制指令，并为采集节点分配置一个独立的节点地址（或名称），汇聚节点采用广播和轮询的方法实现与各采集节点间的数据通信。

具体过程如下：

① 在程序中，分别为节点 B 和 C 分配节点地址 0x01 和 0x02，并设置节点 A 进入"唤醒主模式"，节点 B 和 C 进入"唤醒从模式"；

② 在通信过程中，节点 A 的控制单元（单片机）首先向无线模块发送一次节点监测指令，无线模块收到该指令后会先发送一个周期的唤醒前导码，然后再发送该指令代码；同时控制单元控制无线模块进入正常收发模式；节点 B 和 C 的无线模块在收到唤醒前导码后立即在 AUX 端口产生低脉冲信号，触发控制器的外部中断将其从"掉电模式"唤醒，然后采集节点的控制器设置其无线模块进入正常收发模式，接收节点 A 的控制指令，并在节点 A 的控制下完成数据采集。

③ 节点 A 发送带节点 B 的节点地址的数据请求指令，节点 B 和 C 在接收

到该指令后，将自身的节点地址代码与指令中的地址信息进行匹配，相匹配的节点 B 发送数据包至节点 A，不匹配的节点 C 放弃该指令，继续等待；节点 A 收到节点 B 返回的数据包后，再发送带有节点 C 的节点地址的数据读取指令，完成与节点 C 的数据通信。

④ 采集节点发送完数据包后，其无线模块和控制单元分别自动进入"唤醒从模式"和"掉电模式"，汇聚节点的无线模块在完成一次数据汇聚后进入"唤醒主模式"，以降低节点功耗。

另外，该数据通信方法可轻松实现节点扩展。

组网实验测试：测试网络由一个汇聚节点和 6 个采集节点组成，采集节点包括风速廓线仪、集沙仪和 4 无线数据采集模块，并将 0x01 ~ 0x06 作为节点地址分配给各采集节点；汇聚节点由带 USB 接口的无线模块和 PC 机组成，PC 上运行具有自组网功能的数据处理软件。网络结构组成如图 8.10 所示。

图 8.10　轮询通信实验测试

实验环境温度 16.5℃，汇聚节点距采集节点 3.5m，所有节点均采用 8.5cm 的胶棒天线，且保持天线方向与地面垂直向上，无线模块的空中速率为 10kbps，串口波特率设置为 9600，唤醒时间间隔和延迟触发时间分别设置为 100ms 和 5ms，开启包完整检测和纠错编码使能。测试时，首先给所有采集节点上电，然后再运行汇聚节点，当汇聚节点发出数据请求指令后，目标采集节点返回一个按照 4.2.3 节设计的长度为 28 个字节的数据包。实验发现：该星型网络的建立时间不超过 5s，汇聚节点实现一次节点遍历和数据传输所需时间不超过 3s。但是，由于该系统采用"轮询数据访问"和"同步采集、异步传输"方法实现节点数据汇聚，将导致组网和节点遍历所需时间将随节点的增加而增大，故该系统适合节点较少或采样频率较低的自组网监测系统。

8.5　自组网通信协议

8.5.1　自组网通信基础

土壤风蚀监测系统，应以土壤风蚀数据采集为目的，被测区域内分布着多个数据采集节点，在星型网络拓扑结构的基础上通过无线自组网方式进行数据汇聚，并通过 GPRS 模块实现数据的远程传输功能。由于被测区域内采集节点的数量是动态变化的，且要求采集节点具有较高的同步数据采集能力，就需要底层星型无线局域网具有自主组网、故障节点检测排除和较强的节点扩展等功能；网络中的汇聚节点能够对采集节点进行集中控制，并完成信道建立、数据同步采集与异步传输、故障检测及组网等功能；采集节点则需要在汇聚节点的控制下完成自主入网、指令分析、数据采集和无线传输等任务。

由于星型网络中的数据采集节点仅与汇聚节点进行通信，各采集节点间不需要数据交换，因而简化了无线自组网的算法实现。

8.5.2　自组网指令系统

自组网是指一个在内部指令系统作用下，按照互相约定的某种规则，各节点协调地自动形成有序网络的通信结构。自组织算法是无线传感网络的核心，通过自组织算法建立的通信网络，有利于降低节点功耗并延长网络生存期，能够更加快速、便捷、高效地部署采集节点。因此，如何实现星型网络的自组网协议成为该无线星型网络设计过程中亟须解决的关键问题。

由于 433MHz 无线数传模块尚无成熟的自组网解决方案，因此需要独立编写满足土壤风蚀监测系统要求且具有星型自组功能的网络通信协议。自组网指令系统是实现自组网功能的关键，在借鉴其他自组网通信协议的基础上，根据实际应用需求，设计了简单的自组网指令系统。该指令系统由 4 种固定长度的数据帧组成，分别为：节点监测指令、节点应答信息（入网请求信息）、采集控制指令和数据请求指令。指令格式及作用如表 8.4 所示。

表8.4 自组网指令系统的指令格式及作用

指令名称	指令格式	作用
节点监测指令	249 5 节点地址 0 250	用来监测网络中的节点是否与中心节点处于连接状态。
节点应答信息	249 5 节点地址 信号类型 250	在申请入网时,向中心节点发送该信息;入网成功后,发送该信息以响应中心节点发送的监测指令。
采集控制指令	249 5 0 0 250	该指令用来控制网络中的所有节点进行数据采集。
数据请求指令	249 5 节点地址 1 250	该指令用来控制相应的节点发送数据包到中心节点。

指令格式中的参数说明:

① 一个字节为帧起始码:默认为249。

② 第二个字节为帧长度:默认为5,用来区分指令和数据,指令长度为5,数据长度为28。

③ 三个字节为节点地址:程序中分配给采集节点的节点地址:1～248。

④ 第四个字节为信号类型:0代表采集的是风速数据,1代表采集的是集沙量数据。

⑤ 第五个字节为帧结束码,默认为250。

4种指令均采用5个字节的数据帧组成,除"节点应答信息"为采集节点返回给汇聚节点的确认信息外,其余3条指令均为汇聚节点发送给采集节点的控制信息。同时,为了简化指令系统,使"节点应答信息"在网络工作的不同阶段具有不同的功能:

a.在节点请求加入网络过程中,该信息代表入网请求;

b.在节点监测过程中,该信息为"节点监测指令"的应答信息,汇聚节点根据自身的工作阶段自主区分该信息的功能。

在实际通信过程中,底层无线通信协议的帧格式为:

前导码(4字节)+节点 ID(4字节)+有效数据(最大256字节)
+CRC(2字节)

其中,前导码是位于数据包起始处的一组特殊的 bit 组,汇聚节点可据此同步并接收采集节点返回的数据帧,另外,汇聚节点通过发送该前导码用来唤醒处于"唤醒从模式"下的采集节点；4字节的节点ID为无线模块的本机地址和目标地址，即建立通信的两个节点的本机地址，在接收数据发送错误时，汇聚节点通过该ID信息自动重新连接目标节点，实现数据重传功能；循环冗余检查（CRC）是节点间数据传输的检错功能；有效数据是需要传输的数据包。汇聚节点和采集节点间的数据帧或指令帧都需要先加载到底层无线通信协议帧的数据域内，才能通过无线模块发送出去。

8.5.3　自组网协议的实现

假设某一被测区域内有一个汇聚节点和12个数据采集节点，其星型自组网实现过程如下所述：

① 首先，汇聚节点在其内部数据存储区建立一个12字节的地址队列和一个12×28字节的数据缓存区（即12×28的二维数组），分别存储网络中正常工作的采集节点的节点地址及其返回的数据包，节点地址在地址队列中按照从小到大的顺序排列，其返回的数据包在数据缓存区中的行标与节点地址在地址队列中脚标相一致，其对应关系如表8.5所示。系统初始化后，地址队列全部赋初值为255（无效地址）；数据缓存区除包头、包长、包尾分别设置为249、28和250外，其余全部赋初值为0，如表8.5中地址队列内容为255的行所示。

表8.5　地址队列与数据缓存区对应关系

字节编号		0	1	2	3	4 ~ 26	27
	地址队列	包头	包长	节点地址	信号类型	数据域	包尾
0	07	249	28	07	1	集沙量数据	250
1	08	249	28	08	0	0	250
2	09	249	28	09	0	风速数据	250
…					…		
9	255	249	28	0	0	0	250
10	255	249	28	0	0	0	250
11	255	249	28	0	0	0	250

② 网络初始化过程。上电后，采集节点首先进入请求入网过程，每隔500ms向汇聚节点发送一次"节点应答信息"，并读取串口缓冲区，以判断是否

收到汇聚节点返回的"节点监测指令";汇聚节点首先进入新节点查询过程,每隔 200ms 读取一次串口缓冲区,连续读取 10 次(即 2s),用来检测新节点发送的入网请求(节点应答信息);在检测到新节点的入网请求后,将其节点地址加入地址队列,并将该节点地址加载到"节点监测指令"中,然后通过无线模块发送出去;地址相匹配的节点收到汇聚节点返回的"节点监测指令"后,停止发送入网请求信息,进入正常工作过程,处于汇聚节点的控制下。汇聚节点通过重复上述过程,将其他新节点依次加入网络中。

③ 节点监测过程。在汇聚节点完成网络初始化后,立即进入节点监测过程,对地址队列中的所有采集节点的运行状态进行监测。在该过程中,汇聚节点首先将地址队列中的地址数据进行从小到大排列,并将地址队列中不等于 255 的地址数据依次加载到"节点监测指令"中,并发送给采集节点。汇聚节点每完成一次地址加载和发送后延时 100ms,以等待地址匹配的节点返回"节点应答信息",然后读取串口缓冲区;如果在该等待时间内收到节点反馈的信息,则认为该节点处于汇聚节点的监控之下且能工作正常,保留该节点地址并根据其返回的信息内容设置数据缓存区相应行的内容(数据域除外,如表 8.5 中地址 07、08 和 09 所对应的内容);如果在等待时间内未收到节点反馈的信息,认为该节点发生故障,脱离了汇聚节点的监控,将该节点地址重新赋值为 255,将其从网络中剔除。节点监测过程完成后,重新对地址队列中的数据进行从小到大排列,此时,地址队列中保留的节点地址代表网络中能够与汇聚节点建立通信并处于其控制下的所有节点。

④ 数据采集控制过程。在完成节点监测过程后,汇聚节点采用"节点轮询通信"和"同步采集、异步传输"的方式与各采集节点进行数据传输。汇聚节点首先发送"采集控制指令",控制所有采集节点同时进入数据采集过程;采集节点完成数据采集、处理和打包后等待汇聚节点的"数据请求指令",实现节点的数据同步采集;汇聚节点发送完"采集控制指令"后延时 2s 以等待节点完成数据处理。然后,汇聚节点将地址队列中不等于 255 的地址数据依次加载到"数据请求指令"中,并发送给采集节点,每发送一个指令后延时 100ms,以接收相应采集节点返回的数据包,如果在等待时间内接收到相应节点返回的数据包,则将该数据包中数据域的内容直接复制到数据缓存区相应行的数据域中;否则,跳过该节点并将相应行的数据域全部置 0(如表 8.5 中地址 08 所对应的内容);继续与下一个采集节点进行数据交换。

⑤ 新节点查询过程。在所有节点数据传输结束后,汇聚节点进入新节点查

询过程，每隔 200ms 读取一次串口缓冲区，连续读取 5 次（即 1s），用来检测新节点发送的入网请求（节点应答信息）；采用与第②步相同的方法完成新节点的入网过程。

⑥ 汇聚节点重复上述第③步、第④步和第⑤步，从而实现底层星型网络的自组网功能及对采集节点的控制与数据同步采集等过程。

总而言之，汇聚节点在每轮数据采集前，检测网络中所有采集节点的工作状态，剔除故障节点；在每轮数据采集后，对请求入网的新节点进行检测，并将其加入网络。另外，汇聚节点通过判断数据包的长度来判断接收到的是"入网请求信息"还是采集采集返回的风蚀数据包。

通过将低功耗数据访问策略与自组网协议相结合，实现采集节点和汇聚节点分别在完成数据发送和数据汇聚后进入低功耗工作模式，从而实现低功耗自组网功能。

8.6 GPRS 数据通信链路构建

借助于 GPRS 远距离无线数据传输功能，通过在各被测区域内配置 GPRS 无线模块，将底层网络汇聚节点接收到的风蚀数据实时地传送至远程服务器及客户端，并对数据进行汇总、处理、显示与存储等，形成了满足跨区域、大尺度土壤风蚀监测所需要的网络监测系统，以便于从整体上把握土壤风蚀发生、发展与演变规律，为提出防治土壤风蚀的有效手段提供较为全面的数据库支持。

8.6.1 GPRS 无线网络结构

以 ZT2000W GPRS 无线传输模块和网络服务器为基础，构建了以"终端设备—GPRS 服务器—客户端"为系统拓扑结构的远距离无线通信网络，如图 8.11 所示。

系统网络结构主要由以下三部分组成：

① 终端设备：包括运行在各个监测区域内的 ZT2000W GPRS 无线传输模块以及底层无线星型局域网所包含的所有数据采集设备等。

② GPRS 服务器：本课题租赁了一台具有静态 IP 地址的网络服务器，并在该服务器上安装了可同时实现与多个 GPRS 无线传输模块进行通信和数据传输的 GPRS 数据中心软件；另外安装了采用 LabVIEW 编写的数据库访问软件，实

现数据库内容的实时监测，采用 UDP 通信协议将数据库中的数据发送至指定的远程客户端。

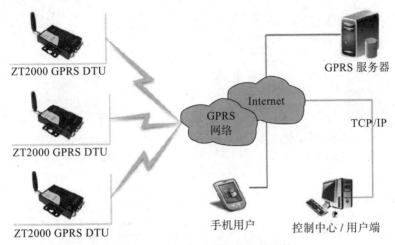

图 8.11　GPRS 无线通信网络结构

③ 客户端：用户可选择任意一台安装了本课题所设计的专用数据处理软件的电脑即可完成与远程服务器的通信，软件系统实现了数据下载、分析、图形显示和存储等功能；客户端可同时运行多个数据处理软件，通过输入不同的 ZT2000W 设备识别码，实现多个被测区域的同步监测。

8.6.2　参数配置及实验测试

为了实现底层 ZT2000W 模块与 GPRS 数据中心之间的数据交换，需要对模块和数据中心软件进行必要的参数配置；为便于实现节点区分和数据管理，将安装在各 ZT2000W 设备上的 SIM 卡号设置为网络识别码。模块与服务器软件的具体参数设置分别如图 8.12 和图 8.13 所示。

其中，ZT2000W 模块的串口波特率设置为 9600，节点类型必须设置为数据终端；DSC 域名 /IP1 设置为运行 GPRS 数据中心的网络服务器的静态 IP 地址：74.126.182.162，DSC 端口 1 为模块与数据中心进行数据传递的服务器端口，课题专门在服务器端为该风蚀监测系统设置了一个采用 UDP 数据传输方式的设备端口，端口号为 11420，为实现与 Internet 网络的连接，模块的 GPRS 接入点域名应设置 "CMNET"；

同时，设置模块与数据中的数据传输方式为 UDP 协议传输，并将 SIM 卡号设置为网络节点的 DUT 识别码，节点最大数据包长设置为 512 字节。

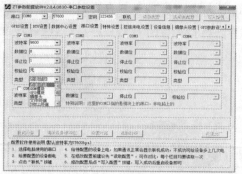

（a）串口参数配置

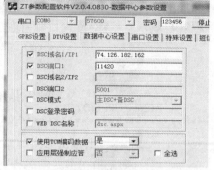

（b）数据中心参数配置

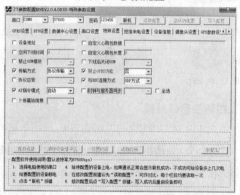

（c）GPRS 参数配置

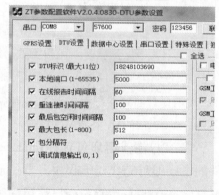

（d）DTU 参数配置

图 8.12　ZT2000W 模块参数配置

图 8.13　GPRS 数据中心参数配置

　　服务器端 GPRS 数据中心的设置比较简单，仅需设置服务器的 IP 地址、服务器与各 ZT2000W 模块间进行数据传输的端口号以及服务器上的数据库类型及名称。为了实现数据存储功能，在服务器 GPRS 数据中心所在目录下端建立了一个名称为 dsc.mdb 的 ACCESS 数据库，所有被测区域上传至服务器的数据均被存储在该数据库中名为"dtu-recv"的数据表中。

完成 ZT2000W 无线模块和 GPRS 服务器软件的参数配置后，为了测试网络是否能够正常通信。在实验室，采用 USB 转串口线将 ZT2000W 模块与 PC 连接，并借助于串口调试工具，建立了网络通信测试系统。实验时，将集沙仪节点返回的数据输入串口调试工具中，以文本格式通过 ZT2000W 模块发送至远程服务器，每 3s 发送一次，连续发送 10 分钟，对系统的连接状态及数据接收情况进行测试。实验结果显示：两者成功建立连接，数据接收存储完整，如图 8.14 所示。

（a）连接测试　　　　　　　　　　（b）数据库存储测试

图 8.14　ZT2000W 与数据中心连接测试

综上所述，以 433MHz 无线数传模块和 GPRS 无线通信模块实现了土壤风蚀数据的采集、处理及无线传输，构建了基于无线传感网络的土壤风蚀监测系统。以星型网络拓扑结构为基础，建立传感器节点与汇聚节点的优化部署模型；采用 433MHz 无线数传模块和单片机技术研制了底层终端自组网数据采集设备及低功成本数据采集节点和中心汇聚节点，同时研究了网络节点的数据包结构、无线数据通信机制、网络全覆盖方案、独立数据处理机制及应用层低功耗访问策略等，实现了环境温度、湿度、大气压力、近地表风速廓线和风沙流结构等参数的自动采集与无线传输功能，提高了网络的运行效率及稳定性。另外，设计并编写了底层无线自组网通信协议及其指令系统，采用"地址轮询访问"和"同步采集，异步传输"等方法解决了传感器节点数据同步采集和汇聚节点接收"瓶颈"等问题。采用 GPRS 无线通信模块通过 Internet 网络，以 UDP 通信方式实现了底层网络与远程服务器之间的通信与数据传输，实现了底层网络与远程客户端的数据传输与监测功能。

参考文献

[1] 胡培金，江挺，赵燕东. 基于 ZigBee 无线网络的土壤墒情监控系统 [J]. 农机工程学报，2007, 27(4): 230–234.

[2] 刘卫平，高志涛，刘圣波，等. 基于铱星通信技术的土壤墒情远程监测网络研究 [J]. 农业机械学报，2015, 46(11): 316–322.

[3] 王丽，张华，张景林，等. 基于 ZigBee 和 LabVIEW 的土壤温湿度监测系统设计 [J]. 农机化研究，2015, (8): 194–197.

[4] 郭文川，程寒杰，李瑞明，等. 基于无线传感器网络的温室环境信息监测系统 [J]. 农业机械学报，2010, 41(7): 181–185.

[5] 孙宝霞，王卫星，雷刚，等. 基于无线传感器网络的稻田信息实时监测系统 [J]. 农业机械学报，2014, 45(9): 241–246.

[6] 范贵生. 可移动式风蚀风洞设计及其空气动力学性能研究 [D]. 呼和浩特：内蒙古农业大学，2005: 15–50.

[7] 段学友. 可移动式风蚀风洞流场空气动力学特性的测试与评价 [D]. 呼和浩特：内蒙古农业大学，2005: 10–11.

[8] 刘晓文. 基于 WSN 的煤矿井下监控网络平台关键技术研究 [D]. 徐州：中国矿业大学，2009: 72–94.

[9] 潘云宽. 基于 ZigBee 的无线传感网络环境监测系统研究 [D]. 南京：南京理工大学，2010: 9–50.

[10] 赵正杰. 基于无线传感网络的井下人员定位和瓦斯监测关键技术研究 [D]. 太原：中北大学，2013: 62–75.

[11] 李丽芬. 基于无线传感网络的输电线路状态监测数据传输的研究 [D]. 北京：华北电力大学，2013: 12–45.

[12] 张文哲. 面向区域监控的无线传感网络技术研究 [D]. 上海：上海交通大学，2007: 7–25.

[13] 陈新伟，王俊，沈睿谦. 基于 GPRS 的远程检测无线电子鼻系统 [J]. 农业机械学报，2015, 46(4): 238–245.

[14] 张文魁. 无线传感器网络及其在智能电网中应用的相关技术研究 [D]. 武汉：华中科技大学，2012: 87–96.

[15] 王晟. 无线传感网络节点定位与覆盖控制理论及技术研究 [D]. 武汉：武汉大学，2006: 71–87.

[16] 李建波.无线传感网络拓扑控制若干问题研究 [D].合肥:中国科学技术大学,2009: 5–15.

[17] 李明.异构传感器网络覆盖算法研究 [D].重庆:重庆大学,2008:39–89.

[18] 陈友荣.无线传感网生存时间优化算法的研究 [D].杭州:浙江理工大学,2011: 65–97.

[19] 石军锋.无线传感网络动态休眠通信协议研究 [D].重庆:重庆大学,2008:89–103.

[20] 冯友兵.面向精确灌溉的 WSN 数据传输关键技术研究 [D].镇江:江苏大学,2009: 35–78.

[21] 杨凯盛.基于无线传感器网络的温室草莓园生态环境监控系统研究 [D].杭州:浙江 大学,2011:13–49.

[22] 张航.面向物联网的 RFID 技术研究 [D].上海:东华大学,2011:14–16.

[23] 徐为.无线传感器网络多源安全时间同步协议的设计与实现 [D].哈尔滨:国防科学 技术大学,2008:5–18.

[24] 王波.分布式无线网络的网络同步技术研究 [D].西安:西安电子科技大学,2008: 8–40.

[25] 贺捷.无线传感器网络中汇聚节点的设计与实现 [D].西安:西安电子科技大学, 2012:23–25.

[26] 冀翔宇.低功耗工业无线传感器网络研究与开发 [D].杭州:浙江大学,2008:24–45.

[27] 王斌.无线传感器网络节点定位优化算法研究 [D].沈阳:东北大学,2010:5–14.

[28] 张春宇.基于网格的无线传感器网络节点调度策略研究 [D].厦门:厦门大学,2014: 17–24.

第9章　土壤风蚀监测系统数据处理软件设计

为了实现数据的远程实时采集与处理，采用 LabVIEW 编写了具有"互联网访问模式"和"局域网访问模式"的客户端数据处理软件。该软件系统不仅可以运行在远程控制终端，也可以无须联网直接运行在数据采集现场的 PC 机上。在"互联网访问模式"下，软件通过 GPRS 网络和 Internt 网络实现与服务器的自动连接、远程数据库的自动访问、数据包解析、数据处理、图形及数字显示、风速廓线和风沙流结构曲线自动绘制、数据库建立和曲线拟合等功能；在"局域网访问模式"中，软件系统与 PC 机共同代替汇聚节点的功能，采用带 USB 接口的无线模块以串口通信实现星型网络的自组网功能及数据处理功能。

9.1　软件结构设计

该系统的软件部分主要由运行在服务器端的数据库访问及数据发送软件和运行在客户端的风蚀数据处理软件组成；其中，服务器端软件仅完成数据库的访问、检测及远程数据发送等功能。软件结构如图 9.1 所示。

9.2　服务器数据访问软件

运行在远程服务器上的 GPRS 数据中心采用 UDP 通信协议与各监测区域内的 ZT2000W 模块进行通信，接收到的数据包被存储至一个名为 dsc.mdb 的 ACCESS 数据库中。在此，我们按照软件要求在该数据库中建立了一个名为 dtu_recv 的数据表，表中有 11 个字段，其中 dtu_name 用来存储无线模块的设备识别码（一般为 SIM 卡号），data_length 用来存储数据包长度，data_time 用来存储数据采集时间，data 用来存储接收到的数据包。服务器数据表格如图 9.2 所示。

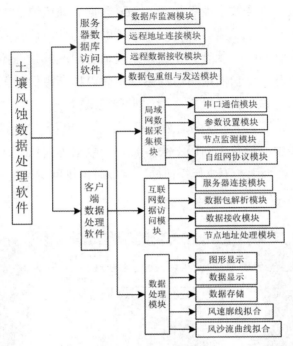

图 9.1 系统软件结构

id	dtu_name	data_type	data_leng	data_time	data_id	data	status	data_inde	data_offs	type
4722	18248103690	0	56	2016/3/13 20:46:40	4	长二进制数据	0	-1	0	0
4723	18248103690	0	56	2016/3/13 20:47:30	5	长二进制数据	0	-1	0	0
4724	18248103690	0	56	2016/3/13 20:48:20	6	长二进制数据	0	-1	0	0
4725	18248103690	0	56	2016/3/13 20:49:10	7	长二进制数据	0	-1	0	0
4726	18248103690	0	56	2016/3/13 20:50:00	9	长二进制数据	0	-1	0	0
4727	18248103690	0	56	2016/3/13 20:50:52	10	长二进制数据	0	-1	0	0
4728	18248103690	0	56	2016/3/13 20:51:40	11	长二进制数据	0	-1	0	0
4729	18248103690	0	56	2016/3/13 20:53:20	13	长二进制数据	0	-1	0	0
4730	18248103690	0	56	2016/3/13 20:54:10	14	长二进制数据	0	-1	0	0
4731	18248103690	0	56	2016/3/13 20:55:00	15	长二进制数据	0	-1	0	0
* (新建)		0	0		0		0	-1	0	0

图 9.2 服务器数据库表格

为实时、准确地监测各被测区域内土壤风蚀信息的变化情况，编写了数据库访问和数据发送软件，对数据库内容进行监测，一旦发现数据更新就自动读取数据，将设备识别码、采集时间和接收到的数据包按照如下格式重新打包，并以 UDP 通信方式将数据包发送至远程客户端。数据格式如下：

KKAA 设备识别码 AA 采集时间 AA 数据 AAMM

其中，KK 和 MM 为数据包的开始与结束符，AA 为各数据域的分隔符，便于客户端对数据包进行拆分、处理。服务器数据库访问软件界面和程序框图分别如图 9.3 和图 9.4 所示。

由图 9.4 可知，程序首先通过设置的 IP 地址和端口信息实现与远程客户端计算机建立连接，打开数据库中的 dtu_recv 数据表并读取表中的记录行数，存储到"当前记录数"中。然后执行顺序结构的第二帧，该帧由两个无限循环组成，蓝色循环体每 500ms 执行一次，用来读取客户端发送的控制信息，由于该系统暂无控制部分，该功能用于后期系统扩展以控制摄像头等设备；红色循环体每 100ms 执行一次，读取数据表中的所有记录行数，并与"当前记录数"中的值进行比较，如果大于则认为有数据更新，立即更新"当前记录数"中的值，同时读取数据表中的设备识别码、采集时间和数据等信息，并添加包头、包尾和分隔符等信息，否则，不执行任何操作。最后，将重新打包好的数据通过"写入 UDP 数据"函数发送给远程客户端。

图 9.3　数据库访问软件界面

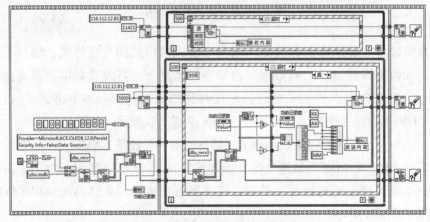

图 9.4　数据库访问软件程序框图

9.3　客户端数据处理软件设计

客户端数据处理软件是该系统的重要组成部分，采用模块化设计方法，将整个系统分成若干职能模块并独立设计，使系统运行更加稳定、可靠，并便于功能扩展。软件部分由主函数和分别负责网络连接、数据库操作、数据分析、曲线拟合、集沙量处理、风速校准等功能的 26 个子函数组成。

9.3.1　软件人机交互界面设计

该数据处理软件可通过切换"互联网访问模式"和"局域网访问模式"的方法来实现远程数据监测和现场数据采集等功能。软件界面主要由 5 个面板组成，分别用来实现参数设置、风速廓线显示、风沙流结构曲线显示、风蚀信息显示及拟合方程等。数据处理软件的显示界面如图 9.5 和图 9.6 所示。

"参数配置"面板主要完成与数据处理相关的各项参数的配置，如：网络传输方式，监测区域选择（输入或选择被测区域的设备标识码），风速廓线节点和集沙量节点上各传感器距地面的高度，风速廓线和风沙流结构曲线的拟合方式等。在"局域网传输"模式下，软件根据参数配置信息，运行自组网通信协议，并完成网络的建立和数据处理等；在"互联网传输"模式下，软件根据从服务器上读取的数据信息自动提取被测区域中的所有节点的"节点地址"，并根据数据类型信息自动设置"风速测点数"和"集沙量测点数"等参数。该系统可同时实现 6 路风速廓线的绘制与显示，并根据底层网络中采集节点的个数及地址信息，将风速廓线依次显示在相应的显示通道中。"多点风速廓线图"面板（图9.6）主要完成对网络中各风速廓线节点采集到的风速、温度、湿度、大气压力等数据以及风速廓线的动态显示，并给出拟合方程，以便于观察被测区域内不同位置处近地表风速变化规律。

与图 9.5 和图 9.6 相同，在图 9.7 中所显示的内容为相应的风沙流结构信息，由于实验过程中风速和风蚀量的监测是同时进行的且两个节点相距较近，环境温湿度和大气压力变化不大，因此集沙仪采集节点仅负责采集 8 路风蚀量数据。同时，考虑到系统后期将增加植被覆盖度、降雨量、蒸发量、土壤湿度等参数的采集功能，软件设计时预留部分了参数显示区域。

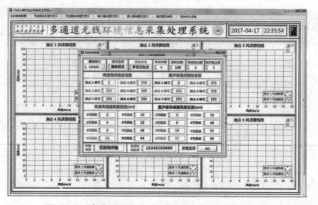

图 9.5　参数配置及多点风速廓线显示界面

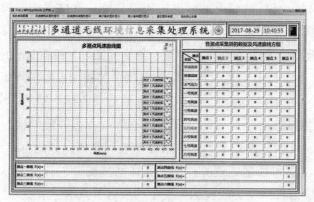

图 9.6　风蚀数据显示及曲线拟合界面

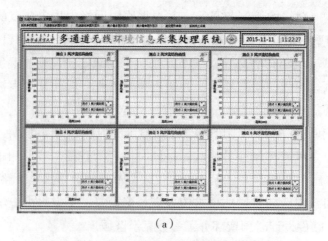

（a）

图 9.7　风沙流结构曲线及参数显示界面

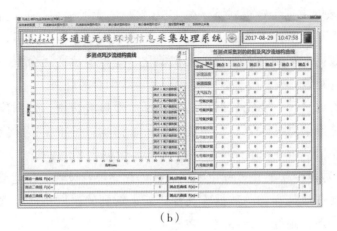

（b）

图 9.7（续）

9.3.2　软件程序设计

软件部分主要包括局域网数据采集模块、互联网数据访问模块和数据处理模块等 3 大部分。软件集成了自组网通信协议和 UDP 网络通信协议，实现了底层无线网络的自组网功能和远程服务器数据访问功能；在数据处理模块中实现了采集节点的监控、数据的处理与显示、曲线拟合及数据存储等功能。

数据处理软件程序设计如图 9.8 所示。

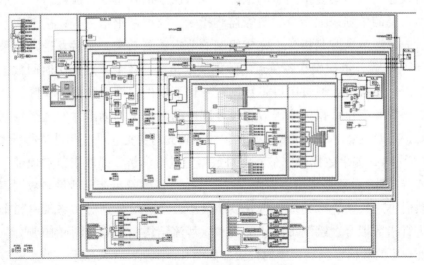

图 9.8　数据处理软件程序框图

① 在局域网数据传输模式下，带 USB 接口的无线模块与 PC 机共同完成网络传输模式下汇聚节点的功能。软件部分在完成相关参数配置后，首先完成串口初始化、数据库初始化、地址队列初始化、节点显示通道分配、自组网指令合成、数据包处理分析、数据处理显示以及曲线拟合等任务。

串口初始化过程主要完成通信端口选择、串口波特率、数据位数、奇偶校验位、停止位等信息的设置。本系统的串行通信端口可根据实际应用通过下拉选项自由配置（图 9.5），串口波特率为 9600，数据为 8 位数据、无奇偶校验位、1 个停止位。数据库初始化过程主要完成数据存储位置设置、新建或选择数据库文件等。如果选择已存在的数据库文件，新采集到的数据将从数据库内原有数据记录的下一条记录处开始存储。在地址队列初始化过程中，软件首先根据参数配置中的"风速测点地址"和"集沙量测点地址"分别计算出风速测点和集沙量测点的个数，并将所有节点地址存入地址队列中，根据测点个数和地址大小给各测点分配数据显示通道号。

该软件系统可同时实现 6 个风速廓线测点和 6 个风沙流结构测点的实时数据处理与显示功能，两者的通道号均为 1～6，系统根据数据类型区分风速廓线和风沙流结构曲线的显示位置；系统根据用户在参数配置界面内输入的测点编号与测点地址间的对应关系为各测点分配显示通道（如：风速测点 1 的编号为 23，则地址为 23 的测点对应显示通道 1）；为了实现自组网功能，软件系统将所有风速测点和集沙量测点的地址信息依次添加到指令合成数组中，形成自组网所需要的数据采集指令、节点监测指令、数据请求指令等；接下来，软件系统首先发送节点监测指令以完成组网的节点监测功能，然后发送数据采集指令，等待 5s 后，依次发送各节点的数据请求指令，各个节点依次返回数据包至中心节点，中心节点通过串口将数据包发送至软件内部的数据缓存区，最后串口监测函数和串口数据读取函数将缓存区内的数据全部读出并发送至数据包处理单元。数据包处理单元接收到数据包后，首先对数据包的完整性进行检测（如图 9.9 所示），如果数据包完整，则对数据包进行解析，提取出节点地址（图中的传感器序号）、信号类型、温度、湿度、大气压力及风速（沙量）数据组等信息；然后再对数据进行处理分析并按照最小二乘法对分别对 8 路风速和集沙量数据进行指数拟合，绘制出风速廓线和风沙流结构曲线（如图 9.10 所示）；最后将处理后的数据显示到相应的位置，如图 9.6 和 9.7（b）所示。

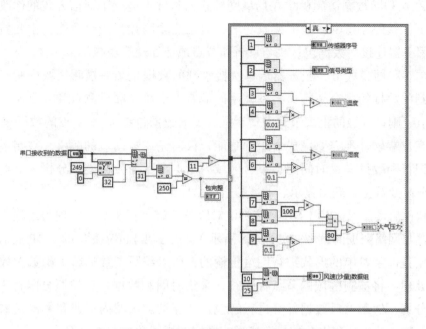

图 9.9 数据完整性检测与解析函数

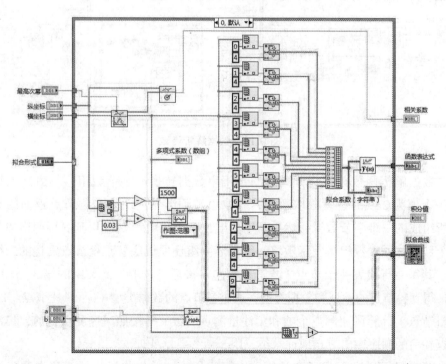

图 9.10 曲线拟合函数

② 互联网数据访问模块在局域网模式的基础上进行了通信方式的修改。该模式下，软件停止串口数据接收功能，启用互联网数据接收功能，主要新增了远程服务器连接、数据包接收与解析和节点地址处理等功能。

在互联网模式下，服务器端单次接收到的数据是某一被测区域内所有测点采集到的数据的集合（例如某一被测区域有6个风速廓形测点和6个风沙流结构测点，则该区域的汇聚节点发送至服务器的数据包是12个测点的数据集合），因此客户端软件不需要完成自组网功能，仅需完成数据包的解析、被测区域节点标识符和数据采集时间的提取、区域内测点个数与数据类型分析、节点显示通道分配及数据处理与显示、曲线拟合等功能。

软件启动后，采用UDP通信协议对服务器端进行监听，实现与远程服务器的连接与网络数据的读取（如图9.8所示），由于在LabVIEW的UDP通信过程中数据是以字符串的形式进行网络传输的，所以编写了数据解析函数对数据包进行处理，将被测区域的节点标识符、采集时间和数据信息按照分隔符（AA）进行分解，然后再对数据部分进行解包，计算被测区域内风速和集沙量采集节点的个数，并为各测点分配显示通道。数据解析函数如图9.11所示。

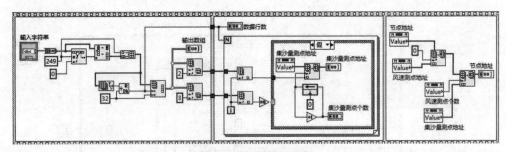

图 9.11 数据解析函数

数据解析函数首先将分离后的字符串数据转换成字节数组，然后从数组中第一个值为249的位置截取数组，获取由被测区域内所有采集节点返回的数据包所组成的一维字节数据。然后，用数组长度（N）除以28得到底层网络中的节点个数，并通过数组重组函数将一维字节数组还原成底层汇聚节点发送的二维数组，其每一行代表一个节点采集的数据包。最后，读取二维数组的第3列和第4列，得到各节点的地址和数据类型，通过各节点的数据类型（0：风速节点。1：集沙量节点）计算风速测点个数和集沙量测点个数，并按照风速测点在前，集沙量测点在后的顺序输出节点地址数组，用于后续数据处理。

节点显示通道分配函数同局域网模式相同，首先将所有风速测点和集沙量测点的地址按照从小到大的顺序进行排列，然后将 1～6 个显示通道对应分配给各个测点。

③ 数据处理模块是该软件系统的关键部分，负责对从网络或者本地局域网获取的各个测点的数据进行处理与分析，采用最小二乘法实现风速廓线及风沙流结构曲线的拟合与绘制，数据采集时间、环境温湿度、大气压力、8 通道风速和集沙量数据的显示及存储等功能：a. 根据采集节点数据包的格式完成温度、湿度、大气压力等数据的提取、重组与显示，风速、集沙量等参数的数据转换、标定和校正等，如图 9.12 所示；b. 根据采集的风速和集沙量数据，结合传感器的高度信息，采用最小二乘法完成风速廓线和风沙流结构曲线的拟合及参数方程的计算，如图 9.13 所示；c. 将处理完的数据按如下格式重新打包并存储到以自定义或以 GPRS 模块的设备识别码和时间命名的本地数据库中。

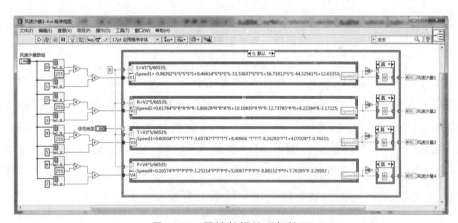

图 9.12　风蚀数据处理与校正

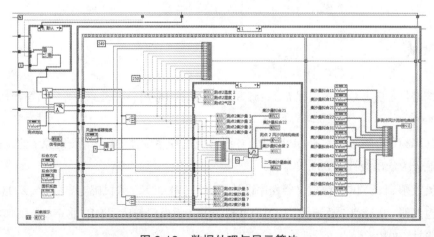

图 9.13　数据处理与显示算法

数据在本地数据库中的存储格式如下：

日期 时间 包头 节点地址 信号类型 温度 湿度 大气压力 8路数据 包尾

数据库存储格式图 9.14 所示。

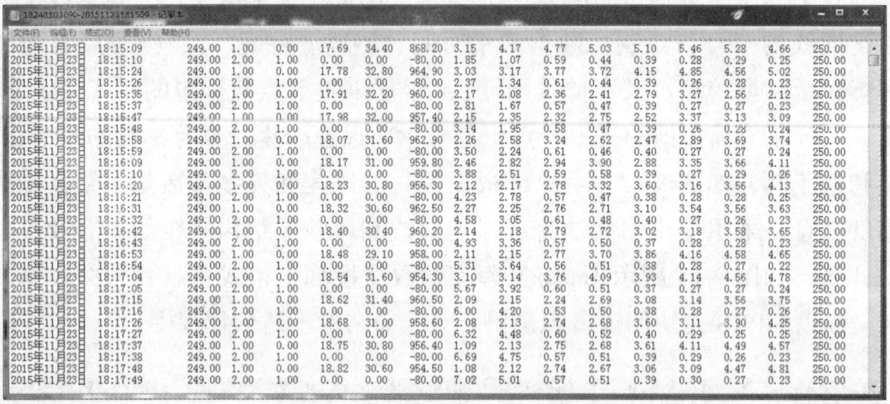

2015年11月23日	18:15:09	249.00	1.00	0.00	17.69	34.40	868.20	3.15	4.17	4.77	5.03	5.10	5.46	5.28	4.66	250.00
2015年11月23日	18:15:10	249.00	2.00	1.00	0.00	0.00	-80.00	1.85	1.07	0.59	0.44	0.39	0.28	0.29	0.25	250.00
2015年11月23日	18:15:24	249.00	1.00	0.00	17.78	32.80	964.90	3.03	3.17	3.77	3.72	4.15	4.85	4.56	5.02	250.00
2015年11月23日	18:15:26	249.00	2.00	1.00	0.00	0.00	-80.00	2.37	1.34	0.61	0.44	0.39	0.26	0.28	0.23	250.00
2015年11月23日	18:15:35	249.00	1.00	0.00	17.91	32.20	960.00	2.17	2.08	2.36	2.41	2.79	3.27	2.56	2.12	250.00
2015年11月23日	18:15:37	249.00	2.00	1.00	0.00	0.00	-80.00	2.81	1.67	0.57	0.47	0.39	0.27	0.27	0.23	250.00
2015年11月23日	18:15:47	249.00	1.00	0.00	17.98	32.00	957.40	2.15	2.35	2.32	2.75	2.52	3.37	3.13	3.09	250.00
2015年11月23日	18:15:48	249.00	2.00	1.00	0.00	0.00	-80.00	3.14	1.95	0.58	0.47	0.39	0.26	0.28	0.24	250.00
2015年11月23日	18:15:58	249.00	1.00	0.00	18.07	31.60	962.90	2.26	2.58	3.24	2.62	2.47	2.89	3.69	3.74	250.00
2015年11月23日	18:15:59	249.00	2.00	1.00	0.00	0.00	-80.00	3.50	2.24	0.61	0.46	0.40	0.27	0.27	0.24	250.00
2015年11月23日	18:16:09	249.00	1.00	0.00	18.17	31.00	959.80	2.46	2.82	2.94	3.90	2.88	3.35	3.66	4.11	250.00
2015年11月23日	18:16:10	249.00	2.00	1.00	0.00	0.00	-80.00	3.88	2.51	0.59	0.58	0.39	0.27	0.29	0.26	250.00
2015年11月23日	18:16:20	249.00	1.00	0.00	18.23	30.80	956.30	2.12	2.17	2.78	3.32	3.60	3.16	3.56	4.13	250.00
2015年11月23日	18:16:21	249.00	2.00	1.00	0.00	0.00	-80.00	4.23	2.78	0.57	0.47	0.38	0.28	0.28	0.25	250.00
2015年11月23日	18:16:31	249.00	1.00	0.00	18.32	30.60	962.50	2.27	2.25	2.76	2.71	3.10	3.54	3.56	3.63	250.00
2015年11月23日	18:16:32	249.00	2.00	1.00	0.00	0.00	-80.00	4.58	3.05	0.61	0.48	0.40	0.27	0.26	0.23	250.00
2015年11月23日	18:16:42	249.00	1.00	0.00	18.40	30.40	960.20	2.14	2.18	2.79	2.72	3.02	3.18	3.58	3.65	250.00
2015年11月23日	18:16:43	249.00	2.00	1.00	0.00	0.00	-80.00	4.93	3.36	0.57	0.50	0.37	0.28	0.28	0.23	250.00
2015年11月23日	18:16:53	249.00	1.00	0.00	18.48	29.10	958.00	2.11	2.15	2.77	3.70	3.86	4.16	4.58	4.65	250.00
2015年11月23日	18:16:54	249.00	2.00	1.00	0.00	0.00	-80.00	5.31	3.64	0.56	0.51	0.38	0.28	0.27	0.22	250.00
2015年11月23日	18:17:04	249.00	1.00	0.00	18.54	31.60	954.30	3.10	3.14	3.76	4.09	3.93	4.14	4.56	4.78	250.00
2015年11月23日	18:17:05	249.00	2.00	1.00	0.00	0.00	-80.00	5.67	3.92	0.60	0.51	0.37	0.27	0.27	0.24	250.00
2015年11月23日	18:17:15	249.00	1.00	0.00	18.62	31.40	960.50	2.09	2.15	2.24	2.69	3.08	3.14	3.56	3.75	250.00
2015年11月23日	18:17:16	249.00	2.00	1.00	0.00	0.00	-80.00	6.00	4.20	0.53	0.50	0.38	0.28	0.27	0.26	250.00
2015年11月23日	18:17:26	249.00	1.00	0.00	18.68	31.00	958.60	2.08	2.13	2.74	2.68	3.60	3.11	3.90	4.25	250.00
2015年11月23日	18:17:27	249.00	2.00	1.00	0.00	0.00	-80.00	6.32	4.48	0.60	0.52	0.40	0.29	0.25	0.25	250.00
2015年11月23日	18:17:37	249.00	1.00	0.00	18.75	30.80	956.40	1.09	2.13	2.75	2.68	3.61	4.11	4.49	4.57	250.00
2015年11月23日	18:17:38	249.00	2.00	1.00	0.00	0.00	-80.00	6.69	4.75	0.57	0.51	0.39	0.29	0.26	0.23	250.00
2015年11月23日	18:17:48	249.00	1.00	0.00	18.82	30.60	954.50	1.08	2.12	2.74	2.67	3.06	3.09	4.47	4.81	250.00
2015年11月23日	18:17:49	249.00	2.00	1.00	0.00	0.00	-80.00	7.02	5.01	0.57	0.51	0.39	0.30	0.27	0.23	250.00

图 9.14　本地数据库存储格式

另外，该土壤风蚀监测系统可实现多个被测区域的实时监测，各被测区域内的 GPRS 模块可同时与 GPRS 数据中心建立连接并完成数据传输；服务器上的数据访问软件一旦监测到数据更新，就将数据发送至客户端数据处理软件；客户端软件在每次启动后，对收到的数据包进行解包、分析与处理，并根据 GPRS 设备识别码和首次接收时间建立数据库存储文件（图 9.14），后续接收到的同一监测区域的数据将被存储到该文件中，直至软件系统关闭。

参考文献

[1] 张培仁 . 基于 C 语言编程 MCS-51 单片机原理与应用 [M]. 北京：清华大学出版社，2003.

[2] 马忠梅，籍顺心，张凯 . 单片机的 C 语言应用程序设计 [M]. 3 版 . 北京：北京航空航天大学出版社，2003.

[3] 吴成东 . LabVIEW 虚拟仪器程序设计及应用 [M]. 北京：人民邮电出版社，2008.

[4] 岂兴明，周建兴，矫津毅 . LabVIEW8. 2 中文版入门与典型 [M]. 北京：人民邮电出版社，2010.

[5] 龙华伟, 顾永刚. LabVIEW8. 2. 1 与 DAQ 数据采集 [M]. 北京 : 清华大学出版社, 2008.

[6] 高鸿飞. 基于总重检测的粮食循环干燥水分在线测控系统的研究 [D]. 长春 : 吉林大学, 2014.

[7] 莫小锦. 基于无线传感网络的智能会所温湿度监控系统 [D]. 南京 : 南京理工大学, 2012.

[8] 刘立果, 张学军, 刘超山, 等. 基于 LabVIEW 的红枣干燥机控制系统的设计 [J]. 农机化研究, 2017 (5): 264–268.

[9] 张国明. 无线传感网络系统设计与研究 [D]. 北京 : 北京理工大学, 2016.

第10章 土壤风蚀监测系统性能验证

10.1 无线传输性能测试

10.1.1 无线传输距离测试

无线传输模块在投入使用之前需要对其稳定性进行检测，测试网络由一个中心节点和多个采集节点组成。所有节点由 PC 机和带 USB 转换接口的无线模块组成，均使用 63mm 长的收发胶棒天线进行数据传输。分别进行室内连续不间断测试、室外传输距离与透传能力测试和野外无线传输稳定性测试，如图 10.1 所示。

图 10.1 性能测试

① 室内连续不间断测试。测试地点为内蒙古农业大学工科楼，环境温度分别为 21.2℃、21℃、20℃，中心节点与采集节点之间的距离分别为 4m、10m、90m（相距 10m 和 90m 的距离中有两堵墙体），测试历时分别为 7h、6.5h、1h。测试过程中始终保证天线方向与地面垂直向上，串口波特率为 9600，中心节点发送数据周期为 2000ms。测试时，将所有节点的串口打开，中心节点设置为自动发送数据。结果发现，在 20℃ 左右的室内环境中，无线模块可在 90m 内进行透穿传输，具有良好的抗干扰能力和绕射能力。

② 室外传输距离与透传能力测试。测试地点为内蒙古农业大学西校区，直

线可视距离均在 400m 以上，环境温度分别为 −9℃和 −3℃。测试时，中心节点的无线传输模块通过 USB 接口与一号 PC 机连接，天线距地面高度 0.9m，采集节点的无线模块通过 USB 接口与二号 PC 机连接，天线距地面高度 1.2m，天线方向均垂直地面向上。结果发现，在零度以下空旷的室外环境中，无线传输模块具有良好的传输能力，符合该系统野外工作的条件。

③野外无线传输稳定性测试。测试地点为内蒙古自治区乌兰察布市四子王旗天然草地，环境温度为 15℃。测试过程中，中心节点的无线传输模块通过 USB 接口与 PC 机连接，天线垂直距地面 1m 高处；采集节点置于草地中，天线垂直地面距地面高度分别为 0.7m 和 1.2m。保持数据采集端位置不变，仅改变接收端的位置，发送与接收功率均设置为 +20dBm，同时开启软件码纠错机制，测试在不同空中传输速率下的有效无线数据传输距离；分别设置无线空中传输速率为 2kbps、10kbps、25kbps 和 50kbps，数据发送端每 1s 发送 1 个大小为 28 字节的数据包，接收端分别在距离数据发送端为 10m、20m、30m、40m……处接收数据，每个测点处连续采集 100s，记录接收到的数据包个数，并计算出各位置处的丢包率，结果如图 10.2 所示。

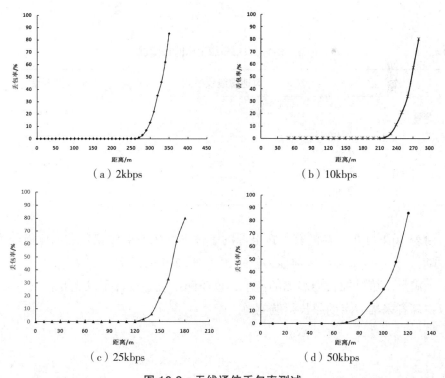

图 10.2 无线通信丢包率测试

结果表明，无线模块的丢包率随传输距离的增加面增加，其稳定传输距离随空中传输速率的增大而减小。在 4 种不同空中传输速率下，零丢包率的最大通信距离分别为 260m、210m、125m 和 65m。

10.1.2　采集节点续航能力测试

网络中的所有采集节点统一采用 3000mAh、12V 锂电池为系统供电，风速廓线仪采用的热敏式风速传感器功耗较大，集沙仪采用的称重传感器功耗较小，对两种节点在无外接电源条件下的续航能力进行了测试。

在实验室条件下，采用局域网数据传输模式搭建测试网络，由一个集沙仪节点、一个风速廓线仪节点和一个中心汇聚节点组成。设置所有无线模块工作在 470MHz 频带下，空中传输速率为 10kbps，发射功率调至最大，并开启包完整监测和载波监听。测试时，保证蓄电池电量充足，且保持所有节点始终处于正常工作模式下（功耗最大），并采用带 USB 接口的无线模块直接与 PC 机连接并作为汇聚节点。系统运行后，保持运行状态直至节点自动停止数据传输，然后通过查询数据库内容的方式获得节点正常工作时长，测试结果如表 10.1 所示。

表 10.1　采集节点工作时长测试

次　数	风速廓线仪节点	集沙仪节点
1	6.9 h	22.6 h
2	7.1 h	24.4 h
3	7.3 h	22.8 h
平均值	7.1 h	22.6 h

由表 10.1 可知，在没有外接电源的条件下，风速廓线仪节点的续航能力达 7.1 小时，集沙仪节点的续航能力较强，达到 22 小时以上。

为满足土壤风蚀长期观测的需求，该监测系统还设计了风光互补供电接口，可以提高各采集节点的超长续航能力。

10.2　风蚀监测系统测试

10.2.1　局域网组网采集测试

在局域网数据访问模式下，采用 USB 无线数据收发模块和 PC 机代替数据汇聚节点，LabVIEW 数据处理软件客户端运行自组网程序，实现对网络中各数据采集节点的控制与数据的直接汇聚。

测试时，底层网络中包含一个风速廓线采集节点和一个集沙量采集节点，分别将 20g、10g、5g、2g、2g、1g、0.5g 和 0.2g 等 8 种 F2 标准砝码置于集沙仪 8 个集沙盒内以便于测试集沙仪的测量精度。并采用小风机对 8 路风速传感器进行分别测试，以判断各传感器的工作状态。测试环境温度为 16.5℃，系统连续运行 3 小时，以测试系统运行的稳定性。测试结果如图 10.3 所示。

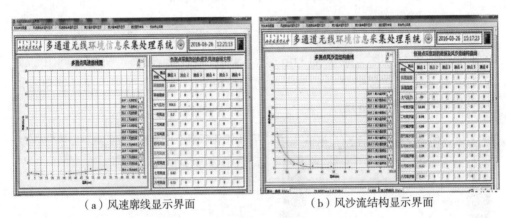

（a）风速廓线显示界面　　　　　　（b）风沙流结构显示界面

图 10.3　局域网数据传输网络测试结果

结果显示，在局域网数据访问模式，土壤风蚀监测系统的运行状态良好，实现了节点的自组网、数据同步采集和无线数据传输与实时处理功能。采集节点实现了温度、湿度、大气压力、8 通道风速和集沙量等数据的自动采集、无线传输与实时处理等功能，实时绘制了近地表风速廓线和风沙流结构曲线，并给出相关拟合方程。其中，7 号和 8 号传感器采集的是风机在该测点处产生的风速，在无风状态下，1 号传感器输出误差为 0.2m/s，2 ～ 6 号传感器的输出为零；8 路称重传感器的最大误差小于 ± 0.02g。

10.2.2 互联网组网采集测试

在互联网数据访问模式下，底层网络节点的组成及实验方法与局域网数据访问模式相同。由于中心数据汇聚节点采用 STC12C5A60S2 单片机和无线收发模块设计制作，而 GPRS 模块采用 RS232 接口与单片机通信，因此需要增加 TTL 转 RS232 数据线来实现中心汇聚节点与 GPRS 数据传输模块间的通信，如图 10.4 所示。

图 10.4　中心汇聚节点测试电路

测试时，由于实验室的计算机采用"自动获取 IP"方式联网，每次开机后 IP 地址均不一样，因此需要通 http : //www.ip138.com/ 查询本机的公网 IP，并将该 IP 输入运行在服务器上的数据库访问软件中，从而实现客户端计算机与服务器的连接，如图 10.5 所示。

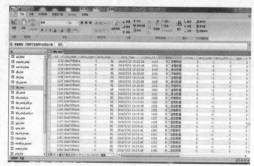

（a）GPRS 数据中心连接测试　　　　　　（b）数据库连接与存储测试

图 10.5　服务器数据连接测试

服务器端的数据中心软件与底层 GPRS 模块成功建立连接，并将两个采集节点发送的长度为 56 字节的数据包存储至数据库中。表明该土壤风蚀监测系统实现了被测区域内各采集节点的自组网数据采集、处理及无线传输，并实现了底层网络与远程服务器间的远距离数据传输，为实现跨区域、大尺度的土壤风蚀监测系统奠定了基础。

10.3　野外实验及数据分析

在系统投入使用前，需要通过野外试验的方法来验证研制的无线风速廓线仪、多通道集沙仪及土壤风蚀监测系统是否满足野外风蚀研究的需求。分别在不同农田和草地上对仪器和系统的运行状态及工作性能进行试验测试，通过分析不同地表下系统获得的风速廓线和风沙流结构等验证系统工作的可靠性及稳定性。

10.3.1　试验区域概况及实验方法

试验地点位于内蒙古自治区四子王旗，海拔高度 1000～2100m，地形以丘陵为主，属于典型的农牧交错区。全旗平均年降水量在 110～350mm，且时空分布极不均匀，地表植被稀疏，年蒸发量高达 1600～2400mm。主要分布土壤为栗钙土、灰褐土，有机质平均含量为 1%～3%。由于常年受季风影响，大风、强风持续时间较长，特别在冬春季节，土壤风蚀相当剧烈，部分地表已严重沙化。试验区地表状况如图 10.6 所示。

（a）退化草地　　　　（b）灌草带状修复草地　　　　（c）传统秋翻地

图 10.6　试验区地表状况

根据试验需要，在四子王旗查干补力格苏木格日乐图雅嘎查建立的专科研基地中，通过网围封育、喷播、灌草带状配置等措施对退化草原植被进行恢复，为试验研究提供了多种不同地表覆盖度的试验区块和多种不同工程尺度（带宽、带高、密度及带间距）的灌草带状修复草地。另外，该地区在春季拥有大量的秋翻农田地表，为进行土壤风蚀试验提供了有利条件，可用来对土壤风蚀监测系统的野外工作性能进行综合测试（图10.7）。

图 10.7　不同地表测试图

　　试验过程中，为使各条件下的实验数据具有可比性，将距离地面2m高处的某一瞬时风速设定为参考风速，并根据实验环境情况，选取草原地表测试时的参考风速为7.5m/s，灌草带状修复地表的参考风速为5m/s；数据处理时，将不同地表下、2m高处的瞬时风速达到参考风速时采集到的数据进行对比分析，在研制系统工作状态的同时对不同地表的抗风蚀能力进行简单研究。

10.3.2　不同植被覆盖度的草原地表测试

　　地表植被盖度的抗风蚀机理是通过改变地表粗糙来影响近地表风速廓线，进而表现为土壤风蚀能力减弱，是反映土壤抗风蚀能力的一个重要指标。研究表明：随着植被覆盖度的增加，地表粗糙度增大，对近地表气流的阻力作用增强，使得地表风速大幅下降，进而改变了近地表风速廓线。地表植被覆盖度越高，对近地表风速的削弱能力越强，地表的抗风蚀能力就越强。Wasson 和 Nanninga 的研究表明，当植被覆盖率达到35% ～ 40%，土壤风蚀基本不发生。Van den Ven 等的研究表明，即使是很少的植被覆盖也可以有效减少土壤风蚀的发生。Wolfe 等研究认为植被覆盖能提高地表空气动力学粗糙度、降低风速和阻挡沙尘，对地表起到保护作用。董治宝等通过风洞研究发现，随着植被覆盖度的增加，土壤风蚀率急剧下降。

　　采用风速廓线仪对不同植被覆盖度下的草原地表进行研究，并对测得的风速数据和风速廓线进行对比与分析，一方面判断风速廓线仪能否正确反映不同地表状况下的近地表风速廓线，另一方面通过对比距地表2cm和64cm高度处的风速，判断不同植被覆盖度下的地表对风速的削弱能力，进而判断地表的抗风蚀能力。

选择植被覆盖度分别为 80% ~ 90%、30% ~ 40%、15% ~ 20% 和小于 5% 的 4 种不同草原地表作为实验对象，研究植被覆盖度对近地表风速廓线的影响，并验证风速廓线仪的工作性能。实验时，被测区域环境温度 13.7℃，湿度 23.6%，大气压力 852hpa，最大风速 9.39m/s，最小风速 1.14m/s；保持风速廓线仪最下方风速传感器距离地表高度 2cm。实验数据及其近地表风速廓线分别如表 10.2 和图 10.8 所示。

表 10.2　不同植被覆盖度的草原地表的实验数据（m/s）

传感器高度 （cm）	不同地表覆盖度的草原地表			
	80%-90%	30%-40%	15%-20%	< 5%
64	7.22	7.43	7.28	7.36
45	6.15	6.37	6.24	6.52
32	4.53	4.81	5.06	5.54
23	2.89	3.42	3.75	4.39
16	2.05	2.28	2.69	3.77
8	1.22	1.43	1.68	2.84
4	0.91	0.98	1.16	2.17
2	0.75	0.84	0.96	1.94

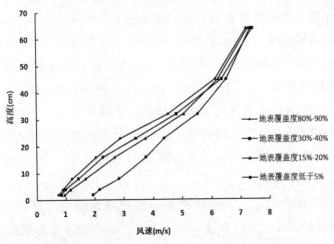

图 10.8　不同植被覆盖度的草原地表风速廓线

对于植被覆盖度分别为 80%～90%、30%～40%、15%～20% 和小于 5% 的地表，距离地表 2cm 处的风速相较 64cm 处的风速降低幅度分别为 89.6%、88.7%、86.8% 和 73.6%。当地表覆盖度小于 5% 时，风速廓线变化最缓慢，降速幅度最小，抗风蚀能力最弱；当地表覆盖度为 80%～90% 时，风速廓线变化最明显，降速幅度最大，抗风蚀能力最强。植被覆盖度在 15%～20% 以上的地表对风速廓线的影响呈现出相对比较稳定且逐渐接近于某一特定曲线的规律。

研究结果符合 Van den Ven 和董治宝分别提出的"即使植被覆盖度较低的地表也可有效减少土壤风蚀发生"与"随着植被覆盖度的增加，土壤风蚀率急剧下降"的实验结论，也为验证了所研制的风速廓线仪能够满足土壤风蚀研究的要求。

10.3.3 不同工程尺度的带状保护地表测试

灌草带状配置措施具有显著的防风固沙作用，是一种低成本高效益的退化草地植被快速修复方法。通过试验的方法研究灌草带的宽度、高度、密度以及配置方向等不同工程尺度对带间近地表风速廓线的影响，可对定量分析其抗风蚀能力和确定合理的灌草带间距提供必要的研究基础。

试验选择南北方向配置且密度相近，带间距为 6m，带宽为 1.5m，带高分别为 1.5m、0.7m 和 0.3m 等 3 种不同工程尺度的柠条带作为试验对象，研究带高对带间退化草地近地表风速廓线的影响。由于柠条带高对带间风速廓线的影响不同，因此，为便于进行对比，将距离地表 2cm 处风速与 2m 高处的参考风速（5m/s）进行比较，判断距柠条带不同位置处地表的抗风蚀能力。

被测区域环境温度 17.3℃，湿度 22.4%，大气压力 849hPa，最大风速 7.84m/s，最小风速 2.17m/s；试验时，对每种试验对象进行独立试验，分别选取距离灌草带内边缘 1m、2m、3m、4m、5m 和 6m 位置处且平行于保护带的 6 个测点，对各测点的风速数据进行采集；同时采集了无任何保护措施下的退化地表的风速廓线，与之形成对比，以分析带状配置修复措施对退化草地的保护作用。实验数据及带间近地表风速廓线分别如表 10.3 至表 10.5 和图 10.9 所示。

由表 10.3 至 10.5 可知，无保护措施的退化草地的风速降低幅度（距离地表 2cm 处的风速较之 2m 处的风速）为 66.4%。灌木带高度为 0.3m 时，距离灌木带内边缘 1～6m 处的风速降低幅度分别为 88.6%、86.2%、83.2%、81.6%、

78.8% 和 76.6%。灌木带高度为 0.7m 时，各测点处的风速降低幅度分别为 89.2%、88.2%、86.4%、84.8%、82.6% 和 80.4%。灌木带高度为 1.5m 时，各测点处的风速降低幅度分别为 90.4%、89.8%、89%、87.4%、85% 和 82.6%。

表 10.3　灌木带高 0.3m 时的带间风速廓线实验数据（m/s）

| 传感器高度（cm） | 风速廓线仪距柠条带距离（m） | | | | | | 退化草原 |
	1	2	3	4	5	6	
64	3.25	3.45	3.53	3.58	3.63	3.62	3.69
45	2.48	2.67	2.85	2.97	3.13	3.22	3.34
32	1.54	1.78	2.09	2.33	2.53	2.83	2.94
23	1.21	1.33	1.57	1.86	2.18	2.45	2.63
16	1.02	1.16	1.34	1.53	1.82	2.08	2.34
8	0.74	0.87	1.06	1.19	1.42	1.59	2.02
4	0.65	0.75	0.93	1.04	1.23	1.37	1.79
2	0.57	0.69	0.84	0.92	1.06	1.17	1.68

表 10.4　灌木带高 0.7m 时的带间风速廓线实验数据（m/s）

| 传感器高度（cm） | 风速廓线仪距柠条带距离（m） | | | | | | 退化草原 |
	1	2	3	4	5	6	
64	1.78	2.38	2.96	3.23	3.55	3.67	3.69
45	1.43	1.95	2.45	2.67	2.92	3.09	3.34
32	1.07	1.42	1.89	2.12	2.36	2.53	2.94
23	0.82	1.07	1.31	1.54	1.69	1.98	2.63
16	0.74	0.92	1.14	1.29	1.4	1.53	2.34
8	0.63	0.71	0.84	0.95	1.12	1.25	2.02
4	0.57	0.62	0.73	0.81	0.94	1.05	1.79
2	0.54	0.59	0.68	0.76	0.87	0.98	1.68

表 10.5　灌木带高 1.5m 时的带间风速廓线实验数据（m/s）

传感器高度（cm）	风速廓线仪距柠条带距离（m）						退化草原
	1	2	3	4	5	6	
64	1.43	1.95	2.41	3.02	3.42	3.65	3.69
45	1.21	1.49	1.87	2.36	2.72	3.06	3.34
32	0.98	1.23	1.48	1.75	1.94	2.37	2.94
23	0.83	0.96	1.06	1.24	1.47	1.78	2.63
16	0.74	0.81	0.87	1.03	1.21	1.45	2.34
8	0.61	0.64	0.69	0.82	0.96	1.14	2.02
4	0.52	0.55	0.58	0.71	0.83	0.95	1.79
2	0.48	0.51	0.55	0.63	0.75	0.87	1.68

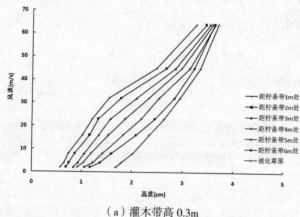

（a）灌木带高 0.3m

（b）灌木带高 0.7m

图 10.9　不同灌木带高下的带间风速廓线

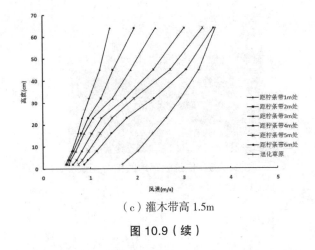

（c）灌木带高 1.5m

图 10.9（续）

由图 10.9 可知，0.3m 高的灌木带对带内地表粗糙度的影响较小，距灌木带 5m 和 6m 处的风速廓线变化趋势逐渐接近退化草原近地表风速廓线的变化趋势。当灌木带高度一定时，距灌木带越近，灌草带对风速廓线的影响越明显，近地表风速越小，地表抗风蚀能力越强。当测点距离一定时，灌木带越高，风速廓线的影响越明显，近地表风速越小，地表抗风蚀能力也越强。

由此可知，在灌木带宽、密度及配置方向不变的情况下，灌木带越高，带间地表粗糙度越大，近地表风速廓线变化越明显，带内地表抗风蚀能力越强，有效保护带间距越大。实验结果基本符合带状修复地表的风速变化规律，表明该风速廓线仪结构设计合理，工作性能稳定可靠，可应用于带状修复地表的土壤风蚀研究工作。

10.3.4　传统秋翻耕农田地表综合测试

选择传统秋翻耕农田地表对该监测系统在近地表的风速廓线和风蚀量进行实时组网测试。被测区域环境温度 15.3℃，湿度 21.4%，大气压力 875hPa，最大风速 11.5m/s，最小风速 1.8m/s。测试过程中，保持风速廓线仪最下方风速传感器和集沙仪最下方进风口均距地表 2cm 高，仪器间距 0.5m，避免仪器对周围风场品质的影响，影响测量结果的准确性。为了测试集沙仪能否正确测试近地表风沙流结构，保持系统连续工作 4.5h。实验如图 10.10 所示。

不同风速下系统测得的近地表风速廓线如图 10.11 所示。

图 10.10   传统秋翻地的综合测试

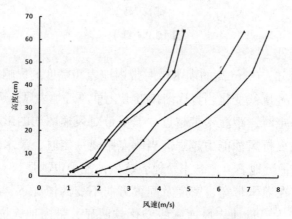

图 10.11   不同风速下的近地表风速廓线

由于单位时间内的土壤风蚀量较小，导致近地表风沙流结构曲线变化不明显；因此分别给出了集沙仪连续工作 1h、2h、3h、4h 和 5h 时各高度处的集沙量数据及变化曲线，分别如表 10.6 和图 10.12 所示。

表 10.6   不同工作时间下各高度处的集沙量数据（g）

传感器高度 （cm）	集沙量数据				
	1h 后	2h 后	3h 后	4h 后	5h 后
66	0.16	0.32	0.46	0.52	0.93
53	0.04	0.07	0.11	0.19	0.34
49	0.02	0.02	0.05	0.11	0.17
36	0.01	0.01	0.02	0.08	0.12
32	0	0.01	0.01	0.06	0.1

传感器高度（cm）	集沙量数据				
	1h 后	2h 后	3h 后	4h 后	5h 后
19	0	0	0.01	0.01	0.05
8	0	0	0	0.01	0.03
2	0	0	0	0	0.01

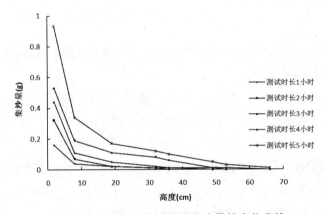

图 10.12　不同工作时间下集沙量的变化曲线

实验结果表明，该土壤风蚀监测系统实现了风速廓线仪和集沙仪的组网测量及数据的实时处理，得到的近地表风速廓线和集沙量数据基本能够正确反映近地表风速和风沙流结构的变化规律。从图 10.11 看出，由于地表对风速的影响，使得距地表 8cm 以下的风速变化趋势较为明显。随着环境风速的增大，近地表风速增大幅度较为明显，地表的抗风蚀能力较弱。从图 10.12 可知，近地表风沙流主要分布在距离地表 60cm 以内的高度上，在 5 个时间段内各高度处的集沙量不断增加，最下方集沙量变化比较明显。由 5 条曲线的变化趋势可以看出，风速越大，集沙量增加越快。

总之，对监测系统的局域网无线数据传输距离、风速传感器最大工作时间、节点续航能力等参数进行了测试验证，并分别在不同植被覆盖度的草地、不同带状修复的退化草原以及传统耕作农田等 3 种地表下对风速廓线仪、多通道集沙仪及土壤风蚀监测系统的运行状态及工作性能进行了测试。试验结果表明，在 10kbps 的空中传输速率下，底层星型无线传感网络的零丢包率数据传输距离达 200m 以上。风速廓线节点和集沙仪节点单次最大工作时长不低于 6h 和 22h。该风蚀监测系统实现了被测区域内各采集节点处的环境温度、湿度、大气压力、风速及集沙量等数据的自组网采集、处理与无线传输等功能，并得到了比较理想的近地表风速廓线、风沙流结构等，满足了大尺度、跨区域土壤风蚀同步研究的需求。

参考文献

[1] 赵永来.利用移动式风洞测试评估植被盖度对土壤风蚀的影响 [D].呼和浩特：内蒙古农业大学,2006:23-33.

[2] 臧英.保护性耕作防治土壤风蚀的试验研究 [D].北京：中国农业大学,2003:44-65.

[3] 尚润阳.地表覆盖对土壤风蚀影响机理及效应研究 [D].北京：北京林业大学,2007:13-45.

[4] 贺晶.草原植被防风固沙功能基线盖度研究 [D].北京：中国农业科学院,2014:36-39.

[5] 司志民,刘海洋,陈智,等.植被盖度和灌木带状配置对近地表风速廓线的影响 [J].农机化研究,2016(10):178-182.

[6] Wasson R J, Nanninga P M. Estimating wind transport of sand on vegetated surfaces[J]. Ear Surf ProcLandf, 1986 (11): 505-514.

[7] Vanden Ven T A M, Fryrear D W, Spaan W S. Vegetation characteristics and soil loss by wind[J]. J Soil Water Cons, 1989 (44): 347-349.

[8] Wolfe S A, Nickling W G. The protective role of sparse vegetation in wind erosion[J]. Progress in Physical Geography, 1993, 17(1): 50-68.

[9] 秦红灵,高旺盛,马月存,等.免耕条件下农田休闲期直立作物残茬对土壤风蚀的影响 [J].农业工程学报,2008,24(4):66-71.

[10] 孙悦超,麻硕士,陈智,等.阴山北麓干旱半干旱区地表土壤风蚀测试与分析 [J].农业工程学报,2007,27(12):1-5.

[11] 董治宝,陈渭南,李振山,等.植被对土壤风蚀影响作用的实验研究 [J].土壤侵蚀与水土保持学报,1996,2(2):1-8.

[12] 赵云,穆兴民,王飞,等.保护性耕作对农田土壤风蚀影响的室内风洞实验研究 [J].水土保持研究,2012,19(3):16-19.

附录

附录1 无线风速廓线仪程序设计

File 1. 程序头文件

```
/ ********************************************************************
; 文件名称: include.h
; 功能说明: 无线风蚀环境信息采集程序函数头文件
; 作者单位: 内蒙古农业大学机电工程学院
******************************************************************** /
#include "STC12C4052AD.h"          // 单片机头文件 – 必须包含
#include <intrins.h>               //KEIL 库函数 – 必须包含
#include "delay.h"                 // 自定义延时函数头文件 – 必须包含


#define  uchar unsigned char       // 宏定义
#define  uint unsigned int         // 宏定义
/ ****************** CD4051 多路模拟选择器通信端口定义 **************** /
sbit SECT_A = P1^2;                // 定义通讯时钟端口
sbit SECT_B = P1^1;                // 定义通讯时钟端口
sbit SECT_C = P1^0;                // 定义通讯时钟端口
/ ***************** SHT10 温湿度传感器通信端口定义 ***************** /
sbit SHT10_SCK = P3^3;             // 定义通讯时钟端口
sbit SHT10_DATA = P3^2;            // 定义通讯数据端口
/ ***************** BMP085 大气压力传感器通信端口定义 **************** /
sbit  BMP085_SCL = P3^4;           //IIC 时钟引脚定义
sbit  BMP085_SDA = P3^5;           //IIC 数据引脚定义
/ ****************** 无线传感器模块通信端口定义 **************** /
/ ******* SETA 和 SETB 均接地 ; AUX 接 P3^5;  TXD 接 P3^0;   RXD 接 P3^1 **** /
                                   //sbit  AUX=P3^7;
```

/ ********************** 模拟传感器模块通信端口定义 ********************** /
/ ********************** LTC1864 模数转化器通信端口定义 ****************** */
sbit AD_SDO = P1^6;   //IIC 数据引脚定义
sbit AD_SCK = P1^7;   //IIC 时钟引脚定义
sbit AD_CONV = P1^5;   // 启动转化引脚定义
/ *************************** 函数预定义 ************************** /
void ad_init();   //AD 模数转换器初始化
void Init_BMP085();   // 大气压力传感器初始化
void inint_ser();   // 串口通信初始化
void Timer0_init();   // 定时器 0 初始化
uint LTC1864_READ(void);   // 读取 AD 转换值函数
void s_connectionreset(void);   //SHT10 温湿度传感器启动连接函数
void bmp085Convert();   //BMP085 大气压力传感器数据转换函数
void select_number(unsigned char chn);   // 选择 AD 转换通道
char measure_temperature(unsigned char*p_checksum);   // 读取温度函数
char measure_humidity(unsigned char*p_checksum);   // 读取湿度函数
/ **************************** 结束 **************************** /

File 2. 延时头文件
/ ***
; 文件名称：delay.h
; 功能说明：延时函数头文件
; 作者单位：内蒙古农业大学机电工程学院
** /
#ifndef _DELAY_H
#define _DELAY_H
/ ********************** * 延时函数声明 ********************** /
void Delay4us();
void Delay5us();
void Delay5ms();
void DelayUs2x(unsigned char t);

```
void DelayMs(unsigned char t);
void DelayS(unsigned int t);
//void delay(unsigned int num);
void delay_bmp085(unsigned int k);


#endif
```
/ *****************************结束 ***************************** /

File 3. 延时程序设计

```
/ *********************************
; 文件名称：delay.c
; 功能说明：延时函数定义
; 作者单位：内蒙古农业大学机电工程学院
********************************* /
#include"delay.h"                    // 自定义函数头文件 – 必须包含
#include <intrins.h>
/ *********************************
; 模块名称：void Delay5us();
; 功能说明：延时 5 微秒
************************************************************** /
void Delay5us()                    // 晶振频率为 11.0592MHz
{
    unsigned char i;
    _nop_();
    _nop_();
    _nop_();
    i = 10;
    while (--i);
}
/ *********************************************************
; 模块名称：void Delay4us();
```

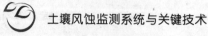
; 功能说明: 延时 5 微秒

** /

```c
void Delay4us()                          //@11.0592MHz
{
        unsigned char i;

        i = 8;
        while (--i);
}
/ **************************************************************

; 模块名称: void Delay5ms();
; 功能说明: 延时 5 毫秒
; 参数说明: t 设定延时时间长度
**************************************************************** /

```c
void Delay5ms()                          //@11.0592MHz
{
        unsigned char i, j;
        _nop_();
        _nop_();
        i = 54;
        j = 198;
        do
        {
                while (--j);
        } while (--i);
}
/ **************************************************************

; 模块名称: void DelayUs2x(unsigned char t)
; 功能说明: 延时
; 参数说明: t 设定延时时间长度
**************************************************************** /

```c
void DelayUs2x(unsigned char t)
```

```
{
    while(--t);
}
/*******************************************************************
; 模块名称 : void DelayMs(unsigned char t)
; 功能说明 : 延时 N 毫秒
; 参数说明 : t 设定延时时间长度
******************************************************************* /
void DelayMs(unsigned char t)
{
    while(t--)
    {
        DelayUs2x(245);            // 大致延时 1ms
            DelayUs2x(245);
    }
}
/*******************************************************************
; 模块名称 : void DelayS(unsigned char t)
; 功能说明 : 延时 N 秒
; 参数说明 : t 设定延时时间长度
******************************************************************* /
void DelayS(unsigned int t)
{
    unsigned int i;
    while(t--)                      // 大致延时 1s
    {
        for(i=1000;i>0;i--)
        {
            DelayUs2x(245);
            DelayUs2x(245);
        }
    }
}
```

```
}
/ ****************************************************************
; 模块名称：void delay_bmp085(unsigned int k)
; 功能说明：BMP085 专用延时函数（请勿修改）
; 参数说明：num 设定延时时间长度
**************************************************************** /
void delay_bmp085(unsigned int k)
{
        unsigned int i,j;
        for(i=0;i<k;i++)
        {
                for(j=0;j<121;j++)
                {;}
        }
}
/ ****************************结束 **************************** /
```

File 4. 串口初始化程序设计

```
****************************************************************
; 文件名称：uart.c
; 功能说明：串口通信函数头文件
; 作者单位：内蒙古农业大学机电工程学院
************************************************************** /
#include "include.h"                // 自定义函数头文件 – 必须包含
/ **************************************************************
; 文件名称：void inint_ser();
; 功能说明：初始化串口函数
************************************************************** /
void inint_ser()                    // 初始化串口，波特率 9600
{
        TMOD=0x20;                   // 设定定时器 1 为 8 位自动重装方式
```

```
    TH1=0xfd;                    // 设定定时初值
    TL1=0xfd;                    // 设定定时器重装值
    TR1=1;                       // 启动定时器 1
    ES=1;                        // 允许串行中断
    EA=1;                        // 开总中断
    SM0=0;
    SM1=1;                       // SCON: 模式 1,8-bit UART, 使能接收
    PCON=0X00;                   // 波特率不加倍
}
```

/ ******************************结束 ****************************** /

File 5. 模拟通道选择程序设计

```
/ ***********************************************************************
; 文件名称: CD4051.c
; 功能说明: 根据参数 chn 选择需要进行模数转换的信号通道
; 作者单位: 内蒙古农业大学机电工程学院
************************************************************************ /
#include "include.h"            // 自定义函数头文件 – 必须包含
/ ***********************************************************************
; 文件名称: void select_number(unsigned char chn);
; 功能说明: 选择 AD 转换通道
************************************************************************ /
void select_number(unsigned char chn)
{
  if(chn==0)
    {
      SECT_A=0;
      SECT_B=0;
      SECT_C=0;
    }
    else if(chn==1)
```

```
    {
        SECT_A=1;
        SECT_B=0;
        SECT_C=0;
    }
    else if(chn==2)
    {
        SECT_A=0;
        SECT_B=1;
        SECT_C=0;
    }
    else if(chn==3)
    {
        SECT_A=1;
        SECT_B=1;
        SECT_C=0;
    }
    else if(chn==4)
    {
        SECT_A=0;
        SECT_B=0;
        SECT_C=1;
    }
    else if(chn==5)
    {
        SECT_A=1;
        SECT_B=0;
        SECT_C=1;
    }
    else if(chn==6)
    {
        SECT_A=0;
```

```
        SECT_B=1;

        SECT_C=1;

    }

    else if(chn==7)

    {

        SECT_A=1;

        SECT_B=1;

        SECT_C=1;

    }

}
/ *****************************结束 *****************************/
```

File 6. AD 转换器驱动程序设计

```
/ **********************************************************************
; 文件名称: LTC1864.c
; 功能说明: 16 位 IIC 接口 AD 转换器驱动函数定义
; 作者单位: 内蒙古农业大学机电工程学院
*********************************** /
#include "include.h"                      // 自定义函数头文件 – 必须包含
/ **********************************************************************
; 文件名称: uint LTC1864_READ(void);
; 功能说明: 读取 AD 转换值函数
********************************************************************** /
uint LTC1864_READ(void)

{

        uchar i;

        uint temp = 0;

        AD_CONV = 0;

        _nop_();

        _nop_();

        _nop_();
```

```
AD_CONV = 1;
AD_SCK = 1;
Delay4us();
Delay4us();
AD_CONV = 0;
AD_SDO = 1;
for(i=0;i<16;i++)
{
        AD_SCK = 1;
        Delay4us();
        Delay4us();
        AD_SCK = 0;
        Delay4us();
        Delay4us();
        temp <<= 1;
        if(AD_SDO==1)
        {
                temp |= 0x0001;
        }
}
AD_CONV = 1;
return temp;
}
```

/ *****************************结束 ***************************** /

File 7. 大气压力传感器驱动程序设计

/ ***
; 文件名称：BMP085.c
; 功能说明：BMP085 数字大气压力传感器驱动函数定义
; 作者单位：内蒙古农业大学机电工程学院

*** /

```
#include "include.h"                    // 自定义函数头文件 - 必须包含

#define BMP085_SlaveAddress 0xee        // 定义器件在 IIC 总线中的从地址
#define OSS         0                   // Oversampling Setting
                                        //(note: code is not set up to use other OSS values)
/ ******************* 请参考 BMP085 的 pdf 手册进行修改 ***************** /
short ac1;
short ac2;
short ac3;
unsigned short ac4;
unsigned short ac5;
unsigned short ac6;
short b1;
short b2;
short mb;
short mc;
short md;

long  pressure;                         // 自定义变量，存储校正后的大气压力值
/ ****************************************************************
; 模块名称 : void BMP085_Start();
; 功      能 : BMP085 起始信号
 **************************************************************** /
void BMP085_Start()
{
    BMP085_SDA = 1;                     // 拉高数据线
    BMP085_SCL = 1;                     // 拉高时钟线
    Delay5us();                         // 延时
    BMP085_SDA = 0;                     // 产生下降沿
    Delay5us();                         // 延时
    BMP085_SCL = 0;                     // 拉低时钟线
}
```

```
/ ********************************************************************
; 模块名称 : void BMP085_Stop();
; 功     能 : BMP085 停止信号
********************************************************************* /
void BMP085_Stop()
{
        BMP085_SDA = 0;              // 拉低数据线
        BMP085_SCL = 1;              // 拉高时钟线
        Delay5us();                  // 延时
        BMP085_SDA = 1;              // 产生上升沿
        Delay5us();                  // 延时
}
/ ********************************************************************
; 模块名称 : void BMP085_SendACK(bit ack);
; 功     能 : BMP085 发送应答信号
; 入口参数 : ack (0:ACK 1:NAK)
********************************************************************* /
void BMP085_SendACK(bit ack)
{
        BMP085_SDA = ack;            // 写应答信号
        BMP085_SCL = 1;              // 拉高时钟线
        Delay5us();                  // 延时
        BMP085_SCL = 0;              // 拉低时钟线
        Delay5us();                  // 延时
}
/ ********************************************************************
; 模块名称 : bit BMP085_RecvACK();
; 功     能 : BMP085 接收应答信号
********************************************************************* /
bit BMP085_RecvACK()
{
        BMP085_SCL = 1;              // 拉高时钟线
```

```c
        Delay5us();                     // 延时
        CY = BMP085_SDA;                // 读应答信号
        BMP085_SCL = 0;                 // 拉低时钟线
        Delay5us();                     // 延时
        return CY;
}
```

/ **
; 模块名称 : void BMP085_SendByte(uchar dat);
; 功   能 : 向 IIC 总线发送一个字节数据给 BMP085
** /

```c
void BMP085_SendByte(uchar dat)
{
        uchar i;
        for (i=0; i<8; i++)             //8 位计数器
        {
                dat <<= 1;              // 移出数据的最高位
                BMP085_SDA = CY;        // 送数据口
                BMP085_SCL = 1;         // 拉高时钟线
                Delay5us();             // 延时
                BMP085_SCL = 0;         // 拉低时钟线
                Delay5us();             // 延时
        }
        BMP085_RecvACK();
}
```

/ **
; 模块名称 : uchar BMP085_RecvByte();
; 功   能 : 从 IIC 总线接收一个来自 BMP085 的字节数据
** /

```c
uchar BMP085_RecvByte()
{
        uchar i;
        uchar dat = 0;
```

```
        BMP085_SDA = 1;                    // 使能内部上拉，准备读取数据，
        for (i=0; i<8; i++)                //8 位计数器
        {
                dat <<= 1;
                BMP085_SCL = 1;            // 拉高时钟线
                Delay5us();                // 延时
                dat |= BMP085_SDA;         // 读数据
                BMP085_SCL = 0;            // 拉低时钟线
                Delay5us();                // 延时
        }
        return dat;
}
/ *********************************************************************
; 模块名称 : short Multiple_read(uchar ST_Address);
; 功      能 : 连续读出 BMP085 内部两个字节的数据
********************************************************************* /
short Multiple_read(uchar ST_Address)
{
        uchar msb, lsb;
        short _data;
        BMP085_Start();                              // 起始信号
        BMP085_SendByte(BMP085_SlaveAddress);        // 发送设备地址 + 写信号
        BMP085_SendByte(ST_Address);                 // 发送存储单元地址
        BMP085_Start();                              // 起始信号
        BMP085_SendByte(BMP085_SlaveAddress+1);      // 发送设备地址 + 读信号

        msb = BMP085_RecvByte();                     //BUF[0] 存储
        BMP085_SendACK(0);                           // 回应 ACK
        lsb = BMP085_RecvByte();
        BMP085_SendACK(1);                           //最后一个数据需要回 NOACK
```

```
        BMP085_Stop();                                    // 停止信号
        Delay5ms();
        _data = msb << 8;
        _data |= lsb;
        return _data;
}
/ ********************************************************
; 模块名称 : long bmp085ReadTemp(void);
; 功      能 : 读出 BMP085 内部温度数据
 ******************************************************** /
long bmp085ReadTemp(void)
{
        BMP085_Start();                                   // 起始信号
        BMP085_SendByte(BMP085_SlaveAddress);             // 发送设备地址 + 写信号
        BMP085_SendByte(0xF4);                            // 写寄存器地址
        BMP085_SendByte(0x2E);                            // 写读温度指令
        BMP085_Stop();                                    // 发送停止信号
        delay_bmp085(10);                                 // 延时最大 4.5ms
        return (long) Multiple_read(0xF6);
}
/ ********************************************************
; 模块名称 : long bmp085ReadTemp(void);
; 功      能 : 读出 BMP085 内部压力数据
 ******************************************************** /
long bmp085ReadPressure(void)
{
        long pressure = 0;
        BMP085_Start();                                   // 起始信号
        BMP085_SendByte(BMP085_SlaveAddress);             // 发送设备地址 + 写信号
        BMP085_SendByte(0xF4);                            // 写寄存器地址
        BMP085_SendByte(0x34);                            // 写读大气压力指令
        BMP085_Stop();                                    // 发送停止信号
```

```
        delay_bmp085(20);                    // 延时最大 4.5ms
        pressure = Multiple_read(0xF6);
        pressure &= 0x0000FFFF;
        return pressure;
}
/ ********************************************************************
; 模块名称 : void Init_BMP085();
; 功      能 : BMP085 初始化
; 参数说明 : 初始化 BMP085，根据需要请参考 BMP085 的 pdf 手册进行修改
********************************************************************** /
void Init_BMP085()
{
        ac1 = Multiple_read(0xAA);
        ac2 = Multiple_read(0xAC);
        ac3 = Multiple_read(0xAE);
        ac4 = Multiple_read(0xB0);
        ac5 = Multiple_read(0xB2);
        ac6 = Multiple_read(0xB4);
        b1 =  Multiple_read(0xB6);
        b2 =  Multiple_read(0xB8);
        mb =  Multiple_read(0xBA);
        mc =  Multiple_read(0xBC);
        md =  Multiple_read(0xBE);
}

/ ********************************************************************
; 模块名称 : void bmp085Convert();
; 功      能 : 将从 BMP085 内部读出的温度、压力数据进行校正，得到正确值
********************************************************************** /
void bmp085Convert()
{
        unsigned int ut;
        unsigned long up;
```

```
long x1, x2, b5, b6, x3, b3, p;
unsigned long b4, b7;


ut = bmp085ReadTemp();          // 读取温度
up = bmp085ReadPressure();      // 读取压强
x1 = (((long)ut − (long)ac6)*(long)ac5) >> 15;
x2 = ((long) mc << 11) / (x1 + md);
b5 = x1 + x2;
b6 = b5 − 4000;
// Calculate B3
x1 = (b2*(b6*b6)>>12)>>11;
x2 = (ac2*b6)>>11;
x3 = x1 + x2;
b3 = (((((long)ac1)*4 + x3)<<OSS) + 2)>>2;


// Calculate B4
x1 = (ac3*b6)>>13;
x2 = (b1*((b6*b6)>>12))>>16;
x3 = ((x1 + x2) + 2)>>2;
b4 = (ac4*(unsigned long)(x3 + 32768))>>15;


b7 = ((unsigned long)(up − b3)*(50000>>OSS));
if (b7 < 0x80000000)
        p = (b7<<1)/b4;
else
        p = (b7/b4)<<1;


x1 = (p>>8)*(p>>8);
x1 = (x1*3038)>>16;
x2 = (−7357*p)>>16;
 pressure = p+((x1 + x2 + 3791)>>4);


}
```

/ *********************************** 结束 **************************** /

File8. 温湿度传感器驱动程序设计

```
/ ****************************************************************
; 文件名称: sht10.c
; 功能说明: SHT10 温湿度传感器驱动函数定义
; 作者单位: 内蒙古农业大学机电工程学院
**************************************************************** /
#include "include.h"              // 自定义函数头文件 – 必须包含


#define  noACK 0                  // 用于判断是否结束通讯
#define  ACK   1                  // 结束数据传输


#define STATUS_REG_W 0x06         //000 0011 0   写 SHT10 状态寄存器指令
#define STATUS_REG_R 0x07         //000 0011 1   写 SHT10 状态寄存器指令
#define MEASURE_TEMP 0x03         //000 0001 1   SHT10 温度测量指令
#define MEASURE_HUMI 0x05         //000 0010 1   SHT10 湿度测量指令
#define RESET 0x1e                //000 1111 0   SHT10 复位指令


char temperature_H,temperature_L;  // 分别存储温度高字节和低字节
char humidity_H,humidity_L;        // 分别存储湿度高字节和低字节


/ ****************************************************************
; 模块名称 : void s_transstart(void);
; 功    能 : SHT10 启动传输函数
**************************************************************** /
void s_transstart(void)             // 产生一个发送开始信号
{                                    // 初始化状态
      SHT10_DATA=1;
      SHT10_SCK=0;
      _nop_();
```

```
    SHT10_SCK=1;
    _nop_();
    SHT10_DATA=0;
    _nop_();
    SHT10_SCK=0;
    _nop_();
    _nop_();
    _nop_();
    SHT10_SCK=1;
    _nop_();
    SHT10_DATA=1;
    _nop_();
    SHT10_SCK=0;
}
/ *********************************************************************
; 模块名称 : void s_connectionreset(void);
; 功      能 : SHT10 连接复位函数
********************************************************************* /
void s_connectionreset(void)
{
    unsigned char i;
    SHT10_DATA=1;                    // 初始化状态
    SHT10_SCK=0;
    for(i=0;i<9;i++)                 //9 SCK cycles
    {
        SHT10_SCK=1;
        SHT10_SCK=0;
    }
    s_transstart();                  // 发送开始
}
/ *********************************************************************
; 模块名称 : char s_write_byte(unsigned char value);
```

```
;功      能：SHT10 写函数
************************************************************** /
char s_write_byte(unsigned char value)   //写一个字节到传感器并检查应答
{
        unsigned char i,error=0;
        for (i=0x80;i>0;i/=2)
        {
            if (i & value)
                SHT10_DATA=1;
            else
                SHT10_DATA=0;
            SHT10_SCK=1;
            _nop_();
            _nop_();
            _nop_();
            SHT10_SCK=0;
        }
        SHT10_DATA=1;
        SHT10_SCK=1;
        error=SHT10_DATA;
        _nop_();
        _nop_();
        _nop_();
        SHT10_SCK=0;
        SHT10_DATA=1;
        return error;                    //返回：0 成功，1 失败
}
/
;模块名称：char s_read_byte(unsigned char ack);
;功      能：SHT10 读函数
************************************************************** /
char s_read_byte(unsigned char ack)
```

```
{
    unsigned char i,val=0;
    SHT10_DATA=1;
    for (i=0x80;i>0;i/=2)
    {
        SHT10_SCK=1;
        if (SHT10_DATA)
            val=(val | i);
        _nop_();
        _nop_();
        _nop_();
        SHT10_SCK=0;
    }
    if(ack==1)
    SHT10_DATA=0;
    else
        SHT10_DATA=1;              // 如果是校验 (ack==0)，读取完后结束通讯
    _nop_();
    _nop_();
    _nop_();
    SHT10_SCK=1;
    _nop_();
    _nop_();
    _nop_();
    SHT10_SCK=0;
    _nop_();
    _nop_();
    _nop_();
    SHT10_DATA=1;
    return val;
}
```
/***

```
; 模块名称：char measure_temperature(unsigned char*p_checksum);
; 功     能：SHT10 测量温度函数
******************************************************************** /
char measure_temperature(unsigned char*p_checksum)
{
        unsigned error=0;
        unsigned int i;
        s_transstart();                            // 发送开始
        error+=s_write_byte(MEASURE_TEMP);


        for (i=0;i<65535;i++)
        {
            if(SHT10_DATA==0)
                break;                             // 等待直到传感器测量完成
        }
        if(SHT10_DATA)
            error+=1;                              //2 秒钟超时到
        temperature_H = s_read_byte(ACK);          // 读第一个字节（高字节）
        temperature_L =s_read_byte(ACK);           // 读第二个字节（低字节）
        p_checksum =s_read_byte(noACK);
        return error;
}
 /
; 模块名称：char measure_humidity(unsigned char*p_checksum);
; 功     能：SHT10 测量湿度函数
******************************************************************** /
char measure_humidity(unsigned char*p_checksum)
{
        unsigned error=0;
        unsigned int i;
        s_transstart();                                    // 发送开始
        error+=s_write_byte(MEASURE_HUMI);
```

```
for (i=0;i<65535;i++)
{
    if(SHT10_DATA==0)
        break;                          // 等待直到传感器测量完成
}
if(SHT10_DATA)
    error+=1;                           // 2 秒钟超时到
humidity_H = s_read_byte(ACK);          // 读第一个字节（高字节）
humidity_L =s_read_byte(ACK);           // 读第二个字节（低字节）
p_checksum =s_read_byte(noACK);
return error;
}
/*****************************结束 *****************************/
```

File9. 无线风速廓线仪程序设计

```
/***************************************************************
; 文件名称：无线风速廓线仪程序主函数（main.c）
; 功能说明：对最多六个数据采集节点上的环境温度、湿度、大气压力、八路风速
            数据 ( 风速廓线 ) 等进行一次扫描采集，其中八路风速传感器按照 2cm、
            4cm、8cm、16cm、24cm、32cm、48cm、64cm 的高度分布方式分别安
            装在同一点处 ( 即采集风速廓线 )。
; 作者单位：内蒙古农业大学机电工程学院
*************************************************************** /
#include "include.h"                    // 自定义函数头文件 – 必须包含
/*************************** 变量定义 *************************** /
unsigned char m,n;                      // 串口发送字节计数
unsigned char send_data[29];            // 串口发送字节数据包
unsigned char ADC_chn=0;                //AD 转换器通道及采集值
unsigned long ADC_value_temp;           //AD 转换器通道及采集值
unsigned int ADC_value,ADC_DATA_temp[12]; //AD 转换器通道及采集值
```

```
sbit LED_RED=P3^7;                        // 数据采集指示灯
/ *********************** 其他文件中定义的变量*********************** /
extern char temperature_H,temperature_L;
extern char humidity_H,humidity_L;
extern long  pressure;
/ ***************************** 函数声明 ***************************** /
unsigned int ADC_AVERAGE_VALUE(unsigned int DATA_temp[12]);
/ ***************************** 主函数 ***************************** /
void main(void)
{
     unsigned char error,checksum;
     LED_RED=0;

     inint_ser();                    // 串口通信初始化
     Init_BMP085();                  // 大气压力传感器初始化
     DelayMs(200);                   // 延时，等待初始化完毕

     send_data[0]='K';               // 定义数据包的包头为 'K'
     send_data[1]=3;         // 定义发送器序号 1-255
     send_data[28]='M';       // 定义数据包的包尾为 'M'

     s_connectionreset();            // 发送连接 SHT10
     DelayMs(2);        // 延时，等待连接完毕

     while(1)          // 主循环
     {
         bmp085Convert();        // 压力值测量采集

         error=0;
         error+=measure_temperature(&checksum);        // 温度测量采集
         error+=measure_humidity(&checksum);        // 湿度测量采集
```

```
if(error!=0)
{
    s_connectionreset();          // 发生错误时，重新发送转换命令
}
else
{

    send_data[2]=temperature_H;        // 将温度高字节存入数据包
    send_data[3]=temperature_L;        // 将温度低字节存入数据包
    send_data[4]=humidity_H;           // 将湿度高字节存入数据包
    send_data[5]=humidity_L;           // 将湿度低字节存入数据包
// 将大气压力值分成四个字节分别存入数据包
    send_data[6]=(unsigned char)(pressure/16777216);
    send_data[7]=(unsigned char)((pressure%16777216)/65536);
    send_data[8]=(unsigned char)((pressure%65536)/256);
    send_data[9]=(unsigned char)(pressure%256);

    for(ADC_chn=0;ADC_chn<8;ADC_chn++)
    {
        select_number(ADC_chn);
        DelayMs(4);
        for(n=0;n<12;n++)
        {
            ADC_DATA_temp[n]=LTC1864_READ();
        }
        ADC_value=ADC_AVERAGE_VALUE(ADC_DATA_temp);
        send_data[10+2*ADC_chn]=ADC_value/100;
        send_data[10+2*ADC_chn+1]=ADC_value%100;
    }

send_data[26]=0;                   // 保留，默认为 0
```

```
        for(m=0;m<29;m++)                // 发送数据包中的数据
{

            SBUF=send_data[m];
                while(!TI);
                TI=0;
            }
            LED_RED=~LED_RED;
        }
        DelayS(2);          // 延时 1s
        }
}


unsigned int ADC_AVERAGE_VALUE(unsigned int DATA_temp[12])
{
        unsigned char i,j,k;
        unsigned int value;
        for(j=0;j<11;j++)
        {
            for(i=0;i<11−j;i++)
            {
              if(DATA_temp[i]>DATA_temp[i+1])
              {
                k=DATA_temp[i+1];
                DATA_temp[i+1]=DATA_temp[i];
                DATA_temp[i]=k;
              }
            }
        }
        for(i=1;i<11;i++)
        {
            ADC_value_temp=ADC_value_temp+DATA_temp[i];
```

```
}
value=ADC_value_temp/10;
return value;
}
```

/ ***************************** * 结束***************************** /

附录 2 多通道无线集沙仪程序设计

File 1. 程序头文件

```
/ ******************************************************************
; 文件名称：include.h
; 功能说明：无线风蚀环境信息采集程序函数头文件
; 作者单位：内蒙古农业大学机电工程学院
****************************************************************** /
#include "STC12C4052AD.h"          // 单片机头文件 – 必须包含
#include <intrins.h>               //KEIL 库函数 – 必须包含
#include "delay.h"                 // 自定义延时函数头文件 – 必须包含

#define  uchar unsigned char       // 宏定义
#define  uint unsigned int         // 宏定义
/ ******************* HX711 多路称重传感器通信端口定义***************** /
sbit HX711_SCK=P3^7;
sbit HX711_DOUT7=P1^7;
sbit HX711_DOUT6=P1^6;
sbit HX711_DOUT5=P1^5;
sbit HX711_DOUT4=P1^4;
sbit HX711_DOUT3=P1^3;
```

```
sbit HX711_DOUT2=P1^2;
sbit HX711_DOUT1=P1^1;
sbit HX711_DOUT0=P1^0;
```

/ ********************** 无线传感器模块通信端口定义 ******************** /
/ ************ SETA 和 SETB 均接地；TXD 接 P3^0；RXD 接 P3^1 ********** /
/ ************************* 按键模块端口定义 ************************* /

```
sbit IIC_KEY = P3^2;                    // 定义按键端口
```

/ ******************** AT24C02 数据存储器通信端口定义 ****************** /

```
sbit  IIC_SDA = P3^3;                   //IIC 数据引脚定义
sbit  IIC_SCL = P3^4;                   //IIC 时钟引脚定义
```

/ ******************** 无线数据发送指示灯端口定义 ******************** /

```
sbit LED_RED=P3^5;
```

/ ********************* AT24C02 函数或者变量声明 ******************* /

```
void delay();
void IIC_start();
void IIC_stop();
void IIC_respons();
void IIC_init();
void IIC_write_byte(unsigned char date);
unsigned char IIC_read_byte();
unsigned char IIC_read_add(unsigned char address);
void IIC_write_add(unsigned char address,unsigned char date);
```

/ ********************* *HX711 函数或者变量声明 ******************** */

```
unsigned long HX711_Read(unsigned char chn);
```

/ ***************************** 函数预定义 ************************ /

```
void ad_init();                         //AD 模数转换器初始化
void InitUART();                        // 串口通信初始化
void Timer0_init();                     // 定时器 0 初始化

void s_connectionreset(void);           //SHT10 温湿度传感器启动连接函数
void select_number(unsigned char chn);  // 选择 AD 转换通道
```

/ ***************************结束 ************************** /

File 2. 串口初始化程序设计

```
********************************************************************
; 文件名称 : uart.c
; 功能说明 : 串口通信函数头文件
; 作者单位 : 内蒙古农业大学机电工程学院
******************************************************************** /
#include "include.h"              // 自定义函数头文件 – 必须包含
/ ********************************************************************
; 文件名称 : void inint_ser();
; 功能说明 : 初始化串口函数
******************************************************************** /
void inint_ser()                  // 初始化串口 , 波特率 9600
{
        TMOD=0x20;                // 设定定时器 1 为 8 位自动重装方式
        TH1=0xfd;                 // 设定定时初值
        TL1=0xfd;                 // 设定定时器重装值
        TR1=1;                    // 启动定时器 1
        ES=1;                     // 允许串行中断
        EA=1;                     // 开总中断
        SM0=0;
        SM1=1;                    // SCON: 模式 1,8–bit UART, 使能接收
        PCON=0X00;                // 波特率不加倍
}
/ **************************** 结束 **************************** /
```

File 3. 称重传感器 AD 转换器驱动程序设计

```
/ ********************************************************************
; 文件名称 : HX711.c
; 功能说明 : 24 位称重传感器 AD 转换器 HX711 驱动函数定义
```

303

; 作者单位 : 内蒙古农业大学机电工程学院

```
******************************************************************* /
#include "include.h"              // 自定义函数头文件 – 必须包含
#include"delay.h"
/ *******************************************************************
; 文件名称: unsigned long HX711_Read1(unsigned char chn);
; 功能说明 : 读取 HX711 称重模块数据函数
******************************************************************* /
unsigned long HX711_Read(unsigned char chn)    // 增益 128
{
        unsigned long count;
        unsigned char i;
        switch(chn)
        {
              case 0:        HX711_DOUT0=1;          break;
              case 1:        HX711_DOUT1=1;          break;
              case 2:        HX711_DOUT2=1;          break;
              case 3:        HX711_DOUT3=1;          break;
              case 4:        HX711_DOUT4=1;          break;
              case 5:        HX711_DOUT5=1;          break;
              case 6:        HX711_DOUT6=1;          break;
              case 7:        HX711_DOUT7=1;          break;
              default: HX711_DOUT0=1; break;
        }

        Delay__hx711_us();
        HX711_SCK=0;
        count=0;

        switch(chn)
        {
              case 0:        while(HX711_DOUT0);       break;
```

```
    case 1:        while(HX711_DOUT1);        break;
    case 2:        while(HX711_DOUT2);        break;
    case 3:        while(HX711_DOUT3);        break;
    case 4:        while(HX711_DOUT4);        break;
    case 5:        while(HX711_DOUT5);        break;
    case 6:        while(HX711_DOUT6);        break;
    case 7:        while(HX711_DOUT7);        break;
    default: while(HX711_DOUT0); break;
}


for(i=0;i<24;i++)
{
    HX711_SCK=1;
    count=count<<1;
    HX711_SCK=0;

    switch(chn)
    {
        case 0:        if(HX711_DOUT0)
                            count++;
                       break;
        case 1:        if(HX711_DOUT1)
                            count++;
                       break;
        case 2:        if(HX711_DOUT2)
                            count++;
                       break;
        case 3:        if(HX711_DOUT3)
                            count++;
                       break;
        case 4:        if(HX711_DOUT4)
                            count++;
```

```
                          break;
        case 5:        if(HX711_DOUT5)
                          count++;
                       break;
        case 6:        if(HX711_DOUT6)
                          count++;
                       break;
        case 7:        if(HX711_DOUT7)
                          count++;
                       break;
        default: if(HX711_DOUT0)
                          count++;
                       break;
        }
    }
    HX711_SCK=1;
    Delay__hx711_us();
    HX711_SCK=0;
    return(count);
}
```

/ ********************************结束 ******************************** /

File4. 数据存储器驱动程序设计

/ ***
; 文件名称: AT24C04.c
; 功能说明: AT24C04 存储器驱动函数定义
; 作者单位: 内蒙古农业大学机电工程学院
*** /
#include "include.h"   // 自定义函数头文件 – 必须包含
/ ***
; 模块名称: void delay();

```
;功      能：AT24C02 延时函数
******************************************************************** /
void delay()
{
        ;
        ;
}
/ ********************************************************************
;模块名称：void IIC_start();
;功      能：AT24C02 起始信号
******************************************************************** /
void IIC_start()  // 开始信号
{
        IIC_SDA=1;
        delay();
        IIC_SCL=1;
        delay();
        IIC_SDA=0;
        delay();
}
/ ********************************************************************
;模块名称：void IIC_stop();
;功      能：AT24C02 停止信号
******************************************************************** /
void IIC_stop()  // 停止
{
        IIC_SDA=0;
        delay();
        IIC_SCL=1;
        delay();
        IIC_SDA=1;
        delay();
```

```c
}
/*****************************************************************
; 模块名称 : void IIC_respons();
; 功    能 : AT24C02 应答信号
****************************************************************** /
void IIC_respons()  // 应答
{
    unsigned char i;
    IIC_SCL=1;
    delay();
    while((IIC_SDA==1)&&(i<250))
    i++;
    IIC_SCL=0;
    delay();
}
/*****************************************************************
; 模块名称 : void IIC_init();
; 功    能 : AT24C02 初始化
****************************************************************** /
void IIC_init()
{
    IIC_SDA=1;
    delay();
    IIC_SCL=1;
    delay();
}
/*****************************************************************
; 模块名称 : void IIC_write_byte(unsigned char date);
; 功    能 : 向 IIC 总线发送一个字节数据给 AT24C02
****************************************************************** /
void IIC_write_byte(unsigned char date)
{
```

308

```
        unsigned char i,temp;
        temp=date;

        for(i=0;i<8;i++)
        {
            temp=temp<<1;
            IIC_SCL=0;
            delay();
            IIC_SDA=CY;
            delay();
            IIC_SCL=1;
            delay();
        }
        IIC_SCL=0;
        delay();
        IIC_SDA=1;
        delay();
}
/ ******************************************************************
;模块名称 : unsigned char IIC_read_byte();
;功    能 : 从 IIC 总线接收一个来自 AT24C02 的字节数据
****************************************************************** /
unsigned char IIC_read_byte()
{
        unsigned char i,k;
        IIC_SCL=0;
        delay();
        IIC_SDA=1;
        delay();
        for(i=0;i<8;i++)
        {
            IIC_SCL=1;
```

```
        delay();
        k=(k<<1)|IIC_SDA;
        IIC_SCL=0;
        delay();
    }
    return k;
}
```

/ ***
; 模块名称 : void IIC_write_add(unsigned char address,unsigned char date);
; 功   能 : 向 IIC 总线发送一个字节地址给 AT24C02
** /

```
void IIC_write_add(unsigned char address,unsigned char date)
{
    IIC_start();
    IIC_write_byte(0xa0);
    IIC_respons();
    IIC_write_byte(address);
    IIC_respons();
    IIC_write_byte(date);
    IIC_respons();
    IIC_stop();
}
```

/ ***
; 模块名称 : unsigned char IIC_read_add(unsigned char address);
; 功   能 : 从 IIC 总线接收一个来自 AT24C02 的字节地址
** /

```
unsigned char IIC_read_add(unsigned char address)
{
    unsigned char date;
    IIC_start();
    IIC_write_byte(0xa0);
    IIC_respons();
```

```
        IIC_write_byte(address);
        IIC_respons();
        IIC_start();
        IIC_write_byte(0xa1);
        IIC_respons();
        date=IIC_read_byte();
        IIC_stop();
        return date;
}
```

/ *****************************结束 *************************** /

File5. 多通道风速集沙仪程序设计

/ **

; 文件名称 : 无线集沙仪程序主函数（main.c）

; 功能说明 : 每 5s 钟对最多 12 个数据采集节点上的环境温度、湿度、大气压力、八
            路集沙量 (风沙流结构) 等参数进行一次扫描采集，其中八路集沙量称
            重传感器按照 2cm、4cm、8cm、16cm、24cm、32cm、48cm、64cm 的
            高度分布方式分别安装在同一点处 (即采集风沙流结构)。

; 作者单位 : 内蒙古农业大学机电工程学院

   ** /

```
#include "include.h"                    // 自定义函数头文件 – 必须包含
#include "math.h"
```

/ ******************************信号类型设置****************************** /

```
const unsigned char Signal_type=1;      // 定义信号类型 0：风速 1：集沙量
```

/ ******************************测点地址设置****************************** /

```
const unsigned char Address=2;          // 定义发送器序号 1–255
```

/ ******************************变量定义 ****************************** /

```
unsigned char m,n,ADC_chn;              // 串口发送字节计数
unsigned char ReceiveData=255;
unsigned char table[4],send_data[32];   // 串口发送字节数据包
```

```
long Weight_Shiwu_Temp;

float  Weight_Shiwu_vcc=0;

unsigned int  Weight_Shiwu_int=0;

unsigned long Pre_value=0,HX711_Buffer=0;

unsigned long Weight_Maopi[8],Pre_Weight_Shiwu=0,Weight_Shiwu=0,Weight_
average=0;
/ ***************************** 函数声明 **************************** /
void SendByte(unsigned char dat);

void Get_Maopi(unsigned char chn);

unsigned long Sampling(unsigned char chn);

void Get_Weight(unsigned char chn);
/ ***************************** 主函数 **************************** /
void main(void)
{
      ReceiveData=255;


      LED_RED=0;


      InitUART();
      IIC_init();          // 串口通信初始化


      for(n=0;n<32;n++)
      {
          send_data[n]=0;
      }


      for(ADC_chn=0;ADC_chn<8;ADC_chn++)
      {
          for(n=0;n<4;n++)
          {
                table[n]=0;
          }
```

```
    Get_Maopi(ADC_chn);
    DelayMs(20);           // 延时，等待初始化完毕
    table[0]=IIC_read_add(10+4*ADC_chn);         // 调用存储数据
    DelayMs(20);
    table[1]=IIC_read_add(10+4*ADC_chn+1);
    DelayMs(20);
    table[2]=IIC_read_add(10+4*ADC_chn+2);
    DelayMs(20);
    table[3]=IIC_read_add(10+4*ADC_chn+3);
    DelayMs(20);
    Weight_Maopi[ADC_chn]=table[0]*1000000+table[1]*10000+table[2]*10
    0+table[3];
}


send_data[0]=249;              // 定义数据包的包头为 'K'
send_data[1]=Address+0x0B;     // 定义发送器序号 1-255
send_data[2]=Signal_type+0x0B; // 定义信号类型 0：风速  1：集沙量
send_data[31]=250;             // 定义数据包的包尾为 'M'

while(1)                       // 主循环
{
    if(IIC_KEY==0)
    {
        DelayMs(100);
        if(IIC_KEY==0)
        {
            for(ADC_chn=0;ADC_chn<8;ADC_chn++)
            {
                Get_Maopi(ADC_chn);
            }
        }
    }
}
```

```
if(ReceiveData==0)
{
    LED_RED=1;
    ReceiveData=255;
    send_data[3]=0+0x0B;        / 将温度十位、个位存入数据包
    send_data[4]=0+0x0B;        // 将温度小数位存入数据包
    send_data[5]=0+0x0B;        // 将湿度十位、个位存入数据包
    send_data[6]=0+0x0B;        // 将湿度小数位存入数据包
                                // 将大气压力值分成三个字节分别存入数据包
    send_data[7]=0+0x0B;
    send_data[8]=0+0x0B;
    send_data[9]=0+0x0B;


    for(ADC_chn=0;ADC_chn<8;ADC_chn++)
    {
        Get_Weight(ADC_chn);
                                //Get_Weight(0);
        send_data[10+2*ADC_chn]=Weight_Shiwu_int/255+0x0B;
                                // 集沙量百位、十位、个位
        send_data[10+2*ADC_chn+1]=Weight_Shiwu_int%255+0x0B;
                                // 集沙量小数位
    }

    send_data[26]=0+0x0B;        // 保留，默认为 0
    send_data[27]=0+0x0B;        // 保留，默认为 0
    send_data[28]=0+0x0B;        // 保留，默认为 0
    send_data[29]=0+0x0B;        // 保留，默认为 0
    send_data[30]=0+0x0B;        // 保留，默认为 0

    LED_RED=0;
}
```

```
    else if(ReceiveData==Address)
    {
        ReceiveData=255;
        Delay5ms();
        for(m=0;m<32;m++)                // 发送数据包中的数据
        {
            SendByte(send_data[m]);
            LED_RED=~LED_RED;
        }
        LED_RED=0;
    }
    else
    {

    }
}
/ *******************************************************************
; 文件名称: void Get_Maopi();
; 功能说明: 获取毛皮重量
*********************************************************************
void Get_Maopi(unsigned char chn)
{
    unsigned char weight[4];
    Weight_Maopi[chn] = HX711_Read(chn);
    if(Weight_Maopi[chn]<0)
        Weight_Maopi[chn]=0;

    weight[0]=Weight_Maopi[chn]/1000000;    // 清除当前数据
    weight[1]=(Weight_Maopi[chn]%1000000)/10000;
    weight[2]=(Weight_Maopi[chn]%10000)/100;
    weight[3]=Weight_Maopi[chn]%100;
```

```
        IIC_write_add(10+4*chn,weight[0]);          // 调用存储数据
        DelayMs(20);
        IIC_write_add(10+4*chn+1,weight[1]);
        DelayMs(20);
        IIC_write_add(10+4*chn+2,weight[2]);
        DelayMs(20);
        IIC_write_add(10+4*chn+3,weight[3]);
        DelayMs(20);
}
/ *****************************************************************
; 文件名称: unsigned long Sampling();
; 功能说明: AD 采样处理——算术平均数字滤波
****************************************************************** /
unsigned long Sampling(unsigned char chn)
{
        unsigned long Sam[6],tmpmax,tmpmin,sum=0,Average;
        unsigned char i,k;
        i=0;
        k=0;

        for(i=0;i<6;i++)
        {
            Sam[i]= HX711_Read(chn);
            DelayMs(2);
            if(abs(Sam[i]−Pre_value)>300000)
            {
                Sam[i]= HX711_Read(chn);
            }
            if(i==0)
            {
                tmpmax=Sam[0];
```

```
            tmpmin=Sam[0];
        }
        if(i>0)
        {
            if(Sam[i]>tmpmax)tmpmax=Sam[i];
            if(Sam[i]<tmpmin)tmpmin=Sam[i];
        }
    }

    for(i=0;i<6;i++)
    {
        if(!(Sam[i]==tmpmax||Sam[i]==tmpmin))
        {
            sum=sum+Sam[i];
            k++;
        }
    }

    if(k==0)
    {
        Average=Pre_value;
    }
    else
    {
        Average=sum/k;
        Pre_value=Average;
    }

    return(Average);
}
/ ******************************************************************
; 文件名称: void Get_Weight();
```

; 功能说明 : 获得物体实际重量

** /

```c
void Get_Weight(unsigned char chn)
{
    unsigned char channel;
    channel= chn;
    HX711_Buffer = Sampling(chn);
    Weight_Shiwu_Temp = HX711_Buffer−Weight_Maopi[chn];
    //Weight_Shiwu_Temp = HX711_Buffer;
    if(Weight_Shiwu_Temp<0)
    {
        Weight_Shiwu_int = 0;
    }
    else
    {
        Weight_Shiwu = HX711_Buffer−Weight_Maopi[chn];
        if(channel==0)
            Weight_Shiwu_int = (unsigned int)(Weight_Shiwu*0.0179373+0.5);
        else if(channel==1)
            Weight_Shiwu_int = (unsigned int)(Weight_Shiwu*0.0195495+0.5);
        else if(channel==2)
            Weight_Shiwu_int = (unsigned int)(Weight_Shiwu*0.0175426+0.5);
        else if(channel==3)
            Weight_Shiwu_int = (unsigned int)(Weight_Shiwu*0.0181133+0.5);
        else if(channel==4)
            Weight_Shiwu_int = (unsigned int)(Weight_Shiwu*0.0186295+0.5);
        else if(channel==5)
            Weight_Shiwu_int = (unsigned int)(Weight_Shiwu*0.0173984+0.5);
        else if(channel==6)
            Weight_Shiwu_int = (unsigned int)(Weight_Shiwu*0.0191545+0.5);
        else if(channel==7)
            Weight_Shiwu_int = (unsigned int)(Weight_Shiwu*0.0178344+0.5);
```

```
        else
                Weight_Shiwu_int = (unsigned int)(Weight_Shiwu*0);
        }
}
/ ****************************************************************
; 文件名称: void SendByte(unsigned char dat);
; 功能说明: 串口发送一个字节数据
**************************************************************** /
void SendByte(unsigned char dat)
{
        SBUF = dat;
        while(!TI);
        TI = 0;
}
/ ************************** 串口中断程序************************** /
void READ_UART(void) interrupt 4 // 串行中断服务程序
{
        if(TI==1)
        {
            TI=0;
        }
        if(RI==1)
        {
            ReceiveData=SBUF;
            RI=0;
        }
}
/ ****************************结束 **************************** /
```